U0179305

高等职业教育机电类专业"互联网+"创新教材

传感器与检测技术

第 2 版

主　编　林锦实　张雯雯
副主编　石敬波　金桂梅
参　编　秦　梅　黄　河　李继超

机械工业出版社

本书为辽宁省职业教育"十四五"首批规划教材。本书共分 8 个学习领域，首先介绍了传感器与检测技术基础，然后按照传感器的不同分类方式，介绍了各种传感器的原理、结构、性能及使用方法，最后介绍了传感器的信号处理及传感器在汽车控制系统中的应用。本书植入若干教学动画二维码，学生可随时随地"扫一扫"，更直观理解传感器的结构及原理。

本书简化了公式推导，讲解深入浅出，图文并茂，贴近实际，附有相关的思考题与习题，特别是有些单元还介绍了一些简单实用的"小制作"，便于学生通过实际制作，真正掌握传感器的实用技术。可作为高等职业技术教育电气自动化技术、机电一体化技术、无损检测技术及数控技术等专业的教学用书，亦可供大中专院校教师及相关技术人员参考。

为方便教学，本书配备电子课件和相关实训实习资料等教学资源。凡选用本书作为授课教材的教师均可登录机械工业出版社教育服务网 www.cmpedu.com 注册后免费下载。如有问题请致电 010 - 88379375 联系营销人员。

图书在版编目（CIP）数据

传感器与检测技术 / 林锦实，张雯雯主编 . —2 版 . —北京：机械工业出版社，2021.4（2024.2 重印）
高等职业教育机电类专业"互联网+"创新教材
ISBN 978-7-111-67856-4

Ⅰ. ①传… Ⅱ. ①林… ②张… Ⅲ. ①传感器-检测-高等职业教育-教材 Ⅳ. ①TP212

中国版本图书馆 CIP 数据核字（2021）第 053904 号

机械工业出版社（北京市百万庄大街 22 号　邮政编码 100037）
策划编辑：高亚云　责任编辑：高亚云　王宗锋
责任校对：郑　婕　封面设计：鞠　杨
责任印制：单爱军
北京虎彩文化传播有限公司印刷
2024 年 2 月第 2 版第 6 次印刷
184mm×260mm · 12.5 印张 · 309 千字
标准书号：ISBN 978-7-111-67856-4
定价：39.00 元

电话服务　　　　　　　　网络服务
客服电话：010-88361066　　机　工　官　网：www.cmpbook.com
　　　　　010-88379833　　机　工　官　博：weibo.com/cmp1952
　　　　　010-68326294　　金　书　网：www.golden-book.com
封底无防伪标均为盗版　机工教育服务网：www.cmpedu.com

前 言
PREFACE

根据高等职业教育培养目标的要求，本书力图使学生学完后能够系统掌握现代传感器与检测技术的基本理论和应用技术，为将来从事科研和工业领域的技术工作奠定坚实的基础。

本书根据传感器与检测技术课程涉及的学科面广、实践性强、内容分散、缺乏系统性和连续性的特点，避免了繁琐的理论推导，深入浅出地分析了各种传感器的原理、特性及信号处理方法，全面深入地分析了典型应用实例，便于学生通过实际制作，真正掌握传感器的实用技术。本书尽可能反映了国内外传感器与检测技术领域的新成果、新进展，充分体现了高职教育培养应用型人才的宗旨，有利于培养学生分析问题、解决问题的能力。

本书有以下特点：

1. 工程实践性强

本书深入浅出地分析了大量的传感器应用实例，还设计了一些简单实用的"小制作"。简化了公式推导，图文并茂，贴近实际，附有相关的思考题与习题，有助于学生真正掌握传感器的实用技术。

2. 校企"双元"合作开发

本书为校企合作开发，教材中有关传感器应用和典型案例的内容得到了辽宁思凯科技股份有限公司高级工程师王天际的指导。

3. 新形态一体化

本书发挥"互联网+教材"的优势，配备二维码学习资源，手机扫描教材上印刷的二维码，即可获得在线数字化课程资源。通过动画解决了"现场进不去、内部结构看不见、设备动不了、现象难再现"的教学难题，便于理解原理，认识结构。

本书共分8个学习领域，学习领域1主要介绍了传感器的特性、测量误差、传感器的标定方法和弹性敏感元件；学习领域2介绍了能量控制型传感器中典型的电阻应变式、电容式、电感式及电涡流式传感器；学习领域3介绍了物性型传感器中典型的压电式、光电式、霍尔式、磁电式、超声波式及核辐射传感器；学习领域4介绍了环境量检测传感器中典型的热电偶温度传感器、热电阻温度传感器、集成温度传感器和气敏、湿敏、离子敏传感器；学习领域5介绍了数字式传感器中的光电编码器以及光栅式、磁栅式、容栅式传感器、感应同步器；学习领域6介绍了红外传感器、光纤传感器、激光式传感器和图像传感器；学习领域7

介绍了检测系统的抗干扰技术及传感器信号的非线性校正；学习领域 8 介绍了传感器在汽车控制系统中的应用。

本书参考学时约为 60 学时，各校可根据各自的专业方向选学。

全书由林锦实、张雯雯统稿。学习领域 1 由佳木斯大学的李继超编写；学习领域 2 由辽宁机电职业技术学院的石敬波编写；学习领域 3 由华北机电学校的秦梅编写；学习领域 4 的单元 1~4、学习领域 6 和附录由辽宁机电职业技术学院的林锦实编写；学习领域 4 的单元 5 和单元 6 由日照职业技术学院的金桂梅编写；学习领域 5 由宜宾职业技术学院的黄河编写；学习领域 7、学习领域 8 由辽宁机电职业技术学院的张雯雯编写。

由于传感器与检测技术发展较快，编者水平有限，书中难免有不妥或遗漏之处，恳请读者批评指正。

编　者

二维码清单

资源	页码	二维码	资源	页码	二维码
弹簧管压力计结构	24		电磁流量计结构原理	80	
金属应变片结构	28		超声波流量计结构原理	82	
应变片粘贴	30		热电偶的热电效应	93	
电阻应变式压力传感器结构	30		普通型热电偶	97	
柱形弹性元件	30		接触式测温元件的安装	104	
梁式弹性元件	31		热电阻的引出线	105	
压电效应（一）	60		热电阻的结构原理	105	
压电效应（二）	60				

目 录
CONTENTS

04 学习领域 4
环境量检测传感器

05 学习领域 5
数字式传感器

06 学习领域 6
其他传感器

07 学习领域 7
传感器的信号处理

08 学习领域 8
传感器在汽车控制系统中的应用

附　　录

参 考 文 献

学习领域1

传感器与检测技术基础

单元1 传感器简述

1.1.1 传感器的组成与分类

1. 传感器的定义 我国国家标准（GB/T 7665—2005）中对传感器（Transducer/Sensor）的定义是：能感受被测量并按照一定规律转换成可用输出信号的器件或装置，通常由敏感元件和转换元件组成。它是一种以一定的准确度把被测量转换成与之有对应关系的、便于应用的某种物理量的测量装置或器件，所以传感器又被称为敏感元件、检测器件、转换器件等。

传感器的定义包含了以下几方面的意义：

1）传感器是测量装置，能够完成检测任务。

2）它的输入量是某一被测量，可以是物理量、化学量、生物量等。

3）它的输出量是某一物理量，这种量要便于传输、转换、处理、显示等，它可以是气、光、电量，但主要是电量。

4）输出量与输入量应有对应关系，且应有一定的准确度。

综上所述，传感器是实现传感功能的基本部件。传感器技术的共性，就是利用物理定律和物质的物理、化学、生物特性，将非电量（位移、速度、加速度、力等）转换成电量（电压、电流、电容、电阻等）。

2. 传感器的组成 传感器一般由敏感元件、转换元件、信号调节与转换电路三部分组成，有时还需外加辅助电源提供转换能量，其组成框图如图1-1所示。

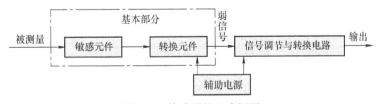

图1-1 传感器的组成框图

（1）敏感元件 指传感器中能直接感受或响应被测量的部分。它是直接感受被测量（如温度、压力等），并输出与被测量成确定关系的某一物理量的元件（如弹性敏感元件）。

（2）转换元件 指传感器中能将敏感元件感受或响应的被测量转换成适于传输或测量电信号部分。（如应变式压力传感器的电阻应变片，它作为转换元件将弹性敏感元件的输出转换为电阻）。

（3）信号调节与转换电路 它能把转换元件输出的电信号转换为便于显示、处理和传输的有用信号。常见的信号调节与转换电路有电压放大器、电荷放大器、电桥、振荡器和阻抗转换器等。

实际上，有些传感器很简单，有些则较复杂，大多数是开环系统，也有些是带反馈的闭环系统。值得指出的是，有些传感器将感受到的被测量直接转换为电信号，即将敏感元件和转换元件两者合二为一，如湿敏传感器、气敏传感器、热电偶、压电晶体、光电器件等。随着半导体器件与集成技术的应用，转换电路可以安装在传感器的壳体或与敏感元件一起集成在同一芯片上，使传感器更加微型化。

3. 传感器的分类 传感器技术是一门知识密集型技术。作为实现传感功能的基本器件，传感器的原理各种各样，种类繁多，分类方法也很多，不胜枚举。下面将目前广泛采用的分类方法进行简单介绍，见表1-1。

表1-1 传感器的分类

分类标准	类 型	原 理	应 用
按传感器的基本效应	物理型	利用某些敏感元件的物理性质，以及某些功能材料的特殊物理性能来实现信号的转换	水银温度计，利用水银热胀冷缩的现象把周围温度的变化转换为水银柱的高低变化，从而实现对温度的测量
	化学型	利用敏感元件材料本身的电化学反应来实现信号的转换	湿敏传感器和气敏传感器
	生物型	利用生物活性物质的选择性来识别和测定生物化学物质，即利用敏感元件材料本身的生物效应来实现信号的转换	酶传感器
按传感器的构成原理	结构型	以其转换元件结构参数变化来实现信号的转换	电容式传感器。这类传感器的特点是以传感元件的相对位置变化引起电量的变化为基础，而不是以材料特性变化为基础
	物性型	以其转换元件物理特性变化来实现信号的转换	压电式传感器、光电式传感器等。这类传感器的特点是灵敏度高、响应速度快、结构简单、易于集成
按传感器的能量变换关系	能量转换型（无源型）	传感器的输出量直接由被测量能量转换而获得，不需要外接电源	压电式传感器、热电式传感器
	能量控制型（有源型）	传感器的输出量由外电源供给，但受被测量控制	电阻应变式传感器、电感式传感器
按传感器的工作原理	应变式传感器、压电式传感器、电容式传感器、电感式传感器、热电式传感器等		
按传感器的输入量	—	以被测物理量命名传感器，阐明了传感器的用途	位移传感器、压力传感器、温度传感器等
按传感器的输出量	模拟传感器	将应变、应力、位移、加速度等被测量转换为模拟量（如电流、电压）输出	—
	数字传感器	将被测量直接转换为数字信号输出	光栅传感器、容栅传感器

1.1.2 传感器的基本特性

传感器是实现传感功能的基本部件，传感器的输入-输出关系特性是传感器的基本特性。传感器的各种性能指标都是根据传感器输入与输出对应关系进行描述的。传感器的输入-输出特性是其外部特性，但由其内部参数决定，传感器的内部参数不同决定了它们具有不同的外部特性。

在检测系统中，需要对各种参数进行检测和控制，这就要求传感器能够感受到被测非电量的变化，并将其转换为与被测量成某一确定关系的电量。传感器测量的物理量一般有两种基本形式：一种是稳定的，即不随时间变化的信号或变化极其缓慢的信号，称为静态信号；另一种是随时间变化的信号，称为动态信号。由于输入物理量的状态不同，因此传感器所表现出来的输入-输出特性也就不同，因此存在静态特性和动态特性。

1. 传感器的静态特性　传感器的静态特性是指检测系统的输入量为不随时间变化的恒定信号时的输入-输出特性关系。衡量传感器静态特性的重要指标有线性度、灵敏度、迟滞、重复性、漂移、分辨率、基本误差和精度等。

（1）线性度　检测系统的线性度是指系统输出量与输入量之间的实际关系曲线偏离直线的程度。理想的输入-输出曲线应该是线性的，但实际传感器的特性曲线是非线性的。在不考虑迟滞、蠕变等因素的情况下，其静态特性可用下列多项式表示，即

$$y = a_0 + a_1 x + a_2 x^2 + \cdots + a_n x^n \tag{1-1}$$

式中　　　　　y——输出量；

　　　　　　　x——输入量；

　　　　　　　a_0——零点输出；

　　　　　　　a_1——传感器的灵敏度；

a_1、a_2、$\cdots$、a_n——非线性项系数。各项系数决定了特性曲线的具体形式。

当 $a_0 = a_2 = a_3 = \cdots = a_n = 0$ 时，为理想线性特性方程 $y = a_1 x$，特性曲线是一条经过原点的直线，传感器的灵敏度为常数。当输入-输出特性方程仅有奇次非线性项时，在靠近原点的很大范围内，输入-输出特性基本为线性关系，且特性曲线关于原点对称。当输入-输出特性方程仅有偶次非线性项时，其线性范围窄，且对称性差。

在实际应用中，特性曲线可以由实际测试获得，在获得特性曲线后，测试工作就将结束。但是，为了标定和处理数据方便，希望得到线性关系，常常引入各种线性补偿环节，如采用非线性补偿电路或计算机软件进行线性处理。但这些方法都比较复杂，所以在传感器非线性的阶次不高、输入量变化范围较小时，总是采用直线拟合的方法来线性化。

所采用的直线称为拟合直线，在全量程范围内实际特性曲线与拟合直线之间的最大偏差称为传感器的非线性误差，取其最大值与量程的比值百分数作为评价非线性误差的指标。非线性误差也被称为线性度，用 γ_L 表示为

$$\gamma_L = \pm \frac{\Delta L_{max}}{y_{FS}} \times 100\% \tag{1-2}$$

式中　γ_L——线性度；

ΔL_{max}——最大非线性绝对误差；

y_{FS}——输出量程值，$y_{FS} = y_{max} - y_{min}$。

由此可见，非线性误差的大小取决于拟合直线的基准，拟合直线不同，非线性误差也不同。所以选择拟合直线的出发点应该是获得最小的线性误差，计算方便。目前常用的拟合方法有理论直线拟合、过零旋转拟合、端点连线拟合、端点平移拟合、最小二乘法拟合等。前四种方法如图 1-2 所示。图中实线为实际输出曲线，虚线为拟合直线。

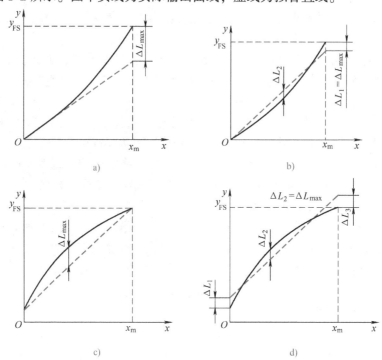

图 1-2　各种直线的拟合方法

a）理论直线拟合　b）过零旋转拟合　c）端点连线拟合　d）端点平移拟合

在图 1-2a 中，拟合直线为传感器的理论特性，与实际测试值无关，该方法简单，但 $\Delta L_{\max}$ 很大。图 1-2b 为过零旋转拟合，常用于校正特性曲线过零的传感器。拟合时，使 $|\Delta L_1| = |\Delta L_2| = \Delta L_{\max}$。这种方法比较简单，非线性误差要比前一种小很多。图 1-2c 中，把曲线两端点的连线作为拟合直线。这种方法也比较简单，但 $\Delta L_{\max}$ 较大。图 1-2d 是在图 1-2c 的基础上使直线平移，移动距离为原来 $\Delta L_{\max}$ 的一半，这样输出曲线就会分布于拟合直线的两侧，$|\Delta L_2| = |\Delta L_1| = |\Delta L_3| = \Delta L_{\max}$，与图 1-2c 相比，非线性误差减小了一半，提高了准确度。

（2）灵敏度　灵敏度是传感器静态特性的一个重要指标，是指传感器在稳态下输出变化量与输入变化量的比值，用 S 表示，即

$$S = \frac{\mathrm{d}y}{\mathrm{d}x} \tag{1-3}$$

式中　$\mathrm{d}y$——输出变化量；

　　　$\mathrm{d}x$——输入变化量。

它表示单位输入量的变化所引起传感器输出量的变化，显然，灵敏度 S 值越大，表示传感器越灵敏。

对于线性传感器，它的灵敏度就是其拟合直线的斜率，为一常数，如图1-3a所示，即

$$S = \frac{y}{x} = \tan\theta = 常数 \tag{1-4}$$

对于非线性传感器，它的灵敏度为其工作点处切线的斜率，为一变量，如图1-3b所示，用 $S = \mathrm{d}y/\mathrm{d}x$ 表示。

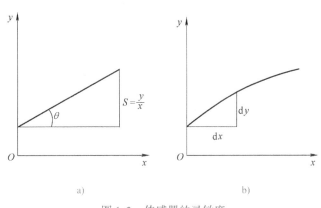

图 1-3 传感器的灵敏度

a）线性传感器 b）非线性传感器

如果检测系统的输入量和输出量的量纲相同，则灵敏度量纲为1，常用放大倍数来代替绝对灵敏度。实际上，灵敏度就是一个放大倍数，它体现了传感器对被测量微小变化的敏感程度。灵敏度在满量程的范围内恒定，则输入-输出特性曲线为直线。一般认为，灵敏度越高越好，但是，灵敏度也不要过高，一方面因输出受到上限的限制，量程必然会减小；另一方面可能会导致输入与输出关系的不稳定，即系统的稳定性差。

（3）迟滞 迟滞也叫变差，是指在满量程范围内，传感器在升行程（输入量增大）和降行程（输入量减小）测量过程中，输入-输出特性曲线不重合的程度，如图1-4所示。产生迟滞的主要原因是传感器的敏感元件材料的物理性质和系统内部机械零件的缺陷，如轴承之间的摩擦、紧固件松动、灰尘的积塞、元件磨损、材料的内部摩擦、弹性敏感元件的弹性滞后等。

迟滞大小一般由实验方法测得，迟滞误差 γ_{H} 用传感器在全量程范围内升、降行程测量值的最大偏差值与量程的比值百分数表示，即

$$\gamma_{\mathrm{H}} = \pm\frac{\Delta H_{\max}}{y_{\mathrm{FS}}} \times 100\% \tag{1-5}$$

式中 $\Delta H_{\max}$——升、降行程测量值的最大偏差值；

y_{FS}——输出量程，$y_{\mathrm{FS}} = y_{\max} - y_{\min}$。

（4）重复性 重复性是指传感器在输入量按同一方向做全量程多次测试时，所得输入-输出特性曲线不一致性的程度，如图1-5所示。它是反映系统精密性的一个重要指标，产生不一致性的原因与产生迟滞的原因相同。多次按相同输入条件测试得到的输出特性曲线越重合，

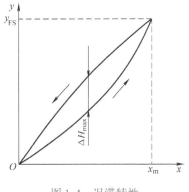

图 1-4 迟滞特性

表明其重复性越好，误差越小。重复性误差 γ_R 常用升、降行程中最大重复差值 ΔR_{max} 进行计算，即

$$\gamma_R = \pm \frac{\Delta R_{max}}{y_{FS}} \times 100\% \tag{1-6}$$

重复性误差也常用绝对误差来表示。检测时，也可选择若干个测试点，对应于每个输入信号多次从同一方向接近，获得输出值序列 y_{i1}、y_{i2}、y_{i3}，…，y_{in}，算出最大值与最小值之差作为重复性偏差 ΔR，在几个重复性偏差 ΔR 中取出最大值 ΔR_{max} 计算重复性误差。

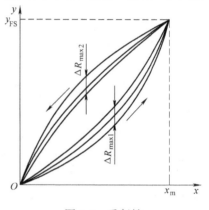

图 1-5　重复性

（5）漂移　漂移是指在一定时间间隔内，传感器的输出量发生与输入量无关的变化，它包括零点漂移和温度漂移。

1）零点漂移，简称零漂。它表示传感器零输入时，在规定的时间内进行读数，其输出在标称范围内零点的变化。

2）温度漂移，简称温漂。它表示周围环境温度变化时，传感器输出值的变化。

漂移一般可以通过串联或并联可调电阻来消除其带来的误差。

（6）分辨率　分辨率是指在规定测量范围内传感器能检测到的输入量的最小变化量，表示检测系统分辨输入量微小变化的能力，用绝对值表示。有时也可用该值相对满量程输入值的百分比表示。有些传感器，如电位器式传感器，当输入量连续变化时，输出量只做阶跃变化，则分辨率就是其输出量每个"阶梯"所代表的输入量的大小。

（7）基本误差和精度　传感器在测量范围内，输出测量值和真值的最大偏差值与量程比值的百分数，称作仪表的基本误差。即

$$\delta = \frac{\Delta y_{max}}{y_{FS}} \times 100\% \tag{1-7}$$

式中　Δy_{max}——传感器输出测量值与真值的最大偏差值；

y_{FS}——输出量程，$y_{FS} = y_{max} - y_{min}$。

因偏差有正负，故 δ 值有正负之别。为了表征传感器的性能优劣，各种传感器都规定其基本误差的允许范围。

仪表或传感器的准确度简称精度，是描述测量结果准确程度的指标，是按照准确度高低划分的一系列标称值。对各种测量仪器仪表，国家都统一规定了精度等级系列标准，常用的有 0.1、0.2、0.5、1.0、1.5、2.5、4.0、5.0 等等级。例如 0.5 级仪表，即表示其基本误差范围是 $-0.5\% \leq \delta_允 \leq 0.5\%$，或 $\pm 0.5\%$。也就是说，精度值前加上正、负号，后面加"%"即为其允许误差范围。仪表精度等级值越小，准确度越高，就意味着仪表既精密、又准确。

例 1-1　某差压变送器测量范围是 $10 \sim 110$ kPa，输出为 DC $4 \sim 20$ mA 电流信号，变送器的理想输入-输出特性为线性，性能检定试验时，三次升行程、降行程测量数据见表 1-2。试画出静态特性曲线，分析该变送器的静态性能指标，并判断仪表是否合格。（出厂时精度为 1.5 级）

表1-2　某变送器的性能检定试验的测量数据

测量点/kPa		10	35	60	85	110
理想输出/mA		4	8	12	16	20
实际输出/mA	升行程	4.00	7.96	11.64	15.78	20.06
		3.95	7.97	11.65	15.82	20.07
		4.05	8.01	11.63	15.80	20.08
	降行程	3.80	8.04	11.69	15.80	20.11
		3.85	8.08	11.68	15.75	20.15
		3.75	8.06	11.67	15.85	20.13

解： ① 线性度。计算各测量点的升行程平均值、降行程平均值、每个点所有测量输出的平均值填入表格，根据所有测量输出的平均值画出静态特性曲线，画出拟合直线（端点连线拟合），如图1-6所示。计算出对应各测量点的拟合直线对应输出值填入表格；再计算输出平均值与拟合直线对应值的偏差填入表格，见表1-3。

表1-3　线性度计算表

测量点/kPa		10	35	60	85	110
理想输出/mA		4	8	12	16	20
实际输出/mA	升行程平均值	4.00	7.98	11.64	15.80	20.07
	降行程平均值	3.80	8.06	11.68	15.80	20.13
所有测量输出平均值/mA		3.90	8.02	11.66	15.80	20.10
拟合直线对应值		3.90	7.95	12.00	16.05	20.10
输出与拟合直线的偏差		0.00	0.07	0.34	0.25	0.00

取偏差中的最大值计算线性度，即

$$\gamma_L = \frac{|11.66 - 12.00|}{20 - 4} \times 100\% = 2.13\%$$

② 灵敏度。该仪表特性曲线为非线性，所以各测量点处灵敏度是不同的。以10~35kPa区间为例计算灵敏度，则

$$S = \frac{(8.02 - 3.90)\,\mathrm{mA}}{(35 - 10)\,\mathrm{kPa}} = 0.165\,\mathrm{mA/kPa}$$

③ 迟滞（变差）。用升行程平均值与降行程平均值的最大偏差计算，即

$$\gamma_H = \frac{|7.98 - 8.06|}{20 - 4} \times 100\% = 0.50\%$$

④ 重复性。用表1-2每个测量点的升行程测量值之间的偏差和降行程测量值之间的偏差中的最大值计算，即

$$\gamma_R = \frac{|15.85 - 15.75|}{20 - 4} \times 100\% = 0.625\%$$

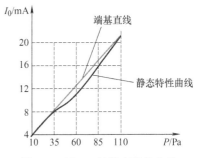

图1-6　例1-1的静态特性曲线

⑤ 基本误差和精度。用升行程平均值、降行程平均值与理论输出值的最大偏差计算，即

$$\delta = \frac{11.64 - 12}{20 - 4} \times 100\% = -2.25\%$$

仪表精度等级为 1.5 级，允许误差范围为 $-1.5\% \sim 1.5\%$。实际测得的基本误差 -2.25% 超出了允许范围，所以，该表不合格。

2. 传感器的动态特性　传感器的动态特性是指传感器测量动态信号时，输入对输出的相应特性，即其输出对随时间变化的输入量的响应特性。动态特性与静态特性的主要区别在于，动态特性中输出量与输入量的关系不是一个定值，而是时间的函数，它随输入信号的频率而改变。

动态特性好的传感器，其输出随时间变化的规律与输入对时间变化的规律相同，即具有相同的时间函数。但在实际工作中，输出信号与输入信号具有不同的时间函数，这种输入与输出间的差异称为动态误差，动态误差反映的是惯性延迟所引起的附加误差。

通常，传感器的动态特性常采用阶跃信号和正弦信号作为输入信号。对于传感器时域和频域上的动态特性，分别采用瞬态响应法和频率响应法进行分析。

（1）瞬态响应法　在研究传感器的动态特性时，在时域中传感器对所加激励信号的响应称为瞬态响应。常用的激励信号为阶跃函数、脉冲函数等，一般地，对于传感器动态特性的分析大都采用简单、广泛、易于实现的阶跃信号作为标准输入信号。

当给静止的传感器输入一个单位阶跃信号

$$u(t) = \begin{cases} 0 & t \leqslant 0 \\ 1 & t > 0 \end{cases} \tag{1-8}$$

时，其输出特性称为瞬态响应特性或阶跃响应特性。阶跃响应特性如图 1-7 所示。

时域响应的主要指标有：

1）超调量 σ：传感器输出超出稳定值而出现的最大偏差，常用相对于最终稳定值的百分比来表示。当稳态值为 $y(\infty)$ 时，最大百分比超调量为

$$\sigma = \frac{y(t_p) - y(\infty)}{y(\infty)} \times 100\% \tag{1-9}$$

最大超调量反映传感器的相对稳定性。

2）延滞时间 t_d：阶跃响应达到稳态值的 50% 所需要的时间。

3）上升时间 t_r：传感器的输出由稳态值的 10% 变化到稳态值的 90% 所需的时间。

4）峰值时间 t_p：传感器从阶跃信号输入开始到输出值达到第一个峰值所需的时间。

5）响应时间 t_s：传感器从阶跃信号输入开始到输出值进入稳态值所规定的范围内所需的时间。

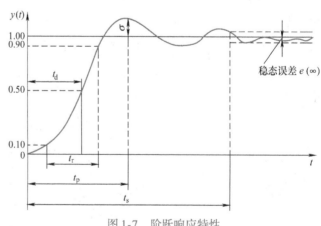

图 1-7　阶跃响应特性

（2）频率响应法　频率响应法是从传感器的频率特性出发研究传感器的动态特性。传感器的频率响应性能指标是由其幅频特性和相频特性曲线上的特性参数来表示的。具体的研究方法与控制理论中的介绍相似，故不再重复。

3. 传感器的可靠性　传感器的可靠性是指传感器在规定的条件下和规定的时间内，实现规定功能的能力。它是传感器和各种产品的重要性能指标之一。任何产品要想发挥其作用，首先要能可靠地工作。但是，产品在使用过程中难免发生各种功能失效的现象，特别是随着使用时间延长，零部件乃至整个产品都要失效老化。永远保持完好的产品是没有的，如何延长仪表的使用寿命，使仪表在规定的运行期内减少失效发生的次数，花较少的费用取得较大的效益，这就是研究可靠性问题的意义。

产品的可靠性取决于设计上的先进合理和制造上的工艺精湛。要使产品可靠工作，组成产品的所有零部件也必须稳定可靠。另外，产品的工作环境（如温度、湿度、腐蚀性、电源波动、外磁场及振动情况等）、负荷情况等也直接影响着产品的可靠程度和使用寿命。对于可恢复性产品，维修条件也直接影响着产品的寿命。因此，可靠性是一门新兴的综合性技术。它既有设计、制造问题，也有使用、维修问题；既有技术问题，也有管理问题；既要考虑性能，又要考虑成本、需求等。

产品的可靠性指标主要有三项：可靠度、失效率和平均无故障工作时间（MTBF），下面分别予以简单介绍。

（1）可靠度 $R(t)$ 　产品在规定的条件下和规定的时间内，完成规定功能的概率，称为产品的可靠度。

设有 N 台产品，在规定的条件下运行 t 时间，有 $N_s(t)$ 台产品失效，有 $N_w(t) = N - N_s(t)$ 台产品完好，则失效产品所占概率为

$$Q(t) = \frac{N_s(t)}{N}$$

而完好产品所占概率为

$$R(t) = \frac{N_w(t)}{N} = 1 - Q(t) \tag{1-10}$$

这里，$R(t)$ 就称为这批产品运行到 t 时间的可靠度。显然，$R(t)$ 和 $Q(t)$ 均是时间的函数。例如，有一批产品 $R(t) = R(1000) = 0.8$，就表明这批产品工作 1000h 后，每 100 个产品只有 80 个能可靠地工作，即每个产品的可靠度为 80%。

（2）失效率 $\lambda(t)$ 　一批产品在规定的条件下工作到 t 时刻，在尚未失效的产品中，单位时间内发生失效的概率，称为产品在该时刻的失效率。对于可修复性产品，又叫作故障率。

失效率 $\lambda(t)$ 是时间的函数。一般产品分为三个失效阶段：早期失效、偶然失效和耗损失效。

如图 1-8 所示，在产品运行初期，由于制造、安装、运输上的缺陷，故障较多，这可以

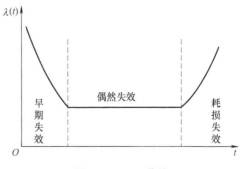

图 1-8　$\lambda(t)$ 曲线

通过零件老化和试运行，降低其影响。产品工作到晚期，失效率迅速升高，这主要是产品零部件的老化失效、疲劳、磨损等原因造成的，应更换产品零部件乃至报废整个产品。偶然失效阶段是产品的主要工作阶段。此阶段产品运行稳定，虽然各种偶然因素也会造成产品出现故障，但失效率较低，且几乎是个常数，亦即 $\lambda(t) = \lambda$，此时

$$R(t) = e^{-\lambda t} \tag{1-11}$$

就是说，可靠度是按指数分布的。λ 的单位是 $1/h$，每 $10^{-9}/h$ 称为 1 菲特。

产品或元器件的失效率，反映出一个国家或一个企业的产品质量和制造水平。随着材料性能和工艺水平的提高，产品或元器件的 λ 值将不断减小。

（3）平均无故障工作时间（MTBF）　对于不可修复产品，即一次性产品，从使用起到发生失效前的一段时间，称为产品的寿命。对于可修复产品，相邻两次故障间的时间称为产品的无故障工作时间。一批同类产品的寿命或无故障工作时间的平均值，称为该批产品的平均无故障工作时间，即 MTBF。MTBF 是 λ 的倒数，即

$$MTBF = \frac{1}{\lambda} \tag{1-12}$$

例如，若压力计的 $\lambda = 1.3 \times 10^{-5}/h$，则 $MTBF = \frac{1}{\lambda} = 77000h$。若某二极管的 $\lambda = 10^{-8}/h$，则其 $MTBF = 10^8 h$。

单元 2　测量误差的基本概念与误差的表示方法

在实际测量过程中，不论是采用多么精密的测量仪表，还是采用多么有效的测量方式和方法，测量结果与被测量的真值之间都会存在偏差，即测量误差。测量误差存在于一切测量当中，是无法避免的，因此可以通过正确地分析误差的性质和来源，正确地对测量结果进行分析处理，以得到最接近真值的测量结果。

本单元主要介绍测量误差的基本概念、分类、分析方法以及对测量数据进行有效处理的方法。

1.2.1　测量误差的基本概念

1. 测量误差的有关术语

（1）真值　真值即真实值，是指在一定时间及空间条件下，被测物理量本身所具有的真实数值。真值是客观存在、但不可测量的未知量，是一个理想的概念。一般来说，真值可以分为理论真值、约定真值和相对真值。

理论真值又称为绝对真值，是指在严格条件下，根据一定的理论，按照定义确定的真值，例如平面三角形的内角和恒为 180°。

约定真值是指国际上采用约定的办法确定的最高基准量值，充分接近于真值，因而可以替代真值来使用。在实际测量中，有时被测量的实际值、修正过的算数平均值均可作为约定真值使用。

相对真值又称为实际值，高准确度仪表的测量值可作为低准确度仪表的相对真值。

（2）标称值　标称值是指测量仪器或测量器具上标示的量值，如标准砝码上标出的

1kg。由于受制造、测量及周围环境的影响，标称值不一定是它的实际值，因此，通常在给出标称值的同时，也给出了它的误差范围或准确度等级。

（3）测量误差　测量误差是指用仪器测量出来的结果与被测量的真值之差，即测量误差 = 测量结果 − 真值。

（4）测量准确度　测量准确度即测量结果的准确度，反映测量结果与真值接近程度的量。准确度与误差大小相对应，可用误差的大小表示准确度的高低，即误差大，准确度低；误差小，准确度高。

（5）等准确度测量　等准确度测量是指在同一条件下所进行的一系列重复测量。

（6）非等准确度测量　非等准确度测量是指在多次测量中，对测量结果准确度有影响的一切条件不能维持完全不变的测量。

（7）测量不确定度　测量不确定度是表征被测量的真值在某数值范围内不能肯定的程度，就是对测量误差极限估计值的评价。

2. 测量误差的表示方法

（1）绝对误差　绝对误差就是测量值与真值之间的差值，可表示为

$$\Delta x = x - x_0 \tag{1-13}$$

式中　Δx——绝对误差；

x——被测量的测量值；

x_0——真值。

绝对误差与被测量具有相同的量纲，其值可正可负，用绝对误差表征系统示值偏离真值的大小比较直观。在实际使用工作中，对测量值进行修正时要用到绝对误差。修正值是为了消除系统误差用代数法加到测量结果上的值。修正值与绝对误差大小相等、符号相反。实际值等于测量值加上修正值。

实际上，采用绝对误差表示测量误差时，有时并不能很好地说明测量水平的高低，如测量1t的物体和测量10kg的物体时产生的绝对误差均为1kg，并不能说明两个测量结果具有相同的准确度。于是，人们引入了相对误差。

（2）相对误差　相对误差是指被测量的绝对误差与其真值的比值百分比，可表示为

$$\delta = \frac{\Delta x}{x_0} \times 100\% \tag{1-14}$$

式中　δ——相对误差。

通常，用绝对误差来评价测量同一被测量时的准确度高低，用相对误差来评价测量不同被测量时的准确度高低。

在上面的例子中，测量两个物体的相对误差分别为

$$\delta_1 = \frac{1}{1000} \times 100\% = 0.1\%$$

$$\delta_2 = \frac{1}{10} \times 100\% = 10\%$$

由此可以看出，相对误差比绝对误差能更好地说明测量的准确度。

（3）引用误差　引用误差是绝对误差与测量仪表量程的百分比，可表示为

$$r = \frac{\Delta x}{L} \times 100\% \tag{1-15}$$

式中 r——引用误差；

    L——测量仪表的量程。

由于引用误差是以量程作为相对比较量的，所以，引用误差又称为归算误差或满刻度相对误差。引用误差的最大值，就是仪表的基本误差。例如精度为 1.5 级的仪表，其引用误差范围是 $r_{表允} = \pm 1.5\%$，如果该仪表的量程为 4MPa，则仪表允许的绝对误差为

$$\Delta_{表允} = r_{表允}M = \pm 1.5\% \times 4\text{MPa} = \pm 0.06\text{MPa}$$

一般来说，一台合格仪表至少要满足：

$$|r_{max}| \leqslant |\delta_{表允}| \leqslant |\delta_{工允}|$$
或
$$|\Delta_{max}| \leqslant |\Delta_{表允}| \leqslant |\Delta_{工允}| \tag{1-16}$$

式中 r_{max}、Δ_{max}——仪表在测量范围内的最大引用误差和可能产生的最大绝对误差；

    $\delta_{表允}$、$\Delta_{表允}$——仪表允许相对误差和绝对误差；

    $\delta_{工允}$、$\Delta_{工允}$——工艺允许相对误差和绝对误差。

下面通过例题来说明确定仪表准确度和选择仪表准确度的方法。

例 1-2 一个电压表的满量程为 100V，校准该表时得到最大绝对误差为 0.15V，试确定该电压表的准确度等级。

解： 由式(1-15) 可知，该电压表的最大引用误差为

$$r = \frac{\Delta x}{L} \times 100\% = \frac{0.15}{100} \times 100\% = 0.15\%$$

去掉%后，该电压表的测量准确度值为 0.15，0.15 介于 0.1 和 0.2 之间，由于对于仪表的准确度等级的确定采取"选大不选小"的原则，则该电压表的准确度等级为 0.2。

例 1-3 现需选择一台测温范围为 0～500℃ 的测温仪表。根据工艺要求，温度指示值的误差不允许超过 ±4℃，试问应选哪一级准确度等级的测温仪表？

解： 工艺允许的最大引用误差为

$$r = \frac{\Delta x}{L} \times 100\% = \frac{\pm 4}{500 - 0} \times 100\% = \pm 0.8\%$$

去掉 ± 和%后为 0.8，介于 0.5～1.0 之间，而 0.5 级表和 1.0 级表可能产生的最大引用误差分别为 ±0.5% 和 ±1.0%。应选择 0.5 级的仪表才能满足测量准确度要求。

从以上两个例题可以看出，根据仪表校验数据来确定仪表准确度等级时，仪表的准确度等级应向低靠；根据工艺要求来选择仪表准确度等级时，仪表准确度等级应向高靠。

1.2.2 误差的分类方法

在测量过程中，由于被测量千差万别，产生误差的原因也不相同，所以，误差的种类也很多。若按照误差产生的原因及其性质来分，误差分为系统误差、随机误差和粗大误差。

1. 系统误差 在相同的测量条件下，对同一被测量进行多次测量时，误差的大小和符号保持不变或按照一定规律出现，则把这种误差称为系统误差（Systematic Error）。这种误差产生的原因有测量系统的自身缺陷、测量方法不完善、测量者对仪器的使用不当、周围环境变化等。

系统误差可分为定值系统误差和变值系统误差。定值系统误差是指数值和符号都保持不

变的系统误差。变值系统误差是指数值和符号按照一定规律变化的系统误差。变值系统误差按照其变化规律的不同，又可分为线性系统误差、周期性系统误差和复杂规律系统误差。

系统误差的大小说明测量结果偏离被测量真值的程度，表明测量结果的准确度。系统误差越小，测量结果越准确。系统误差是有规律可循的，因此可以通过分析误差变化规律和产生的原因，对测量值进行修正或采取一定的预防措施，从而减小或消除系统误差对测量结果的影响。

2. 随机误差　在相同的测量条件下，对同一被测量进行多次测量时，其误差的大小和符号以不可预知的方式变化，则把这种误差称为随机误差（Random Error）。引起随机误差的原因很多，也很难把握，因而不能从测量过程中消除。

随机误差按其概率分布的特点，可分为正态分布随机误差和非正态分布随机误差。随机误差是独立的、微小的、偶然的，因此，随机误差的大小表明测量结果的分散性。通常用精密度表示随机误差的大小。随机误差大，测量结果分散，精密度低；随机误差小，测量结果的重复性好，精密度高。

3. 粗大误差　在相同的测量条件下，对同一被测量进行多次测量时，显著偏离测量结果的误差，称为粗大误差（Abnormal Error）。它会明显地歪曲客观现象，应将其剔除掉。所以，在做误差分析时，要分析的误差通常只是系统误差和随机误差。造成粗大误差的原因一般是由于仪表发生故障、操作者粗心大意、重大的外界干扰和实验条件没有达到预定要求等因素造成的。

1.2.3　误差的分析方法

1. 系统误差的分析　系统误差的特点是在一定条件下对同一被测量的多次测量中误差保持恒定，而当条件改变时误差按一定规律变化。在具体测量中它总是使测量结果偏向一方，或偏大、或偏小。系统误差具有确定的规律性，发现了就能消除，针对性很强，不同的测量条件就有不同的系统误差。因此，分析系统误差是当前检测中必须讨论的问题之一。

（1）发现系统误差的方法　发现系统误差的根本方法应从系统误差来源上去研究，分析实验条件，注意每一个因素的影响。

1）实验对比法。通过改变产生系统误差的条件，进行不同条件下的测量，以发现系统误差。这种方法适用于发现固定的系统误差。例如，一台仪器由于本身标定不准确存在系统误差，那么只能用高准确度的标准器件进行多次重复测量，或用准确度高于被标定仪器的标准仪器和被标定的仪器同时进行测量比对。

2）残余误差观察法。根据测量值的残余误差的大小和符号的变化规律，直接由误差数据或误差曲线来判断有无系统误差。这种方法主要适用于有规律变化的系统误差。

3）计算数据比较法。对同一量进行多次等准确度的测量，用不同的方法计算标准差，通过比较发现系统误差。如不存在系统误差，其比较结果应满足随机误差条件，否则可以认定存在系统误差。

（2）系统误差的减小与消除　分析和研究系统误差的最终目的是减小和消除系统误差，常用的方法有以下几种。

1）从产生误差的根源上消除系统误差，如采用符合实际的理论公式，正确地安装和调整仪器装置，实验中严格保证仪器装置的测量条件，防止外界的各种干扰等。

2）修正测量结果。对于已知的系统误差，可以用修正值对测量结果进行修正；对于变值系统误差，找出修正公式，对测量结果进行修正；对于未知系统误差，则按随机误差进行处理。

3）抵消系统误差。找出系统误差的规律，在测量系统中采取补偿措施，自动抵消系统误差。

（3）系统误差分析的特点　系统误差具有确定的规律性，发现了就能消除，针对性强。

2. 随机误差的分析　就某一次测量来说，随机误差的大小和方向是不可预知的，但对同一量进行多次重复测量就会发现，随机误差是按一定的统计规律分布的，可以利用这种规律对测量结果做出随机误差的估计。

（1）随机误差的概率　无数次的实验事实和统计理论都证明，大部分测量中的随机误差都服从正态分布规律。但并不是所有的随机误差都遵循这一规律，在一些情况下会遵循其他的规律，如泊松分布、均匀分布等。

实践证明，随机误差服从正态分布有以下特征：

1）单峰性。绝对值小的误差出现的次数比绝对值大的误差出现的次数多，非常大的误差出现的概率趋于零，即随机误差的分布具有单一峰值。

2）有界性。在一定的客观条件下，随机误差的绝对值不会超过一定的界限。

3）对称性。随着测量次数的增加，绝对值相等的正误差与负误差出现的概率趋于相等。

4）抵偿性。相同条件下，对同一量进行多次重复测量，其误差的算术平均值随着测量次数的无限增加而趋于零。

（2）随机误差的处理　在相同条件下，对某一物理量进行 n 次重复测量，其测量值分别为 x_1，x_2，$\cdots$，x_n，若用 $\bar{x}$ 表示平均值，则有

$$\bar{x} = \frac{1}{n}(x_1 + x_2 + \cdots + x_n) = \frac{1}{n}\sum_{i=1}^{n} x_i \tag{1-17}$$

我们将各次测量值的算术平均值作为测量结果。严格地说，误差是测量值与真值之差。但是，由于在测量中真值不可知，通常用测量的算术平均值来代替真值。当测量次数很多时，多次测量值的算术平均数很接近真值，因此，各次测量值与平均值的偏差就很接近它们与真值的误差。

对某一物理量的有限次（n 次）重复测量中，某一次测量结果的标准差用 σ_x 表示，即

$$\sigma_x = \sqrt{\frac{1}{n-1}\sum_{i=1}^{n}(x_i - \bar{x})^2} \tag{1-18}$$

n 次测量结果平均值的标准差用 $\sigma_{\bar{x}}$ 表示，即

$$\sigma_{\bar{x}} = \frac{\sigma_x}{\sqrt{n}} = \sqrt{\frac{1}{n(n-1)}\sum_{i=1}^{n}(x_i - \bar{x})^2} \tag{1-19}$$

3. 粗大误差的分析　粗大误差常常是由于测量者的粗心大意导致测量结果明显偏离真值的误差，含有粗大误差的数据必须被剔除。根据误差理论判断粗大误差的基本方法是，给定一个置信概率，并确定一个置信区间，凡是超过区间的误差即认为它不属于随机误差而是粗大误差。

对于粗大误差的判断最常用的准则为拉依达准则——3σ准则。

对某被测量进行多次重复等准确度测量，获得一组测量数据，其标准差为σ，如果其中某一项残余误差v大于3倍标准差，即

$$|v| > 3\sigma \tag{1-20}$$

则认为该值中存在粗大误差，应当予以剔除。

1.2.4　有效数字与测量数据的处理

1. 有效数字　因为在测量中不可避免地存在误差，所以测量数据只能是一个近似数。当我们用这个数表示一个量时，通常规定误差不得超过末位单位数字的一半。这种误差不大于末位单位数字一半的数，从左边第一个非零数字起，直到右边最后一个数字止，都叫作有效数字。例如0.1080V，表示有4位有效数字，其测量误差不超过 ±0.00005V。则实际电压可能是0.10795 ~ 0.10805V之间任一值。如果知道一个量的误差大小，则可确定该量的有效数字。例如$f = 10000Hz$，已知$\gamma = \pm 0.5\%$，先求出$\Delta f = \pm 50Hz$，则该频率数据应写成$1.00 \times 10^4 Hz$或10.0kHz，而不能写成10kHz或10000Hz等。

（1）数字的舍入规则　当需要n位有效数字时，对超过n位的数字要根据舍入规则进行处理。目前广泛采用"四舍六入五成双"舍入规则，若保留n位有效数字，则后面的数字舍入规则为：

1）小于第n位单位数字的0.5，舍掉。

2）大于第n位单位数字的0.5，则第n位加1。

3）恰为第n位单位数字的0.5，则第n位为偶数或零时就舍去，为奇数时则进1。

上述舍入规则可概括为：小于5舍，大于5入，等于5取偶数。

（2）参加中间运算的有效数字的处理

1）加法运算：运算结果的有效数字位数应与参与运算的各数中小数点后面的有效位数相同。

2）乘除运算：运算结果的有效数字位数应与参与运算的各数中有效位数最小的相同。

3）乘方及开方运算：运算结果的有效数字位数比原数据多保留一位。

4）对数运算：取对数前后有效数字位数应相同。

在运算前可将各数先行删节，原则上可比结果有效位数多保留1~2位安全数字。

2. 测量数据的处理　常用的数据处理方法有列表法、图示法、最小二乘法线性拟合。

（1）列表法　列表法是把被测量的数据列成表格，可以简明地表示有关物理量之间的对应关系，便于随时检查测量结果是否合理，及时发现和分析问题。列表法的优点是简单、方便、数据之间易于比较、可以很直观地表示出多个变量之间的变化关系。

（2）图示法　图示法是用图形或曲线表示物理量之间的关系，它能更直观地表示物理量之间的变化规律，如递增或递减，并能简单地从图像上获得实验需要的某些参数，如极值点、转折点、周期性等。图示法的缺点是不能进行数学分析。

在工程测量中，大多采用直角坐标系绘制测量数据的图像，也可采用极坐标系和对数坐标系等进行描述。

（3）最小二乘法线性拟合　图示法虽然能很直观方便地将测量中的各种物理量之间的关系、变化规律用图像表示出来，但是，在图像的绘制上往往会引起一些附加的误差。因

此,对于同一组测量数据画出的曲线会因人而异,即使画出的都是直线,但不同的人画出的直线参数也会不同。为此我们希望用函数的形式来表示物理量之间的关系及变化规律,即从测量数据求出经验方程,这称为方程的回归问题。

在实际应用中,问题的实质是要通过一组测量数据求得最佳函数关系式。而从图像上来看,这个问题就在直角坐标系上,通过给定的点求出一条最接近数据点的曲线,以显示数据点的总趋向,这一过程称为曲线拟合,该曲线的方程称为回归方程。

所谓最小二乘法原理,是在等准确度的多次测量中,当测量值与拟合直线上对应点的残余误差的二次方和为最小时所得到的方程为最佳曲线方程。

单元3　传感器的标定

传感器在出厂前和出厂使用一段时间后,都必须按有关技术条令的规定,用实验的方法,找出其输入与输出的关系,即确定或验证输出与输入间的换算关系及性能指标。此项工作,出厂前叫标定,使用一段时间后叫校验。

对不同的情况、不同的要求以及不同的传感器,有不同种类的标定。按传感器输入量随时间变化的情况,可以分为静态标定和动态标定两种。

传感器输入信号不随时间变化时的标定,叫静态标定。静态标定的目的是确定传感器的静态特性指标,如线性度、灵敏度、迟滞和重复性等。有时根据需要也要对横向灵敏度、温度响应和环境影响等进行标定。

传感器输入信号随时间的变化而变化时的标定,叫动态标定。动态标定的目的是确定传感器的动态特性指标,如时间常数、固有频率和阻尼比等。

1.3.1　传感器的静态特性标定

1. 静态标准条件　传感器的静态特性是在静态标准条件下进行标定的。所谓静态标准条件,是指没有加速度、振动、冲击(除非这些参数本身就是被测物理量),环境温度一般为室温(20±5)℃,相对湿度不大于85%RH,大气压为(101±7)kPa的情况。

2. 标定仪器设备准确度等级的确定　对传感器进行标定,是根据试验数据确定传感器的各项性能指标,实际上也是确定传感器的测量准确度,所以在标定传感器时,所用的测量仪器的准确度至少要比被标定传感器的准确度高一个等级。这样,确定的传感器静态性能指标才是可信的。

3. 静态特性标定的方法　对传感器进行静态特性标定,首先是创造一个静态标准条件,其次是选择与被标定传感器的准确度要求相应的一定等级的标定用仪器设备,然后才能开始对传感器进行静态特性标定。

标定过程的步骤如下:

1)将传感器全量程(测量范围)分成若干等间距点。

2)根据传感器量程分点情况,由小到大逐渐一点一点地输入标准量值,并记录下各输入值相对的输出值。

3)将输入值由大到小一点一点地减少下来,同时记录与输入值相对的输出值。

4)按2)、3)所叙述过程,对传感器进行正、反行程反复循环多次测试,将得到的输出—输入测试数值，用表格列出或画成曲线。

5）对测试数据进行必要的处理，根据处理结果就可以确定传感器的线性度、灵敏度、迟滞和重复性等静态特性指标。

1.3.2 传感器的动态特性标定

传感器的动态特性标定主要是研究传感器的动态响应，而与动态响应有关的参数，一阶传感器只有一个时间常数 τ，二阶传感器则有固有频率 ω_n 和阻尼比 ξ 两个参数。

一种较好的方法是通过测量传感器的阶跃响应，来确定传感器的时间常数、固有频率和阻尼比。对于一阶传感器，测得阶跃响应之后，取输出值达到最终值的 63.2% 所经过的时间作为时间常数 τ，但这样确定的时间常数实际上没有涉及响应的全过程，测量结果的可靠性仅仅取决于某些个别的瞬时值。用下述方法来确定时间常数，可以获得较可靠的结果。

一阶传感器的阶跃响应函数为

$$y_u(t) = 1 - e^{-\frac{t}{\tau}}$$

改写后得

$$1 - y_u(t) = e^{-\frac{t}{\tau}} \tag{1-21}$$

令

$$z = -\frac{t}{\tau} \tag{1-22}$$

则

$$z = \ln[1 - y_u(t)] \tag{1-23}$$

式（1-22）表明 z 和 t 呈线性关系，并且有 $\tau = \Delta t / \Delta z$，如图 1-9 所示。因此可以根据测得的 $y_u(t)$ 值，作出 z—t 曲线，并根据 $\Delta t / \Delta z$ 值获得时间常数 τ，这种方法考虑了瞬时响应的全过程。

实际二阶传感器都设计成阻尼比小于 1 的典型欠阻尼二阶传感器，其阶跃响应曲线如图 1-10 所示，是以 $\omega_n \sqrt{1 - \xi^2}$ 为角频率作衰减振荡的，此角频率为传感器阻尼振荡频率。根据二阶传感器阶跃响应关系，在阻尼比 $\xi < 1$ 的条件下最大超调量为

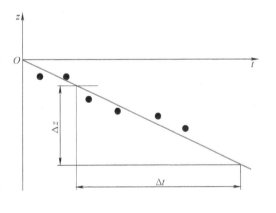

图 1-9 求一阶装置时间常数的方法

$$M = e^{-\left(\frac{\varepsilon\pi}{\sqrt{1-\xi^2}}\right)} \tag{1-24}$$

最大超调量 M 与阻尼比 ξ 的关系为

$$\xi = \sqrt{\frac{1}{\left(\frac{\pi}{\ln M}\right)^2 + 1}} \tag{1-25}$$

因此，测得 M 后便可按式（1-25）或者与之相应的图 1-10 来求得阻尼比 ξ。

可以利用加正弦输入信号，测定输出和输入的幅值比和相位差来确定装置的幅频特性和相频特性，然后根据幅频特性分别按图 1-11 和图 1-12 求得一阶装置的时间常数 τ 和欠阻尼二阶装置的阻尼比 ξ、固有频率 ω_n。

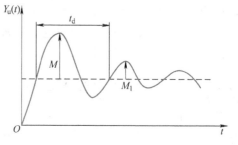

图 1-10 二阶装置（$\xi < 1$）的阶跃响应

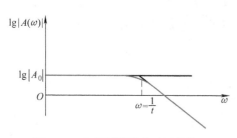

图 1-11 由幅频特性求时间常数 τ

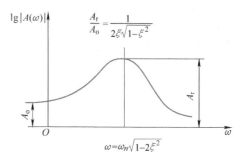

图 1-12 欠阻尼二阶装置 ξ 和 ω_n

若测量装置不是纯粹电气系统，而是机械-电气或其他物理系统，一般很难获得正弦的输入信号，但获得阶跃输入信号却很方便。所以在这种情况下，使用阶跃输入信号来测定装置的参数也就更为方便了。

单元 4 弹性敏感元件

1.4.1 弹性敏感元件的特性

物体因外力作用而改变原来的尺寸或形状，称为变形。如果外力去掉后物体能够完全恢复其原来的尺寸和形状，这种变形称为弹性形变。弹性敏感元件直接感受力、压力、力矩等物理量，其输出为弹性敏感元件本身的变形（应变、位移、转角）。作用在弹性敏感元件上的外力与该外力引起的相应的变形之间的关系称为弹性敏感元件的特性。弹性敏感元件是很多传感器的核心部分，它能够将各种形式的非电量转换成应变或位移量，然后由传感元件将这些量转换成电量。

1. 弹性敏感元件的特性

（1）刚度 刚度用来描述弹性敏感元件在受外力作用时抵抗弹性变形能力的强弱，一般用 k 表示，其数学表达式为

$$k = \lim_{\Delta x \to 0} \frac{\Delta F}{\Delta x} = \frac{\mathrm{d}F}{\mathrm{d}x}$$ (1-26)

式中 F——作用在弹性敏感元件上的外力；

x——弹性敏感元件在外力作用下产生的变形。

如图 1-13 所示，通过 A 点作曲线的切线，则弹性特性曲线上某点 A 的刚度为

$$k = \frac{\mathrm{d}F}{\mathrm{d}x} = \tan\theta \qquad (1\text{-}27)$$

如果弹性敏感元件的特性曲线是一条直线，那么它的刚度是一个常数。

（2）灵敏度　灵敏度表示弹性敏感元件在单位力作用下产生变形的大小。在弹性力学中称为弹性敏感元件的柔度，它被定义为刚度的倒数，一般用 K 表示，其数学表达式为

$$K = \frac{1}{k} = \frac{\mathrm{d}x}{\mathrm{d}F} \qquad (1\text{-}28)$$

（3）弹性滞后　弹性滞后是指在弹性敏感元件弹性变形范围内，对弹性敏感元件进行加卸载的升、降行程测量中曲线不重合的现象。如图 1-14 所示，曲线 1 是加载曲线，曲线 2 是卸载曲线，曲线 1 和曲线 2 所包围的范围称之为滞环。引起弹性滞后的原因是弹性敏感元件内部粒子间存在内摩擦。

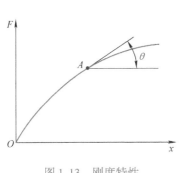

图 1-13　刚度特性

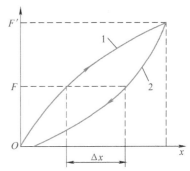

图 1-14　弹性滞后现象

（4）弹性后效　当弹性敏感元件上载荷从一个值变化到另一个值时，相应的变形不能立即完成，而要经过一定的时间间隔逐渐完成，这种现象称为弹性后效。如图 1-15 所示，当作用于弹性敏感元件上的力由 0 突然增加到 F_0 时，弹性敏感元件的变形首先从 0 迅速增加至 x_1，然后在载荷没有变化的情况下继续变形，直到变形增大到 x_0 为止。反之，当作用于弹性敏感元件上的力由 F_0 突然减小到 0 时，弹性敏感元件的变形先由 x_0 迅速减小至 x_2，然后继续减小，直至变形为 0。由于弹性后效现象的存在，弹性敏感元件的变形始终不能迅速地随着作用力的改变而改变，这种现象在动态测量中将引起测量误差。造成这一现象的原因是由于弹性敏感元件内部分子之间存在内摩擦。

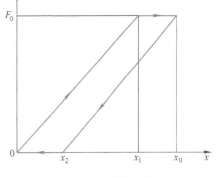

图 1-15　弹性后效

（5）温度特性　周围环境温度的变化会引起弹性敏感元件材料的弹性模量 E 的变化，变化的大小用温度系数 β_t 表示。用 E_0 表示温度为 t_0（单位为℃）时的弹性模量，则温度为 t（单位为℃）时的弹性模量为

$$E = E_0\left[1 + \beta_t\left(t - t_0\right)\right] \qquad (1\text{-}29)$$

一般地，β_t 为负值。

（6）固有频率　弹性敏感元件的动态特性和变换被测载荷时的滞后现象，都由弹性敏

感元件的固有频率所决定。一般来说，固有频率越高，其动态特性越好。但弹性敏感元件的灵敏度和固有频率两个特性要求是相互矛盾的，灵敏度增加，固有频率就会降低，则动态特性就会变差，反之亦然。所以在实际设计时，应根据检测对象的具体要求综合加以考虑。

2. 弹性敏感元件的材料　弹性敏感元件直接参与传感器中的变换和测量，因此对于材料的选用十分重要。不同的传感器对弹性敏感元件的要求也不同，在任何情况下，应保证材料具有良好的弹性，有足够的准确度和稳定性，在长时间使用以及温度变化时都应保持稳定的特性，因此对于弹性敏感元件，材料的要求有：

1）弹性极限和强度极限要高。

2）弹性模量的温度系数要小且要稳定。

3）弹性滞后和弹性后效要小。

4）线膨胀系数要小且要稳定。

5）有良好的抗氧化性。

6）有良好的机械加工和热处理性能。

7）在特殊条件下，要有良好的耐腐蚀性，并且具有良好的导电性或较高的绝缘性。

弹性敏感元件的材料通常采用合金钢、铝合金、铍青铜、不锈钢和铜合金等。合金钢（35CrMnSiA、40Cr）是最常用的材料，其中35CrMnSiA适合制造高准确度的弹性敏感元件。铍青铜（QBe2、QBe1.7）用于制造高准确度、高强度的弹性敏感元件。不锈钢（06Cr18Ni11Ti）用于制造高强度、耐腐蚀性好的弹性敏感元件。铜合金用于制造一般的弹性敏感元件或抗腐蚀性好的弹性敏感元件。

常用弹性敏感元件的材料性能见表1-4。

表1-4　常用弹性敏感元件的材料性能

名　称	弹性模量		线膨胀系数 $\beta/$ $\times 10^{-6}℃^{-1}$	屈服强度 $R_{p0.2}$ /MPa	拉伸强度 R_m /MPa	密度 ρ /(kg·m^{-3})	说　明
	$E/$ $\times 10^5$ MPa	$G/$ $\times 10^3$ MPa					
45钢	2.00	—	—	3.6	6.1	7.8	如淬火830~850℃，回火500℃，$R_m = (9.5~10.5) \times 10^8$ Pa
40Cr	2.18	—	11.0	8.0	10.0	—	用于一般传感器
35CrMnSiA	2.00	—	11.0	13.0	16.5	—	用于高准确度传感器
60Si2MnA	2.00	8.7	11.5	14.0	16.0	—	用于小厚度平面弹性元件，疲劳极性很高
50GrVA	2.10	8.3	11.3	11.0	13.0	—	用于重要弹性元件，温度小于或等于400℃
40CrNiMoA	2.10	—	11.7	10.0	11.2	—	
30CrMnSiA	2.10	—	11.0	9.0	11.0	—	
1Cr17Ni7	2.00	8.0	16.6	2.0	5.5	7.85	弹性稳定性好，适于380~480℃
铍青铜	1.31	5.0	16.6	—	12.5	8.23	
硬铝	0.72	2.7	23	3.4	5.2	2.8	

1.4.2 弹性敏感元件的类型

传感器中的弹性敏感元件的输入量通常是力、力矩或流体的压力，其输出量为应变或位移，即弹性敏感元件是将力或压力转换为应变或位移的器件。因此弹性敏感元件有两种基本形式：一是将力或力矩转换为应变或位移的变换力的弹性敏感元件；二是将压力转换为应变或位移的变换压力的弹性敏感元件。

1. 变换力的弹性敏感元件 常用变换力的弹性敏感元件有实心圆柱或空心圆柱、等截面圆环、等截面悬臂梁、等强度悬臂梁和扭转轴等，如图1-16所示。

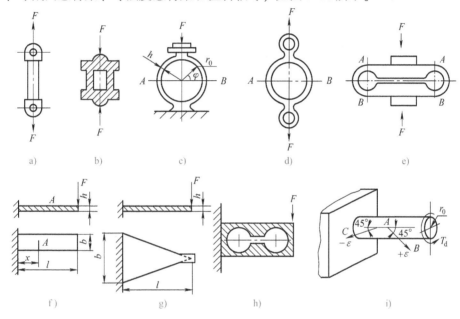

图 1-16 变换力的弹性敏感元件

a）实心圆柱 b）空心圆柱 c）、d）等截面圆环 e）变形的圆环
f）等截面悬臂梁 g）等强度悬臂梁 h）双孔梁 i）扭转轴

（1）圆柱式弹性敏感元件 圆柱式弹性敏感元件的特点是结构简单，可承受很大的载荷。根据截面形状可将其分为实心圆截面和空心圆截面，如图1-16a、b所示。

被测力 F 沿圆柱的轴线方向作用于元件两端，在力的作用下，圆柱式弹性敏感元件产生微小的位移，因此以应变作为其输出量。

在轴向承受被测力时，在轴线方向上产生轴（纵）向应力和轴（纵）向应变，其数值为

$$\sigma_x = \frac{F}{A} \tag{1-30}$$

$$\varepsilon_x = \frac{F}{AE} \tag{1-31}$$

在与轴线垂直方向上产生横（径）向应力和横（径）向应变，其数值为

$$\sigma_y = -\mu \frac{F}{A} = -\mu \sigma_x \tag{1-32}$$

$$\varepsilon_y = -\mu \frac{F}{AE} = -\mu \varepsilon_x \qquad (1\text{-}33)$$

式中　F——弹性元件所受的进给力（N）；

　　　A——弹性元件的横截面积（m^2）；

　　　E——弹性元件材料的弹性模量（Pa）；

　　　μ——弹性元件材料的泊松比；

σ_x、σ_y——圆柱式弹性元件的轴向应力和横向应力（Pa）；

ε_x、ε_y——圆柱式弹性元件的轴向应变和横向应变。

　　圆柱式弹性敏感元件主要用于电阻应变式压力传感器中。实心圆柱式弹性敏感元件的特点是加工方便、准确度高，但灵敏度低，适用于截面较大的场合。空心圆柱式弹性敏感元件在同样的截面积下，可提高轴向的抗弯能力。

　　例1-4　　有一横截面直径为12mm的45钢质圆柱体，受到拉力 $F = 2940N$，分别求出圆柱体受拉后的径向应变和横向应变。（$\mu = 0.3$）

　　解：查表1-4可知，45钢的弹性模量 $E = 2.00 \times 10^5 MPa = 2.00 \times 10^{11} Pa$

　　圆柱体的截面积为　$A = \frac{\pi d^2}{4} = \frac{3.14 \times 0.012^2}{4} m^2 = 1.13 \times 10^{-4} m^2$

　　受拉力作用，轴向应变为正，横向应变为负。

　　根据式（1-31）得 $\varepsilon_x = \frac{F}{AE} = \frac{2940}{1.13 \times 10^{-4} \times 2.00 \times 10^{11}} = 1.3 \times 10^{-4}$

　　根据式（1-33）得 $\varepsilon_y = -\mu \varepsilon_x = -0.3 \times 1.3 \times 10^{-4} = -3.9 \times 10^{-5}$

　　（2）环式弹性敏感元件　环式弹性敏感元件一般分为等截面圆环和变截面圆环两种，大多做成等截面圆环，如图1-16c所示。当 $r_0 \geqslant h$ 时，在外力 F 作用下，圆环内、外表面所产生的应力、应变为

$$\sigma = \pm \frac{r_0}{bh^2}(1.91 - 3\cos\varphi)F \qquad (1\text{-}34)$$

$$\varepsilon = \pm \frac{r_0}{bh^2 E}(1.91 - 3\cos\varphi)F \qquad (1\text{-}35)$$

式中　r_0——圆环内外表面平均半径；

　　　φ——某一截面与参考截面 AB 的夹角；

　　　E——材料的弹性模量；

　　　b——圆环的宽度；

　　　h——圆环的厚度。

　　由式（1-34）、式（1-35）可知，在同一外力作用下，应变不仅与材料的弹性模量、圆环的宽度和厚度有关，还与圆环截面所处的角度 φ 有关。由于环的对称性，只需考虑1/4环即可。在 $\varphi = \pi/2$ 处，即受力点和其对称点的内表面，应变达到最大值；在 $\varphi = 0$ 处，即 A、B 点的内外表面，应变也很大，并且，当环的半径 r_0 比环的厚度 h 大很多时，A、B 点内外表面的应变大小相等，符号相反；在 $\varphi = 50°20'$ 处，$\varepsilon = 0$，从该点开始应变符号发生变化。

　　环式弹性敏感元件有较高的灵敏度，因而多用于测量较小的力。但其加工困难、环的各

个部位的变形与应力不相等，是其主要的缺点。

（3）悬臂梁　悬臂梁是一端固定一端自由的弹性敏感元件，其特点是结构简单，加工方便。它的输出可以是应变，也可以是挠度。由于它的灵敏度比等截面轴及圆环高，因此适用于较小力的测量。根据梁的截面形状的不同，可将其分为等截面悬臂梁和等强度悬臂梁两种，如图1-16f、g所示。

1）等截面悬臂梁。等截面悬臂梁的基本结构如图1-16f所示，被测力F作用在梁的自由端，等截面梁表面某一位置处的应变由下式确定：

$$\varepsilon_x = \frac{6(l-x)}{bh^2E}F \tag{1-36}$$

式中　ε_x——距离梁固定端x处的纵向应变值，压力作用下，上表面为正，下表面为负；

　　　l——梁的长度；

　　　x——某一位置到固定端的距离；

　　　E——材料的弹性模量；

　　　b——梁的宽度；

　　　h——梁的厚度。

由式（1-36）可知，随着位置x的不同，在梁上各个位置产生的应变也不同。在梁的根部$x=0$处，产生的应变最大；在力的作用点$x=l$处，应变为零。在实际应用中，常把悬臂梁的自由端的挠度作为输出，在自由端装上电感传感器、霍尔传感器或电涡流传感器等，就可以进一步将挠度变为电量。在悬臂梁的自由端最大挠度（位移）为

$$y_{max} = \frac{4l^3}{bh^3E}F \tag{1-37}$$

等截面悬臂梁的固有频率为

$$f_0 = \frac{0.162h}{l^2}\sqrt{\frac{E}{\rho}} \tag{1-38}$$

由式（1-36）、式（1-37）、式（1-38）可以看出，等截面悬臂梁的厚度减小可以提高灵敏度，降低固有频率，而且材料的特性参数（弹性模量、密度）及结构尺寸（长度、厚度）对灵敏度和固有频率均有影响。

2）等强度悬臂梁。由等截面悬臂梁的讨论可知，在等截面悬臂梁的不同位置产生的应变是不相等的，因而在非电量测量中常采用等强度悬臂梁。这种悬臂梁的外形呈等腰三角形，横截面积处处不相等，因此为了保证等应变性，必须将作用力F加在梁的两斜边交汇点处，如图1-16g所示。

当被测力F作用在悬臂梁的自由端上时，沿梁的整个长度各处的应变相等，即它的灵敏度与梁长度方向的坐标无关，避免了对应变片粘贴位置准确性的高要求，给应变式传感器的制造带来了很大的方便。

等强度悬臂梁各点的应变为

$$\varepsilon = \frac{6l}{bh^2E}F \tag{1-39}$$

必须说明，这种变截面积的梁的尖端必须有一定的宽度才能承受作用力。

等强度悬臂梁的自由端的最大挠度为

$$y_{max} = \frac{6l^3}{bh^3 E} F \tag{1-40}$$

等强度悬臂梁的固有频率为

$$f_0 = \frac{0.316h}{l^2} \sqrt{\frac{E}{\rho}} \tag{1-41}$$

前面已经提到，在测量力微小变化时，宜采用悬臂梁式结构的传感器。这种传感器结构简单，灵敏度高，但由于其固有频率低，常常只限于低频率作用力或载荷的测量。

2. 变换压力的弹性敏感元件 常见的变换压力的弹性敏感元件有弹簧管、波纹管、平膜片、波纹膜片、膜盒和薄壁圆筒等，如图1-17所示。

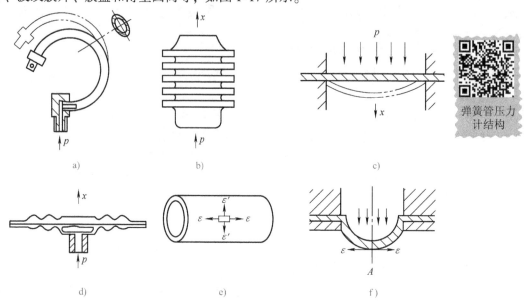

图1-17 变换压力的弹性敏感元件

a）弹簧管 b）波纹管 c）平膜片 d）膜盒 e）薄壁圆筒 f）薄壁半球

（1）弹簧管 弹簧管又称为波登管，它是一个弯成圆弧形的空心管，一端固定一端自由，大多数是C形弹簧管。在测量时，管内引入被测压力，使自由端产生位移。在实际应用时，为获得更大变形，还可以采用多圈弹簧管。

弹簧管的截面形状有很多种，多为椭圆形、扁平形或更复杂的形状。它的工作原理是，当压力通过固定端导入到管内腔，弹簧管的自由端由盖子密封，并借助盖子与传感元件相连。在压力的作用下，弹簧管的截面变成圆形，截面的长轴伸长短轴缩短，截面形状的改变导致弹簧管被拉伸，直到与压力的作用相平衡为止，如图1-17a所示。由此说明，利用弹簧管可以把压力转换为位移。

弹簧管把被测压力转换为管端部的位移，其灵敏度取决于材料的弹性模量和它的几何尺寸。影响灵敏度的几何尺寸主要包括截面的长轴半径 a 与短轴半径 b 的比值、弹簧管的厚度和管的曲率半径。当管壁的厚度和曲率半径不变时，a/b 的值越大，弹簧管的灵敏度越高。当 $a/b = 1$ 时，其灵敏度为零。弹簧管的灵敏度随管的曲率半径的增加而增大，随厚度的增加而减小。通常认为 $a/b = 5 \sim 6$ 最适合。一般来说，弹簧管的灵敏度比其他压力敏感元件要小，因此常作为测量较大压力的弹性敏感元件。

（2）波纹管　波纹管是一种表面上有许多同心环状波纹的薄壁圆管，如图 1-17b 所示。它的一端开口与被测压力相通，一端密封。开口端固定，密封端处于自由状态，通入气体或液体后，在进给力或液体压力的作用下，波纹管将伸长或缩短，从而把压力转换为位移。在波纹管形变量允许的范围内，压力的大小与伸缩量为线性关系，而且波纹管的灵敏度较好。

在非电量的测量中，波纹管的直径一般为 12 ~ 160mm，被测压力的范围为 10^2 ~ 10^7Pa。

（3）平膜片　圆形膜片分为平膜片和波纹膜片，用来测量介质的压力。平膜片又称为等截面薄板，它是一种周边固定的圆形薄板，如图 1-17c 所示。将应变片粘贴在平膜片的一面，可以制作成电阻应变式压力传感器。当平膜片上下表面受到均匀分布的压力作用时，膜片弯向压力低的一面，把均匀分布在膜片表面上的压力转变为膜片的应变和位移，可以通过对应变的测量求得压力的大小。

平膜片在直径方向上各点的应变是不同的，最大应变产生在膜的周围。平膜片的中心处的压力与位移之间呈非线性关系。只有当平膜片的最大位移量小于膜片厚度的 1/3 时，才能获得较小的非线性误差。

平膜片压力传感器的优点是结构简单，刚度大，灵敏度高，有较好的动态特性，但不适于测量高温介质的压力，且线性度较差。

（4）波纹膜片　波纹膜片是一种压有环状同心波纹的薄板。为了便于和传感元件相连接，在膜片的中央留有一个光滑的部分，有时还在中央焊接或熔接一块金属片，称为膜片的硬心。将膜片的周围固定，当膜片的上下表面受到不同压力作用时，膜片将弯向压力小的一面，而使其中心有一定的位移，从而将被测力转变为位移。波纹膜片比平膜片的弹性好，因此可作为测量较小压力的弹性敏感元件。

波纹膜片的刚度较小，线性度较好，灵敏度较高。波纹膜片的特性主要受到波纹的形状、膜片波纹的高度、膜片的厚度的影响。

在同一压力作用下，正弦形波纹膜片产生的挠度最大；锯齿形波纹膜片的挠度最小，但它的特性接近于直线；梯形波纹膜片的特性介于以上两者之间。

膜片波纹的高度对膜片的特性影响较大，增加波纹高度可增加初始变形的刚度，同时使膜片的特性接近于直线。波纹的高度一般为 0.7 ~ 1.0mm。

波纹膜片的厚度对膜片的特性也影响较大，随着厚度的增加，膜片的刚度增加，同时也增加了其非线性。膜片的厚度一般为 0.05 ~ 0.3mm。

膜片边缘波纹的微小变化也可以改变膜片的特性。因为这种膜片的特性基本上是由边缘波纹决定的，中部波纹的状态对膜片的特性影响较小。

（5）膜盒　为了增加膜片中心的位移，即提高灵敏度，可把两个波纹膜片焊在一起，制作成具有腔体的盒状元件，如图 1-17d 所示。它的中心位移量为单个膜片的两倍，常用来测量气体的压力。如果要得到更大的位移，可把几个膜盒串联成膜盒组。

由于膜盒是一个封闭的整体，周围不需要固定，因此安装比较方便，应用广泛。膜盒的特性与波纹膜片的相似。

（6）薄壁圆筒　薄壁圆筒弹性敏感元件一般用于较大压力的测量，如图 1-17e 所示。薄壁圆筒的筒壁厚度一般都小于圆筒直径的 1/20，它有一个不通孔，内腔与被测压力相通，内壁受压均匀地向外扩张，产生拉伸应力和应变。筒壁上的各个单元在轴向和周围方向上产生的应变是不相等的。薄壁圆筒弹性敏感元件的灵敏度较低，它的灵敏度仅取决于圆筒的半径、厚度和弹性模量，而与圆筒的长度无关，但坚固性较好，适用于有特殊结构要求的传感器。

本学习领域小结

随着科学技术的高速发展，传感器与检测技术在机械工程及自动控制系统中起着越来越关键的作用，在工业、医疗、国防、生物工程和农林牧渔等行业中的应用也越来越广泛。传感器是能够感受规定的被测量并按照一定规律转换成可用输出信号的器件或装置，它是各种信息的感知、采集、转换与处理的功能器件，一般由敏感元件、转换元件、转换电路三部分组成。传感器可按其基本效应、构成原理、能量变换关系、工作原理、输入量和输出量进行分类。

传感器的基本特性主要是指传感器的输出与输入之间的关系。当输入量为不随时间变化的恒定信号时，这一关系称为传感器的静态特性；当输入量为随时间变化的信号时，这一关系就称为传感器的动态特性。研究传感器的特性就是为了使传感器尽可能准确、真实地反映被测物理量，同时对传感器的各项性能做出客观评价，从而为实际工作提供客观依据。

误差理论是检测技术的理论基础。要有效地完成检测任务，必须掌握测量的基本概念、测量误差及数据处理的方法等方面的理论。关于系统误差、随机误差以及粗大误差的分析和判别是其中的核心内容。

弹性敏感元件是很多传感器的核心部分，它能够将各种形式的非电量转换成应变或位移量，然后由传感元件将这些量转换成电量。

思考题与习题

1. 简述传感器的组成及其各部分的基本功能。
2. 传感器的静态特性技术指标及其各自的意义是什么？
3. 传感器的动态特性常用什么方法进行描述？
4. 测量误差按其性质和特点可分为哪三类？各有何特点？
5. 用测量范围为 $100 \sim 500℃$ 的温度检测仪表测量 $200℃$ 时，仪表的显示值为 $202.5℃$，求仪表在该测量点处的绝对误差、相对误差和引用误差。如果仪表在该测量点的绝对误差是最大的，该表应定为几级准确度？
6. 有两台压力传感器，测量范围分别为 $-100 \sim 150kPa$ 和 $0 \sim 500kPa$，已知两台传感器的绝对误差都为 $5kPa$，试问哪台压力传感器的准确度高？
7. 弹性敏感元件在传感器中的作用是什么？
8. 弹性敏感元件的基本特性有哪些？
9. 变换力的弹性敏感元件主要有哪几种？各有何特点？
10. 变换压力的弹性敏感元件主要有哪几种？各有何特点？
11. 将下列答案中的正确选项填入括号中。
（1）某压力仪表引用误差均控制在 $0.6\% \sim 0.8\%$，该压力表的准确度等级应定为

（　　）级。

A. 0.2　　　　　　　B. 0.5　　　　　　　C. 1.0　　　　　　　D. 1.5

（2）要购买压力表，希望压力表的基本误差小于0.9%，应购买（　　）级的压力表。

A. 0.2　　　　　　　B. 0.5　　　　　　　C. 1.0　　　　　　　D. 1.5

（3）用某电子秤称得的质量总是比实际质量低1kg，该误差属于（　　）。

A. 系统误差　　　　　　B. 粗大误差　　　　　　C. 随机误差

（4）仪表出厂前，需进行老化处理，其目的是为了（　　）。

A. 提高准确度　　　　　　　　　　B. 加速其衰老

C. 测试其各项性能指标　　　　　　D. 提高可靠性

（5）有一温度计，它的测量范围为50~250℃，准确度为0.5级，则该表可能出现的最大绝对误差为（　　）。

A. 1℃　　　　　　　B. 0.5℃　　　　　　C. 10℃　　　　　　　D. 200℃

（6）欲测量240V左右的电压，要求测量值相对误差的绝对值不大于0.6%，问：若选用量程为250V的电压表，其准确度应选（　　）级；若选用量程为300V的电压表，其准确度应选（　　）级；若选用量程为600V的电压表，其准确度应选（　　）级。

A. 0.25　　　　　　B. 0.5　　　　　　　C. 0.2　　　　　　　D. 1.0

12. 欲测量600Pa左右的压力，要求测量示值相对误差的绝对值不大于1%，问如果选用测量范围为0~800Pa的压力计，其准确度应该选用哪一级？如果选用测量范围为300~800Pa的压力计，其准确度应该选用哪一级？

13. 横截面积为$7.8mm^2$的40Cr圆柱形弹性元件，受到压力$F = 4900N$，分别求出圆柱体受压后产生的轴向应变和径向应变。（$\mu = 0.3$）

02

能量控制型传感器

单元 1　电阻应变式传感器

电阻应变式传感器是根据应变原理，通过应变片和弹性敏感元件将机械构件的应变或应力转换为电阻的微小变化再进行电量测量的装置。

电阻应变式传感器的优点是准确度高，测量范围广，寿命长，结构简单，频率响应特性好，能在恶劣条件下工作，易于实现小型化、整体化和品种多样化等；它的缺点是对于大应变有较大的非线性，输出信号较弱，但可采取一定的补偿措施。电阻应变式传感器可以测量力、压力、力矩、位移、加速度和温度等多种物理量，因此广泛应用于自动测试和控制技术中。

2.1.1　电阻应变效应

导体或半导体在外界力的作用下产生机械形变，其电阻值也随着发生变化，这种现象称为电阻应变效应。下面以金属丝应变片为例分析这种效应。

设有一长度为 l，横截面积为 S，半径为 r，电阻率为 ρ 的金属丝，它的电阻值 R 表示为

$$R = \rho \frac{l}{S} = \rho \frac{l}{\pi r^2} \tag{2-1}$$

式中　ρ——金属丝的电阻率；

　　　l、r——金属丝的长度、半径；

　　　S——金属丝的横截面积。

当沿金属丝的长度方向作用均匀拉力（或压力）时，上式中的 l、r、ρ 都将发生变化，从而使电阻值发生变化。实验证明，电阻丝及电阻应变片的电阻变化率 $\Delta R/R$ 与电阻应变片的纵向应变 ε_x 为线性关系，即

$$\frac{\Delta R}{R} = K\varepsilon_x \tag{2-2}$$

式中　ε_x——电阻应变片的纵向应变；

　　　K——电阻丝的灵敏度。

对于不同的金属材料，K 略微不同，一般为 2 左右。而对于半导体材料而言，由于其发生应变时，电阻率 ρ 会发生很大变化，所以灵敏度比金属材料大几十倍。

电阻应变片的纵向应变 ε_x 也代表试件在应变片处的应变，两者的差异在工

金属应变片
结构

程上允许忽略。ε_x 是量纲为 1 的量，通常很小，常用 10^{-6} 表示，在应变测量中也称微应变。

2.1.2　应变片结构类型与粘贴

1. 应变片的结构类型　常用的应变片有金属应变片和半导体应变片两类，金属应变片分为金属丝式、箔式和薄膜式三种；半导体应变片分为体型、扩散型、薄膜型和 PN 结器件等类型，如图 2-1 所示。

金属丝式应变片由敏感栅、基底和覆盖层、黏结剂、引线组成，如图 2-2 所示。其中敏感栅是应变片最重要的部分，一般栅丝直径为 0.015 ~ 0.05mm。敏感栅的纵向轴线称为应变片轴线，根据不同用途，栅长可为 0.2 ~ 200mm。基底和覆盖层用以保持敏感栅及引线的几何形状和相对位置，并将被测件上的应变迅速准确地传递到敏感栅上。因此基底做得很薄，一般为 0.02 ~ 0.4mm。覆盖层起保护敏感栅作用。基底和覆盖层用专门的薄纸制成的称为纸基，用各种黏结剂和有机树脂膜制成的称为胶基，现多采用后者。

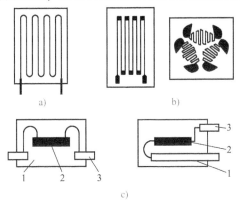

图 2-1　各种应变片结构

a) 金属丝式应变片　b) 金属箔式应变片

c) 体型半导体应变片

1—基片　2—Si 片　3—引线

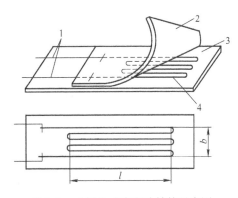

图 2-2　金属丝式应变片结构示意图

1—引线　2—覆盖层

3—基片　4—敏感栅

金属箔式应变片是用光刻技术将康铜或镍铬合金箔腐蚀成栅状而成，其丝栅形状可与应力分布相适应，制成各种专用应变片。它的电阻值分散度小，可做成任意形状，易于大量生产。由于金属箔式应变片具有成本低、散热性好、允许通过较大电流、灵敏度高、耐蠕动和耐漂移能力强等优点，所以应用广泛，逐渐取代金属丝式应变片。

金属薄膜应变片是采用真空镀膜技术在很薄的绝缘基底上蒸镀金属电阻材料薄膜，再加上保护层形成的，允许通过较大电流。

半导体应变片是用半导体材料作敏感栅而制成的。当应变片受力时，电阻率随应力的变化而变化。它的主要优点是灵敏度高，比金属丝式、箔式大几十倍；主要缺点是灵敏度的一致性差，温漂大，电阻与应变间非线性严重，使用时要采用温度补偿和非线性补偿。

2. 应变片的粘贴　应变片是粘贴在弹性敏感元件或被测元件上的，传感器的性能在很大程度上取决于粘贴质量，所以黏结剂的选择要考虑基片的材料、工作环境、潮湿程度、稳定性、是否加温加压以及粘贴时间等因素。应变片的粘贴工艺包括：

（1）试件的表面处理　为了保证良好的黏合度，粘贴表面应保持平整、光滑，无杂质、

应变片粘贴

油污及表面氧化层等。处理方法：先用刮刀或锉刀清除试件被测点处的氧化皮及污垢，然后用细砂皮纸在试件粘贴部位（一般应大于应变片面积 3~5 倍左右的表面）进行打磨，还需用脱脂棉球蘸上清洁溶剂（如丙酮、无水酒精、四氯化碳等）擦洗被测点处的油污，直至棉球上无明显油渍为止。

（2）确定贴片位置　在应变片上标出敏感栅的纵向、横向中心线，在试件被测点处画出中心线，粘贴时使两者重合。

（3）粘贴　先在处理后的试件表面和应变片的基底各涂一层薄而均匀的胶水，然后将应变片贴在被测点上，并在应变片上覆盖一层聚乙烯塑料薄膜并加压，将多余的胶水和气泡排出，加压时要注意防止应变片错位。

（4）固化　根据所使用的黏结剂的固化工艺要求进行固化处理和时效处理。

（5）粘贴质量检查　检查粘贴位置是否合格，黏合层是否有气泡和漏贴，敏感栅是否有短路或断路现象以及敏感栅的绝缘性能等。

（6）引线的焊接与防护　检查合格后即可焊接引线。引出导线要用柔软、不易老化的胶合物适当地加以固定，以防止导线摆动时折断应变片的引线，然后在应变片上涂一层柔软的防护层，进行防湿、防潮、防老化处理，从而延长其使用寿命。短期防护可采用凡士林做防护剂，长期防护可采用密封性好的防护剂（如环氧树脂、氯丁橡胶、硅橡胶密封剂等）。

2.1.3　电阻应变式压力传感器的组成

应变片正常工作时需依附于弹性元件，可以通过两种形式实现应变片的粘贴。一种是将应变片直接粘贴于压力-位移型弹性元件（只有平膜片容易实现）的应变处，在弹性元件实现压力-位移变换的同时，也实现了应变-电阻值的变换；另一种是粘贴在力-应变型弹性元件表面，通过压力-位移型弹性元件实现压力-力的变换，再通过粘贴有电阻应变片的力-应变型弹性元件实现力-应变-电阻值的转换。最后，把应变片接入测量电桥的桥臂，通过测量电路把电阻值转换成电压或电流信号，送至显示仪表。电阻应变式压力传感器结构原理框图如图 2-3 所示。

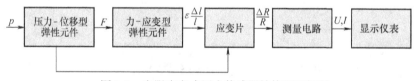

电阻应变式压力传感器结构

图 2-3　电阻应变式压力传感器结构原理框图

1. 力-应变型弹性元件　常用的力-应变型弹性元件有柱形弹性元件、梁式弹性元件和薄壁环等。

（1）柱形弹性元件　此类弹性元件由于应变很小，测力量程较大，尤其是实心圆柱在径向尺寸较大时，测力上限可达数千牛顿，常作为荷重式压力传感器的敏感元件。如图 2-4 所示，受力方向为轴向，应变片粘贴在外壁应力分布均匀的中间部分，可以对称地粘贴多片，电桥连接时应考虑尽量减小载荷偏心和弯矩影响，如图 2-4a 所示，贴片在圆柱面上的

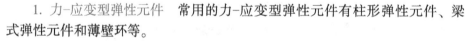

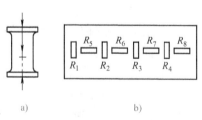

图 2-4　柱形弹性元件

a）圆柱外形　b）圆柱面展开图

柱形弹性元件

展开位置如图 2-4b 所示。

例 2-1 将阻值为120Ω、灵敏度 $K=2$ 的电阻应变片，分别沿轴向、径向贴在外直径为 10cm、内直径为 5cm 的圆环形钢柱表面，钢材的弹性模量 $E=2\times10^{11}\,\mathrm{N/m^2}$，$\mu=0.3$，在钢柱受到 $F=7.5\times10^3\,\mathrm{N}$ 拉力后，两应变片的电阻分别变化了多少？

解：钢柱的横截面积

$$A=\frac{1}{4}\pi D^2-\frac{1}{4}\pi d^2=5.889\times10^{-3}\,\mathrm{m^2}$$

钢柱的轴向应变

$$\varepsilon_x=\frac{F}{AE}=\frac{7.5\times10^3}{5.889\times10^{-3}\times2\times10^{11}}=0.64\times10^{-5}$$

轴向粘贴应变片的电阻变化量

$$\frac{\Delta R}{R}=K\varepsilon_x=2\times0.64\times10^{-5}=1.28\times10^{-5}$$

$$\Delta R=R\times1.28\times10^{-5}=0.00154\Omega$$

钢柱的径向应变

$$\varepsilon_y=\mu\varepsilon_x=-0.3\times0.64\times10^{-5}=-0.19\times10^{-5}$$

径向粘贴应变片的电阻变化量

$$\frac{\Delta R}{R}=K\varepsilon_y=2\times(-0.19\times10^{-5})=-0.38\times10^{-5}$$

$$\Delta R=R\times(-0.38\times10^{-5})=-0.00046\Omega$$

（2）梁式弹性元件 梁有多种形式，如图 2-5 所示。图 2-5a、b 分别为等截面悬臂梁和等强度悬臂梁，在梁的根部，上下对称粘贴应变片。这种传感器结构简单，灵敏度高，可用于小压力测量。图 2-5c 为双孔梁，多用于小量程工业电子秤和商业电子秤。图 2-5d 为"S"形弹性梁，适于较小载荷。

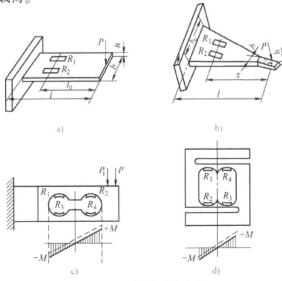

图 2-5 梁式弹性元件

a）等截面悬臂梁 b）等强度悬臂梁 c）双孔梁 d）"S"形弹性梁

（3）薄壁环　如图2-6所示，弹性元件为等截面圆环。薄壁环灵敏度高，用于测量较小的力，但加工困难，且在力F作用下，环的各部位应变不相等。当力F作用于环的上部时，环的A、B处应力较大，且内外应变大小相等，符号相反，故应变片多粘贴于A、B处的内外环面上。

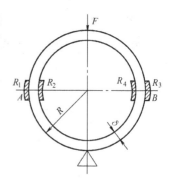

图2-6　薄壁环

2. 测量电路　电阻应变式传感器是把机械应变量转换成电阻变化量，由于应变量及电阻变化量一般都很微小，既难以直接精确测量，又不便直接处理。因此，必须采用转换电路或仪器，把应变片的电阻变化转换成电压或电流的变化，具有这种转换功能的电路称为测量电路。

在电阻应变式传感器中最常用的测量电路是桥式电路。按电源性质不同，可分为直流电桥和交流电桥。按电桥桥臂电阻的工作方式不同，可分为惠斯通电桥、半桥和全桥。

下面以直流电桥为例分析桥式测量电路的工作原理及特性。直流电桥如图2-7a所示，电桥的两个对角线节点接入电源电压U_i，另外两个对角线节点为输出电压U_o，则其输出电压为

$$U_o = \left(\frac{R_3}{R_3 + R_4} - \frac{R_2}{R_1 + R_2} \right) U_i = \frac{R_1 R_3 - R_2 R_4}{(R_1 + R_2)(R_3 + R_4)} U_i \tag{2-3}$$

为了使电桥在测量前的输出为零，应该选择四个桥臂电阻满足$R_1 R_3 = R_2 R_4$或$R_1/R_2 = R_4/R_3$，这就是电桥的平衡条件。由于通常四个电阻不可能刚好满足平衡条件，因此电桥都设有调零电路。调零电路由滑线变阻器RP_1和控制调节范围的限流电阻R_5组成。当采用交流电源时，调零电路还应增设RP_2和C_1来平衡电容的容抗（见图2-7b）。

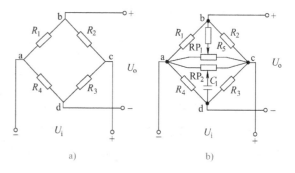

图2-7　桥式测量电路

a）直流电桥　b）桥路的调零电路

当每个桥臂电阻变化$\Delta R_i \ll R_i$，且电桥负载电阻为无限大时，电桥的输出电压可近似为

$$U_o = \frac{R_1 R_2}{(R_1 + R_2)^2} \left(\frac{\Delta R_1}{R_1} - \frac{\Delta R_2}{R_2} + \frac{\Delta R_3}{R_3} - \frac{\Delta R_4}{R_4} \right) U_i \tag{2-4}$$

通常采用全等臂形式工作，即$R_1 = R_2 = R_3 = R_4$（初始值），这样式（2-4）可变为

$$U_o = \frac{U_i}{4} \left(\frac{\Delta R_1}{R_1} - \frac{\Delta R_2}{R_2} + \frac{\Delta R_3}{R_3} - \frac{\Delta R_4}{R_4} \right) \tag{2-5}$$

当各桥臂应变片的灵敏度K都相同时

$$U_o = K \frac{U_i}{4} (\varepsilon_1 - \varepsilon_2 + \varepsilon_3 - \varepsilon_4) \tag{2-6}$$

（1）惠斯通电桥　即R_1为应变片，其余各臂为固定电阻，则

$$U_o = \frac{U_i}{4} \frac{\Delta R_1}{R_1} = \frac{U_i}{4} K \varepsilon_1 \tag{2-7}$$

（2）半桥　即 R_1、R_2 为应变片，R_3、R_4 为固定电阻，则

$$U_o = \frac{U_i}{4}\left(\frac{\Delta R_1}{R_1} - \frac{\Delta R_2}{R_2}\right) = \frac{U_i}{4}K(\varepsilon_1 - \varepsilon_2)$$ （2-8）

（3）全桥　即电桥的四个桥臂都为应变片，此时电桥输出电压公式为式(2-5)　或式(2-6)。

上面各式中 ε_1、ε_2、ε_3、ε_4 可以是试件的纵向应变，也可以是试件的横向应变（取决于应变片的粘贴方向），若是压应变，ε 以负值代入；若是拉应变，ε 应以正值代入。

如果设法使试件受力后，应变片 $R_1 \sim R_4$ 产生的电阻增量（或应变 $\varepsilon_1 \sim \varepsilon_4$）正负相间，就可以使输出电压 U_o 成倍增大。在上述三种工作方式中，全桥工作方式的灵敏度最高，半桥次之，惠斯通电桥的灵敏度最低。

例 2-2　　将四片阻值为 200Ω 的应变片对称粘贴在等强度悬臂梁的上下表面，与阻值为 200Ω 的固定电阻组成电桥电路，应变片灵敏度 $K = 2$，桥路供电电压为 $5V$，当应变片产生 $2 \times 10^{-6}\varepsilon$ 应变时，试求惠斯通电桥、半桥以及全桥工作时的输出电压。

解：惠斯通电桥：

$$\varepsilon_1 = 2 \times 10^{-6}$$

$$U_o = \frac{U_i}{4}K\varepsilon_1 = 5 \times 10^{-6}V$$

半桥：

$$\varepsilon_1 = 2 \times 10^{-6} \quad \varepsilon_2 = -2 \times 10^{-6}$$

$$U_o = \frac{U_i}{4}K(\varepsilon_1 - \varepsilon_2) = 1 \times 10^{-5}V$$

全桥：

$$\varepsilon_1 = \varepsilon_3 = 2 \times 10^{-6} \quad \varepsilon_2 = \varepsilon_4 = -2 \times 10^{-6}$$

$$U_o = \frac{U_i}{4}K(\varepsilon_1 - \varepsilon_2 + \varepsilon_3 - \varepsilon_4) = 2 \times 10^{-5}V$$

3. 温度补偿　在外界温度变化的条件下，由于敏感栅温度系数（α_t）及栅丝与试件膨胀系数（β_g、β_s）的差异性而产生虚假应变输出时，测量有时会产生与真实应变同数量级的误差，必须采取补偿温度误差的措施。

（1）补偿块补偿法　采用惠斯通电桥测量图 2-8 所示试件上表面某一点的应变时，可采用两片型号、初始电阻和灵敏度都相同的应变片 R_1 和 R_2，R_1 贴在试件的测试点上，R_2（称为温度补偿片）贴在试件的零应变处（图中试件的中线上），或贴在补偿块上。所谓补偿块，就是材料、温度与试件相同，但不受力的试块。当 R_1 和 R_2 处于相同的温度场中，并按图 2-7 接成半桥形式时，根据式(2-8)可得电桥输出电压 U_o 为

$$U_o = \frac{U_i}{4}\left(\frac{\Delta R_1}{R_1} - \frac{\Delta R_2}{R_2}\right) = \frac{U_i}{4}\left(\frac{\Delta R_{1\varepsilon} + \Delta R_{1t}}{R_1} - \frac{\Delta R_{2t}}{R_2}\right) = \frac{U_i}{4}\frac{\Delta R_{1\varepsilon}}{R_1}$$

（2-9）

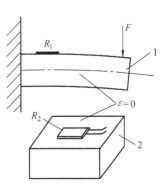

图 2-8　补偿块温度补偿示意图

1—试件　2—补偿块

式中　$\dfrac{\Delta R_{1\varepsilon}}{R_1}$ ——R_1 由应变产生的电阻变化率；

$\dfrac{\Delta R_{1t}}{R_1}$、$\dfrac{\Delta R_{2t}}{R_2}$ ——R_1、R_2 由温度变化引起的电阻变化率。

可见，电桥输出电压 U_o 不受温度影响，减小了测量误差。这种方法适合惠斯通电桥使用，其中 R_1 为工作应变片，R_2 为补偿应变片。

应当指出，若要达到完全的补偿，需满足下列三个条件：

1）R_1 和 R_2 是同规格的应变片，即它们的初始电阻值、电阻温度系数 α、线膨胀系数 β 和应变灵敏度 K 都相同。

2）粘贴补偿应变片的补偿块材料和粘贴工作应变片的试件材料必须相同。

3）两应变片 R_1 和 R_2 处于同一温度场。

此方法简单易行，而且能在较大的温度范围内补偿，缺点是上面三个条件不易满足，尤其是第三个条件很难保证。

（2）桥路自补偿法　当测量桥路处于半桥和全桥工作方式时，与上述补偿法的原理相似，应变片受温度影响产生的电阻变化量相同，接在电桥相邻两臂上而相互抵消，达到桥路自补偿的目的。

如图 2-9 所示的悬臂梁试件测量力 F 时，采用两片型号、初始电阻值和灵敏度都相同的应变片 R_1、R_2，贴在试件测量点的上下两面对称位置。应变片 R_1 的电阻变化率为

$$\frac{\Delta R_1}{R_1} = \frac{\Delta R_{1\varepsilon}}{R_1} + \frac{\Delta R_{1t}}{R_1}$$

应变片 R_2 的电阻变化率为

$$\frac{\Delta R_2}{R_2} = \frac{\Delta R_{2\varepsilon}}{R_2} + \frac{\Delta R_{2t}}{R_2}$$

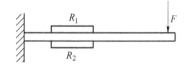

图 2-9　半桥的温度补偿

且

$$\frac{\Delta R_{2\varepsilon}}{R_2} = -\frac{\Delta R_{1\varepsilon}}{R_1}$$

将 R_1、R_2 接成半桥的工作方式，电桥输出电压 U_o 为

$$U_o = \frac{U_i}{4}\left(\frac{\Delta R_1}{R_1} - \frac{\Delta R_2}{R_2}\right) = \frac{U_i}{4}\left(\frac{\Delta R_{1\varepsilon} + \Delta R_{1t}}{R_1} - \frac{\Delta R_{2\varepsilon} + \Delta R_{2t}}{R_2}\right) = \frac{U_i}{2}\frac{\Delta R_{1\varepsilon}}{R_1}$$

可见，这种方法不仅实现了温度补偿，还提高了测量灵敏度。这种方法适合半桥和全桥工作方式使用，使普通应变片可对各种试件材料在较大温度范围内进行补偿，因而最为常用。

2.1.4　电阻应变式传感器的应用

电阻应变片除了直接用以测量机械、仪器及工程结构等的应变外，还可以与某种形式的弹性敏感元件相配合，组成其他物理量的测试传感器，如力、力矩、压力、位移、加速度等。

1. 应变式转矩传感器　测量转矩时，可以直接将应变片粘贴在被测轴上，其原理如图 2-10 所示。当被测轴受到纯扭力作用时，其最大切应力 τ_{max} 不便于直接测量，但轴表面主应力（方向与母线成45°角）在数值上等于最大切应力，因而可以将应变片沿与母线成45°角方向粘贴，通过测量主应力代替最大切应力，再将应变片接成桥路，通过输出信号判断扭力大小。

2. 应变式压力传感器 应变式压力传感器主要用于液体、气体压力的测量，测量压力的范围为 $10^4 \sim 10^7 Pa$。常见的结构形式有筒式、膜片式和组合式。

（1）筒式压力传感器 如图 2-11 所示，通常用于测量较大的压力。它的一端为不通孔，另一端为法兰，与被测系统连接。应变片贴于筒的外表面，工作应变片贴在空心部分，补偿应变片贴在实心部分。

（2）膜片式压力传感器 如图 2-12 所示，它的敏感元件为圆形膜片，应变片贴在膜片上。受压后，膜片变形，应变片将变形转换为电阻值变化，通过桥路输出大小判断压力大小。

（3）组合式压力传感器 如图 2-13 所示，它的压力-位移型弹性元件为波纹膜片、膜盒或波纹管，而应变片粘贴在力-应变型弹性元件悬臂梁上。测量时，波纹膜片（或膜盒、波纹管）受压变形产生位移，使悬臂梁弯曲变形，应变片将变形转换为电阻值变化，通过桥路输出大小判断压力大小。这种传感器多用于测量小压力。

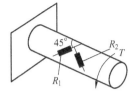
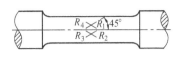

图 2-10 应变式转矩传感器
a）半桥应变片粘贴图　b）全桥应变片粘贴图

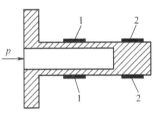

图 2-11 筒式压力传感器
1—工作应变片　2—补偿应变片

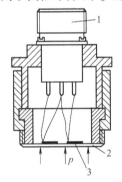

图 2-12 膜片式压力传感器
1—插座　2—膜片　3—应变片

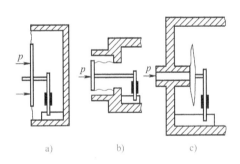

图 2-13 组合式压力传感器
a）波纹膜片与悬臂梁组合　b）波纹管与悬臂梁组合　c）波纹膜盒与悬臂梁组合

3. 应变式加速度传感器 应变式加速度传感器是一种惯性式传感器，基本原理如图 2-14 所示。它由端部固定并带有惯性质量块的悬臂梁及贴在悬臂梁上的应变片、基座及壳体组成。测量时，根据所测物体加速度的方向，把传感器固定在被测部位。当被测点的加速度如图中 a 的箭头方向时，悬臂梁自由端受惯性力 $F = ma$ 的作用，质量块向与箭头 a 相反的方向发生相对运动，使悬臂梁发生弯曲变形，应变片电阻发生变化，产生输出信号，通过输出信号可测出受力的大小和方向，从而确定被测物体的加速度大小和方向。

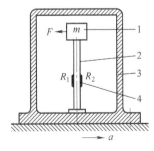

图 2-14 应变式加速度传感器
1—质量块　2—弹性元件
3—壳体及基座　4—应变片

▶ 小制作

数显电子秤

数显电子秤具有准确度高、易于制作、成本低廉、体积小巧、实用等特点。其分辨率为1g，在2kg的量程范围内经仔细调校，测量准确度可达（0.5%F.S±1）字。

1. 工作原理　数显电子秤电路原理如图2-15所示，其主要有三部分，分别为电阻应变式传感器 R_1，由 IC_2、IC_3 组成的测量放大电路，由 IC_1 及外围元件组成的数显面板表。电阻应变式传感器 R_1 采用 E350-2AA 型箔式电阻应变片，其常态阻值为 350Ω；测量电路将 R_1 产生的电阻应变量转换成电压信号输出；IC_3 将经转换后的弱电压信号进行放大，作为 A-D 转换器的模拟电压输入；IC_4 提供 1.2V 基准电压，它同时经 R_5、R_6 及 RP_2 分压后作为 A-D 转换器的参考电压。ICL7126 $3\frac{1}{2}$ 位 A-D 转换器的参考电压输入正端由 RP_2 中间触头引入，负端则由 RP_3 的中间触头引入，两端参考电压可对传感器非线性误差进行适量补偿。

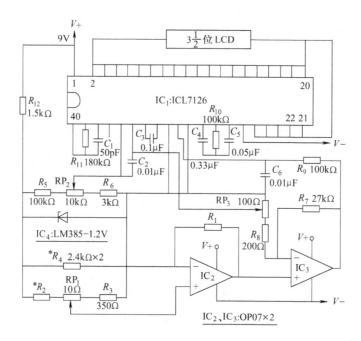

图 2-15　数显电子秤电路原理

2. 元器件选择

1）IC_1 选用 ICL7126 集成块，IC_2、IC_3 选用高准确度低温漂精密运算放大器 OP07，IC_4 选用 LM385-1.2V 集成块。

2）传感器 R_1 选用 E350－2AA 型箔式电阻应变片，其常态阻值为 350Ω。

3）各电阻宜选用精密金属膜电阻。

4）RP_1 选用精密多圈电位器，RP_2、RP_3 经调试后可分别用精密金属膜电阻代替。

5）电容中 C_1 选用云母电容或瓷介电容。

6）电源采用 9V 恒流源电源供电。

3. 制作与调试

（1）数显电子秤的制作　数显电子秤的形变钢件可用普通钢锯条制作，其制作方法为：首先将锯齿打磨平整，再将锯条加热至微红，趁热加工成"U"形，并在对应位置钻孔，以便以后安装；然后再将其加热至呈橙红色（七八百摄氏度），迅速放入冷水中淬火，以提高硬度和强度；最后进行表面处理工艺。

秤钩可用强力胶粘接于钢件底部。应变片则用专用应变胶粘剂粘接于钢件变形最大的部位（内侧正中），这时其受力变化与阻值变化刚好相反。拎环应用活动链条与秤体连接，以便使用时秤体能自由下垂，同时拎环还应与秤钩在同一垂线上。

（2）数显电子秤的调试　准备 1kg 和 2kg 标准砝码各一个。调试过程如下：首先在秤体自然下垂且无负载时调整 RP_1，使显示器准确显示零；再调整 RP_2，使秤体承担满量程质量（本电路选满量程为 2kg）时显示满量程值；然后在秤钩下悬挂 1kg 的标准砝码，观察显示器是否显示 1.000，如有偏差，可调整 RP_3 值，使之准确显示 1.000（如有调整，应重新进行前两步调试，使之均满足要求）；最后准确测量 RP_2、RP_3 电阻值，并用固定精密电阻予以代替。RP_1 可引出表外调整。测量前先调整 RP_1，使显示器回零。

单元 2　电容式传感器

电容是电子技术的三大类无源元件（电阻、电感和电容）之一，利用电容的原理，将非电量的变化转换为电容量的变化，进而实现非电量到电量的转换的器件就称为电容式传感器。电容式传感器的优点是测量范围大、动态响应时间短、结构简单、稳定性好、可以实现非接触测量；缺点是输出阻抗高、负载能力差、寄生电容影响大、输出特性为非线性。

随着材料、工艺、电子技术，特别是集成技术的高速发展，电容式传感器的优点得到发扬，并且不断地克服缺点。因此，电容式传感器广泛应用于位移、压力、厚度、料位、湿度、振动、转速和流量及成分分析等方面的测量。

2.2.1　电容式传感器的原理及结构

由物理学可知，两个平行金属极板组成的电容，如果不考虑其边缘效应，其电容值 C 为

$$C = \frac{\varepsilon A}{d} = \frac{\varepsilon_0 \varepsilon_r A}{d} \tag{2-10}$$

式中　ε——两个极板间介质的介电常数；

ε_0——真空的介电常数，$\varepsilon_0 = 8.85 \times 10^{-12} \mathrm{F/m}$；

ε_r——两个极板间介质的相对介电常数；

A——两极板相互覆盖的有效面积；

d——两个极板间的距离。

由式(2-10)可知，通过改变 d、A、ε 三个参数中的一个量，就可以得到电容值的增量 ΔC，这就是电容式传感器的工作原理。根据此原理，可以将电容式传感器分成三种基本类型：变极距式、变面积式和变介电常数式。

1. 变极距式电容传感器 如图2-16a所示，变极距式电容传感器的位移是由被测量变化而产生的。当可动极板向上移动 Δd 时，电容增量 ΔC 为

$$\Delta C = \frac{\varepsilon A}{d - \Delta d} - \frac{\varepsilon A}{d} = \frac{\varepsilon A}{d} \frac{\Delta d}{d - \Delta d} = C_0 \frac{\Delta d}{d - \Delta d} \tag{2-11}$$

式中 C_0——极距为 d 时的初始电容值。

上式说明 ΔC 与 Δd 不是线性关系，但当 $\Delta d \ll d$（即量程远小于极板间初始距离）时，可以认为 ΔC 与 Δd 是呈线性关系的，因此变极距式电容传感器一般用来测量微小变化的位移量，如 $0.01\mu m$ 至零点几毫米的线位移等。

在实际应用中，为了改善非线性、提高灵敏度和减少外界因素（如电源电压、环境温度等）的影响，电容式传感器也常常做成差动形式，如图2-16b所示。当可动极板向上移动 Δd 时，上极板与可动极板构成的电容 C_1 的极距变为 $d - \Delta d$，而下极板与可动极板构成的电容 C_2 的极距变为 $d + \Delta d$，电容 C_1、C_2 形成差动变化，经过测量转换电路后，灵敏度提高近一倍，线性也得到改善。

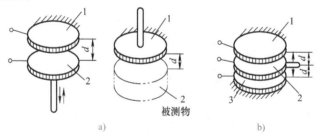

图2-16 变极距式电容传感器

a）变极距式 b）差动变极距式

1、3—固定极板 2—可动极板

2. 变面积式电容传感器 变面积式电容传感器与变极距式相比，测量范围大，可测量较大的线位移或角位移。如图2-17所示，当被测量变化时，可动极板2产生位移，改变了极板间的有效面积 A，电容量 C 也就随之变化。当电容的有效面积由 A 变为 A' 时，电容变量 ΔC 为

$$\Delta C = \frac{A'\varepsilon}{d} - \frac{A\varepsilon}{d} = \frac{\varepsilon(A' - A)}{d} = \frac{\varepsilon \Delta A}{d} \tag{2-12}$$

由式(2-12)可见，电容的变化量 ΔC 与电容有效面积的变化量 ΔA 呈线性关系。为了提高灵敏度，变面积式电容传感器也可以制成差动形式，如图2-17d所示。变面积式电容传感器多用来测量较大的直线位移、角位移和尺寸等参量。

3. 变介电常数式电容传感器 当两极板间极间介质的介电常数发生变化时，电容量 C

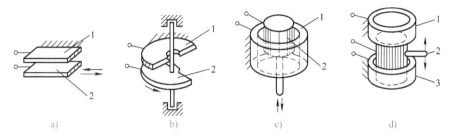

图 2-17 变面积式电容传感器

a）平板平移式 b）半可调式 c）筒式 d）差动筒式

1、3—固定极板 2—可动极板

也随之改变，这种传感器大多用来测量片状材料的厚度、被测物位移、液面高度，还可根据极间介质的介电常数随温度、湿度、容量改变而改变来测量温度、湿度和容量等，如图 2-18 所示。

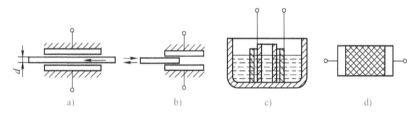

图 2-18 变介电常数式电容传感器

a）测厚度 b）测位移 c）测液位 d）测容量

2.2.2 电容式传感器的测量电路

电容式传感器的电容值一般十分微小（几皮法至几十皮法），这样微小的电容不便直接显示、记录或传输，因此，需要借助测量电路将其转化为电压、电流或频率信号。电容式传感器的测量电路种类很多，下面介绍一些常用的测量电路。

1. 桥式电路　图 2-19 所示为桥式测量转换电路，其中图 2-19a 为单臂接法的桥式测量电路，1MHz 左右的高频电源经变压器接到电容桥的一条对角线上，电容 C_1、C_2、C_3、C_x 构成电桥的四臂，C_x 为电容传感器。交流电桥平衡时

$$\frac{C_1}{C_2} = \frac{C_x}{C_3}, \dot{U}_o = 0$$

当 C_x 改变时，$\dot{U}_o$ 不为 0，桥路有输出电压。在图 2-19b 中，C_{x1}、C_{x2} 为传感器的两个差动电容，电桥的空载输出电压为

$$\dot{U}_o = \frac{C_{x1} - C_{x2}}{C_{x1} + C_{x2}} \frac{\dot{U}}{2} = \pm \frac{\Delta C}{C_0} \frac{\dot{U}}{2}$$

式中　C_0——传感器的初始值；

　　　ΔC——传感器电容的变化值；

　　　U——变压器输出电压的有效值。

该电路的输出还应经过相敏检波电路才能分辨 $\dot{U}_o$ 的相位，即判别电容的位移方向。

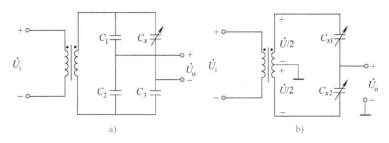

图 2-19　电容式传感器的桥式电路

a）单臂接法　b）差分接法

2. 运算放大器式电路　如图 2-20 所示，C_x 为传感器电容，它跨接在高增益运算放大器的输入端和输出端之间。放大器的输入阻抗很大（$Z_i \to \infty$），因此可视为理想运算放大器，其输出端输出一个与 C_x 成反比的电压 U_o，即

$$U_o = - U_i \frac{C_0}{C_x} \qquad (2\text{-}13)$$

式中　U_i——信号源电压；

C_0——固定电容；

C_x——传感器电容。

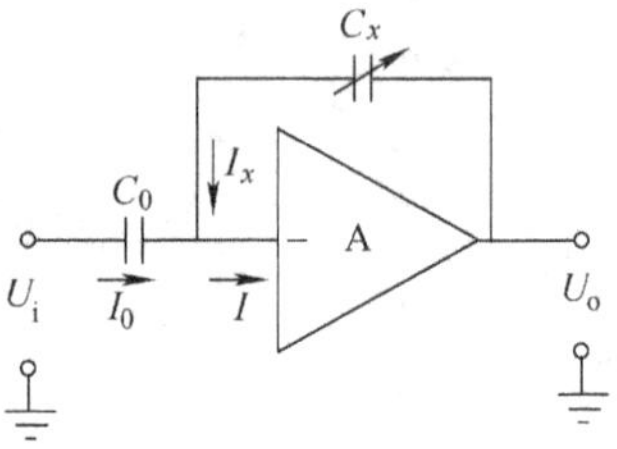

3. 调频电路　调频电路是将电容式传感器作为 LC 振荡器谐振回路的一部分，或作为晶体振荡器中石英晶体的负载电容。当电容式传感器工作时，电容 C_x 发生变化，使振荡器的频率 f 发生相应的变化。由于振荡器的频率 f 受电容式传感器电容 C_x 的调制，实现了 C/f 的变换，故称为调频电路。图 2-21 为 LC 振荡器调频电路框图。调频振荡器的频率为

图 2-20　运算放大器式电路

$$f = \frac{1}{2\pi \sqrt{L_0 C}} \qquad (2\text{-}14)$$

式中　L_0——振荡回路的固定电感；

C——振荡回路总电容。C 包括传感器电容 C_x、谐振回路中的微调电容 C_1 和传感器电缆分布电容 C_c，即 $C = C_x + C_1 + C_c$。

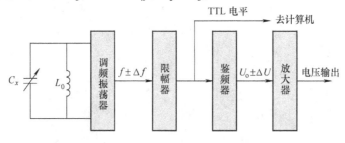

图 2-21　LC 振荡器调频电路框图

振荡器输出的高频电压是一个受被测量控制的调频波，频率的变化在鉴频器中变换为电压幅度的变化，经过放大器放大、检波后就可用仪表来指示。

这种转换电路的优点是抗干扰能力强，能取得高电压的直流信号（伏特数量级），缺点

是振荡频率受电缆电容的影响大。随着电子技术的发展，人们直接将振荡器装在电容式传感器旁，克服了电缆电容的影响。

4. 脉冲宽度调制电路 脉冲宽度调制电路是通过对传感器电容进行充放电，使电路输出脉冲的宽度随电容式传感器的电容量而变化，再通过低通滤波器得到对应于被测量变化的直流信号。

如图 2-22 所示，脉冲宽度调制电路由电压比较器、双稳态触发器及电容充放电回路组成，其中 C_1、C_2 为差动电容式传感器。经分析推导，可得

$$U_o = \frac{C_1 - C_2}{C_1 + C_2} U_i = \frac{\Delta C}{C_0} U_i \qquad (2-15)$$

式中　U_o——输出直流电压值；

　　　U_i——触发器输出高电平值。

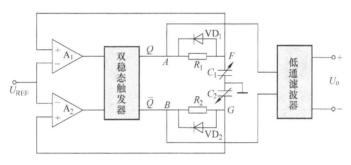

图 2-22　脉冲宽度调制电路

由式(2-15) 可知，输出电压 U_o 与 ΔC 呈线性关系。脉冲宽度调制电路具有如下特点：无论是对于变面积式或变极距式等电容式传感器，均能获得线性输出；双稳态输出信号一般为 100Hz ~ 1MHz 的矩形波，所以直流输出只需经滤波器简单地引出，不需要相敏检波即能获得直流输出；电路只采用直流电源，虽然要求直流电源的电压稳定度较高，但比其他测量电路中要求高稳定度的稳频、稳幅的交流电源易于得到。

2.2.3　电容式传感器的应用

电容式传感器可用来测量直线位移、角位移、振动振幅（可测量 0.05μm 的微小振幅），尤其适合测量高频振动振幅、精密轴系回转准确度、加速度等机械量，还可用来测量压力、差压、液位、料位、粮食中的水分含量、非金属材料的涂层、油膜厚度、电介质的湿度、密度、厚度等。在自动检测和控制系统中常用作位置信号发生器。下面简单介绍几种电容式传感器的应用。

1. 电容式位移传感器 图 2-23 所示为一种变面积式位移传感器的结构示意图，这种传感器采用差动形式，具有良好的线性度。当测杆随被测物体运动时，活动电极也随之运动产生位移，导致活动电极与两个固定电极之间的覆盖面积发生变化，传感

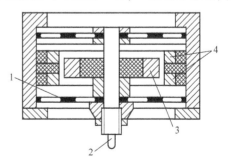

图 2-23　电容式位移传感器

1—开槽簧片　2—测杆

3—活动电极　4—固定电极

41

器的电容产生相应变化。

2. 差动式电容压力传感器 图2-24 所示为一种典型的差动式电容压力传感器的结构示意图，传感器中的金属动膜片与电镀金属上下表面形成两个可变电容。在压差作用下，膜片中心产生位移，从而使一个可变电容的电容量增大而另一个则相应减小，形成差动输出。当过载时，膜片受到凹曲的玻璃表面的保护不致发生破裂。

差动式电容压力传感器比单极式的电容式传感器灵敏度高、线性好，但加工较困难，不易实现对被测气体或液体的密封，因此这种结构的传感器不宜工作在含腐蚀或其他杂质的流体中。

3. 电容式加速度传感器 图 2-25 所示为一种典型的电容式加速度传感器的结构示意图。质量块由两根弹簧片支撑于充满空气的壳体内，是一种惯性式加速度计。当测量垂直方向的直线加速度时，传感器壳体固定在被测振动体上，振动体的振动使壳体相对质量块运动，因而与壳体固定在一起的两固定极板相对质量块运动，致使固定极板1与质量块的 A 面（磨平抛光）组成的电容 C_{x1} 以及固定极板5与质量块的 B 面组成的电容 C_{x2} 随之改变，一个增大，一个减小，它们的差值正比于被测加速度。由于采用空气阻尼，气体黏度的温度系数比液体小得多，因此这种加速度传感器的准确度较高，频率响应范围宽，量程大。

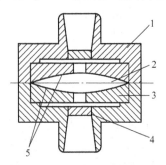 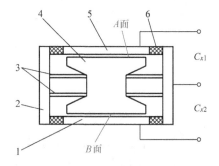

图 2-24 差动式电容压力传感器
1—垫圈 2—金属动膜片 3—玻璃
4—过滤器 5—电镀金属表面层

图 2-25 电容式加速度传感器
1、5—固定极板 2—壳体 3—弹簧片
4—质量块 6—绝缘体

4. 电容式料位传感器 图2-26 所示为用电容式传感器测量固体块状、颗粒体及粉状物料位的原理图。由于固体摩擦力较大，容易"滞留"，所以一般采用单电极式电容传感器。

如图 2-26a 所示，用金属电极棒插入容器来测量料位时，电容式料位传感器的电容 C 与料位 H 的关系为

$$C = \frac{2\pi(\varepsilon - \varepsilon_0)H}{\ln\frac{D}{d}} \tag{2-16}$$

式中 D——容器的内径；
d——电极的外径；
ε——物料的介电常数；
ε_0——空气的介电常数。

如果是导电固体，测量时需要在电极外套一个绝缘套管，如图 2-26b 所示，此时电容的两

极由绝缘套外表面处的物料和绝缘套中电极外表面组成,绝缘材料为电容极板间的电介质。

5. 电容式测厚仪 图 2-27 所示为电容式测厚仪的工作原理图,用于金属带材在轧制过程中的厚度测量。在被测金属带材的上下两侧各放置一块面积相等、与带材距离相等的定极板,定极板与带材之间就形成两个电容 C_1 和 C_2,把两块定极板用导线连接起来,就相当于 C_1 和 C_2 并联,总电容 $C_x = C_1 + C_2$。如果带材厚度发生变化,则引起极距 d_1、d_2 变化,电容 C_1 和 C_2 变化,从而导致总电容 C_x 的改变,用交流电桥将电容的变化检测出来,经过放大,即可由显示仪表显示出带材厚度的变化。测量中使用上、下两个极板是为了克服带材在传输过程中的上下波动带来的误差。

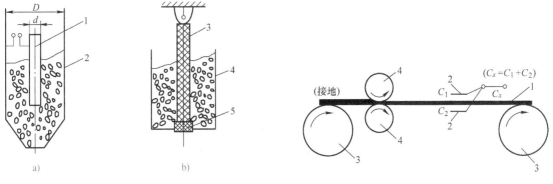

图 2-26 电容式料位传感器

a) 电极棒测料位 b) 绝缘棒测料位

1—电极棒 2、4—容器壁

3—钢丝绳 5—绝缘材料

图 2-27 电容式测厚仪

1—金属带材 2—电容极板

3—导向轮 4—轧辊

6. 电容式油量表 图 2-28 所示为电容式油量表的工作原理,用于测量油箱中的油位。当油箱中无油时,电容式传感器的电容量 $C_x = C_{x0}$,调节匹配电容使 $C_0 = C_{x0}$,$R_4 = R_3$,并使电位器 RP 的滑动触点处于 0 点,即 RP 电阻为 0。此时,电桥满足平衡条件,输出为零,伺服电动机不转动,油量表指针无偏转,即 $\theta = 0$。

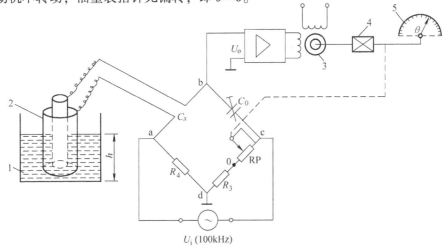

图 2-28 电容式油量表的工作原理

1—油箱 2—圆柱形电容器 3—伺服电动机 4—减速箱 5—油量表

当油箱中有油，液位高度为 h 时，$C_x = C_{x0} + \Delta C_x$，而 ΔC_x 与 h 成正比，此时，电桥失去平衡，电桥的输出电压 U_o 经放大后驱动伺服电动机，再由减速箱减速后带动油量表的指针顺时针偏转，同时带动 RP 的滑动臂移动，从而使 RP 阻值增大，$R_{cd} = R_3 + R_{RP}$ 也随之增大。当 RP 阻值达到一定值时，电桥又达到新的平衡状态，$U_o = 0$，于是伺服电动机停转，油量表的指针停留在 θ 处。

由于伺服电动机带动油量表的指针及电位器的滑动触点移动，所以 RP 的阻值与油量表的指针偏转角 θ 成正比；而 RP 的阻值又正比于液位高度 h，因此油量表的指针偏转角 θ 正比于液位高度 h，即从刻度盘上可以直接读取液位高度 h。

2.2.4 电容式传感器的使用注意事项

在应用或制造电容式传感器时，应特别注意以下几点：

(1) 击穿电压　极板之间的空气隙很小，存在介质被击穿的危险，通常在两极板间加云母片以避免空气隙被击穿。

(2) 极板材料受温度的影响　用不同材料制造的传感器，具有不同的温度膨胀系数，为此在决定传感器尺寸和选材时均要考虑温度影响。

(3) 连接线问题　电容式传感器的电容值均很小，一般在皮法（10^{-12}F）级，因而连接线通常使用分布电容极小的高频电缆。

单元 3　电感式传感器

电感式传感器是利用电磁感应把被测的物理量（如位移、压力、流量、振动等）转换成线圈的自感系数或互感系数的变化，再由测量转换电路转换为电压或电流的变化量输出，实现非电量到电量的转换的器件。

电感式传感器的优点是结构简单、工作可靠、寿命长、灵敏度和分辨率高、线性度和重复性都比较好、稳定性比较好，能实现信息的远距离传输、记录、显示和控制，在工业自动控制系统中被广泛采用；缺点是频率响应较低，不宜快速动态测量。

电感式传感器种类很多，常见的有自感式、互感式和涡流式三种。

2.3.1 自感式传感器

自感式传感器的结构如图2-29所示，它主要由铁心、线圈和衔铁组成。工作时，衔铁通过测杆（或转轴）与被测物体相接触，被测物体的直线位移或角位移的变化转换为线圈电感量的变化。这种传感器的线圈匝数和材料的磁导率都是一定的，其电感量的变化是由于位移输入量导致线圈磁路的几何尺寸变化而引起的。当把线圈接入测量电路并接通激励电源时，就可获得电压或电流的变化。常用自感式传感器有变隙式、变截面式和螺线管式三种。

1. 变隙式电感传感器　由磁路基本知识可知，电感量可由下式估算：

$$L \approx \frac{N^2 \mu_0 A}{2\delta} \tag{2-17}$$

式中　N——线圈匝数；

　　　A——气隙的有效截面积；

μ_0——真空的磁导率，$\mu_0 = 4\pi \times 10^{-7} \mathrm{H/m}$；

δ——气隙厚度。

由式(2-17)可知，在线圈匝数 N 确定后，若保持气隙的有效截面积 A 不变，则电感 L 是气隙厚度 δ 的函数，所以称这种传感器为变隙式电感传感器。

图2-29a所示为变隙式电感传感器，其中电感 L 与气隙厚度 δ 成反比，其输入输出为非线性关系。为了获得较好的线性度，必须限制衔铁的位移变化量，这样，电感与衔铁的位移才能近似呈线性关系。δ 越小，灵敏度越高。因此，变隙式电感传感器常用于微小位移的测量。

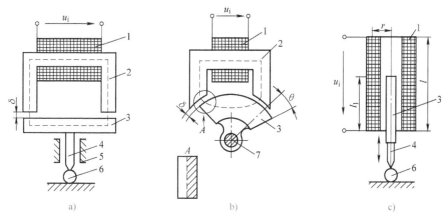

图 2-29 自感式传感器

a) 变隙式 b) 变截面式 c) 螺线管式

1—线圈 2—铁心 3—衔铁 4—测杆 5—导轨 6—工件 7—转轴

2. 变截面式电感传感器 由式(2-17)可知，在线圈匝数 N 确定后，若保持气隙厚度 δ 不变，则电感 L 是气隙的有效截面积 A 的函数，所以称这种传感器为变截面式电感传感器，如图2-29b所示。

对于变截面式电感传感器，理论上电感量 L 与气隙截面积 A 成正比，输入与输出呈线性关系，灵敏度为常数。但是，由于漏感等原因，变截面式电感传感器在 $A=0$ 时，仍有较大的电感，所以其线性区较小，灵敏度较低，在工业中用得不多。

3. 螺线管式电感传感器 单线圈螺线管式电感传感器的结构如图2-29c所示，主要元件是一只螺线管和一根柱形衔铁。传感器工作时，衔铁在线圈中伸入长度的变化将引起螺线管电感量的变化。

对于长螺线管 ($l \geqslant r$)，当衔铁工作在螺线管的中部时，可以认为线圈内磁场强度是均匀的，此时线圈电感量 L 与衔铁插入深度 l 大致成正比。

这种传感器的优点是结构简单、装配容易、自由行程大、示值范围宽；缺点是灵敏度稍低，易受外部磁场干扰。因此，螺线管式电感传感器适用于测量比较大的位移。

4. 差动式电感传感器 上述三种电感式传感器使用时，由于线圈中通有交流励磁电流，因而衔铁始终承受电磁吸力，会引起振动及附加误差，而且非线性误差较大；另外，外界的干扰如电源电压、频率的变化及温度的变化都会使输出产生误差，所以在实际工作中常采用差动形式，既可以提高传感器的灵敏度，又可以减小测量误差。

差动式电感传感器结构如图 2-30 所示。两个完全相同的单个线圈的电感传感器共用一根活动衔铁就构成了差动式电感传感器。

在差动式电感传感器中，当衔铁处于中间位置时，上下两个线圈的电感相等，无输出电压（或电流）；当衔铁随被测物移动而偏离中间位置时，两个线圈的电感量一个增加，一个减小，形成差动形式，此时有电压（或电流）输出，并且可以测得输出电压（或电流）约为非差动形式电感式传感器输出的两倍，即差动电感传感器的灵敏度约为非差动形式电感传感器的两倍。

图 2-31 给出了差动式电感传感器的特性曲线。从图中可以看出，差动式电感传感器的线性较好，且输出曲线较陡。

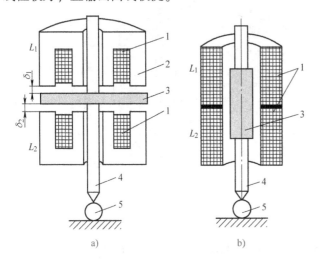

图 2-30 差动式电感传感器结构

a）变隙式差动电感传感器 b）螺线管式差动电感传感器

1—差动线圈 2—铁心 3—衔铁 4—测杆 5—工件

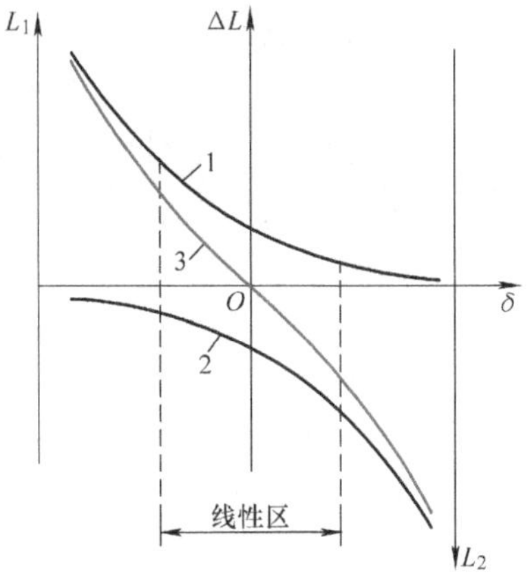

图 2-31 差动式电感传感器的特性曲线

1—L_1 线圈的特性曲线 2—L_2 线圈的特性曲线

3—差动式电感传感器的特性曲线

采用差动式结构，除了可以改善线性、提高灵敏度外，对外界的影响（如温度的变化、电源频率的变化等）也基本上可以互相抵消，衔铁承受的电磁吸力也较小，从而减小了测量误差。

2.3.2 差动变压器式传感器

1. 工作原理 差动变压器式传感器是把被测位移量转换为一次绕组与二次绕组间的互感量 M 的变化的器件。当一次绕组接入激励电源后，二次绕组就将产生感应电动势，当两者间的互感量变化时，感应电动势也相应变化。由于两个二次绕组采用差动接法，故称为差动变压器。

图 2-32a 为气隙式差动变压器式传感器的典型结构。其中，1、2 为两个山字形固定铁心，各绕有两个线圈，W_{1a} 和 W_{1b} 为一次绕组，W_{2a} 和 W_{2b} 为二次绕组，3 为衔铁。在被测量没有变化时，衔铁 3 与铁心 1、2 的间隔相同，即 $\delta_a = \delta_b$，则绕组 W_{1a} 和 W_{2a} 间的互感系数 M_a 与绕组 W_{1b} 和 W_{2b} 间的互感系数 M_b 相等。

当衔铁的位置改变时，$\delta_a \neq \delta_b$，则 $M_a \neq M_b$，此时互感系数 M_a 和 M_b 的差值即可反映被测量的大小。

为反映互感系数差值，将两个一次绕组的同名端顺向串联，并施加交流电压 U，而两个二次绕组的同名端反向串联，同时测量串联后的合成电动势 E_2 为

$$E_2 = E_{2a} - E_{2b} \tag{2-18}$$

式中　E_{2a}——二次绕组 W_{2a} 的互感电动势；

　　　E_{2b}——二次绕组 W_{2b} 的互感电动势。

E_2 值的大小取决于被测位移的大小，E_2 的方向取决于位移的方向。

图 2-32b 所示为截面式差动变压器式传感器。在一个山字形铁心 1 上绕有三个绕组，W_1 为一次绕组，W_{2a} 及 W_{2b} 为两个二次绕组；衔铁 3 以 O 点为轴转动，衔铁转动时改变了铁心与衔铁间磁路上的垂直有效截面积 A，也就改变了绕组间的互感系数，其中一个绕组互感系数增大，另一个绕组互感系数减小，因此两个二次绕组中的感应电动势也随之改变。将绕组 W_{2a} 和 W_{2b} 反向串联并测量合成电动势 E_2，就可以判断出非电量的大小及方向。

图 2-32c 为螺管式差动变压器式传感器的结构原理图。在铁心 1 上绕有一次绕组 W_1，在同一铁心的上下两端绕有两组完全对称的二次绕组 W_{2a}、W_{2b}，它们反向串联，组成差动输出形式。衔铁 3 随测杆上下移动，改变绕组间的互感系数，使两个二次绕组的感应电动势一个增加，一个减少，通过合成电动势 E_2 判断非电量的大小及方向。

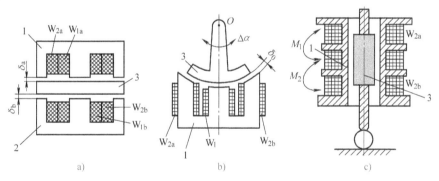

图 2-32　差动变压器式传感器

a) 气隙式　b) 截面式　c) 螺管式

1、2—铁心　3—衔铁

目前应用最广泛的结构是螺管式差动变压器式传感器。

2. 零点残余电压　差动变压器的输出特性如图 2-33 所示，图中 E_{2a}、E_{2b} 分别为两个二次绕组的输出感应电动势，E_2 为差动输出电动势，x 表示衔铁偏离平衡位置的位移。可以看出，当位移 x 为零时，差动输出电动势 E_2 不等于零，该电动势称为零点残余电压。

零点残余电压的存在，使得传感器的输出特性在零点附近不灵敏，给测量带来了误

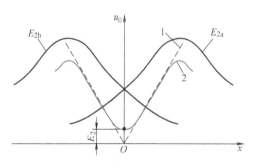

图 2-33　差动变压器的输出特性

1—理想特性　2—实际特性

差，此值大小是衡量差动变压器性能好坏的重要指标。产生零点残余电压的主要原因是：

1）差动变压器两个二次绕组线圈的电气参数、几何尺寸或磁路参数不完全对称。

2）存在寄生参数，如线圈间的寄生电容、引线与外壳间的分布电容。

3）电源电压含有高次谐波。

4）磁路的磁化曲线存在非线性。

为了减小零点残余电压，可以采用以下方法：

1）提高框架和线圈的对称性。

2）减少电源中谐波成分。

3）正确选择磁路材料，同时适当减少线圈的励磁电流，使衔铁工作在磁化曲线的线性区。

4）在线圈上并联阻容移相网络，补偿相位误差。

5）采用差动整流电路，可以使零点残余电压减小到能够忽略的程度。

2.3.3 电感式传感器的测量转换电路

1. 测量电桥 电感式传感器的测量转换电路一般采用电桥电路。图2-34a 为电感电桥，为了提高灵敏度，改善线性度，电感线圈一般接成差动形式，另外两臂采用固定电阻，电桥的输出电压为

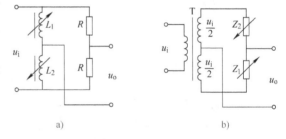

$$u_o = \frac{u}{2} \frac{\Delta L}{L} \qquad (2\text{-}19)$$

式中 L——衔铁处于中间位置时的电感。

图2-34b 为变压器电桥，其中两桥臂为变压器二次侧的线圈，Z_1、Z_2 为差动式

图 2-34 电感式传感器电桥电路
a）电感电桥 b）变压器电桥

传感器线圈，若忽略线圈的电阻变化，当差动式电感传感器的衔铁向一边移动时，输出电压为

$$u_o = \frac{u}{Z_1 + Z_2}Z_1 - \frac{u}{2} = \frac{u}{2} \frac{Z_1 - Z_2}{Z_1 + Z_2} = \frac{u}{2} \frac{\Delta L}{L} \qquad (2\text{-}20)$$

当衔铁向反方向移动时，输出电压为

$$u_o = -\frac{u}{2} \frac{\Delta L}{L} \qquad (2\text{-}21)$$

由式（2-20）和式（2-21）可知，当衔铁移动方向不同时，产生的输出电压大小相等、方向相反，即相位相差180°，可以反映衔铁的移动方向。但是为了判别交流信号的相位，需要接入差动整流电路。

2. 差动整流电路 差动变压器随衔铁的位移输出一个调幅波，因而可用电压表来测量，但存在下述问题：

1）总有零点残余电压输出，因而零位附近的小位移量测量困难。

2）交流电压表无法判别衔铁移动方向，为此常采用差动整流电路来解决。

差动整流是对二次绕组线圈的感应电动势分别整流，然后再把两个整流后的电流或电压串成通路合成输出，几种典型的电路如图 2-35 所示。其中图 2-35a、b 用在连接低阻抗负载的场合，是电流输出型；图 2-35c、d 用在连接高阻抗负载的场合，是电压输出型。图中可调电阻是用于调整输出电压平衡的。

下面结合图 2-35c 分析差动整流电路的工作原理。

假定某瞬间载波为上半周，线圈 1 上端为正，下端为负；线圈 2 上端为正，下端为负。在线圈 1 中，电流自上端出发，路径为 $VD_1 \rightarrow a \rightarrow R_1 \rightarrow d \rightarrow c \rightarrow VD_3$，流回下端，输出电压为 U_{ad}；在线圈 2 中，电流自上端出发，路径为 $VD_5 \rightarrow b \rightarrow R_2 \rightarrow d \rightarrow c \rightarrow VD_7$，流回下端，输出电压为 U_{bd}，总输出电压 U_{ab} 为上述两电压的代数和，即

$$U_{ab} = U_{ad} - U_{bd}$$

当载波为下半周时，线圈 1 上端为负，下端为正；线圈 2 上端为负，下端为正。在线圈 1 中，电流自下端出发，路径为 $VD_2 \rightarrow a \rightarrow R_1 \rightarrow d \rightarrow c \rightarrow VD_4$，流回上端，输出电压为 U_{ad}；在线圈 2 中，电流自下端出发，路径为 $VD_6 \rightarrow b \rightarrow R_2 \rightarrow d \rightarrow c \rightarrow VD_8$，流回上端，输出电压为 U_{bd}，总输出电压仍为 U_{ab}。

当衔铁在平衡位置时，$M_1 = M_2$，调节 RP，使 $U_{ad} = U_{bd}$，$U_{ab} = 0$；当衔铁在平衡位置以上时，$M_1 > M_2$，$U_{ad} > U_{bd}$，所以 $U_{ab} > 0$；当衔铁在平衡位置以下时，$M_1 < M_2$，$U_{ad} < U_{bd}$，所以 $U_{ab} < 0$。

差动整流电路结构简单，一般不需调整相位，不需考虑零点残余电压的影响。在远距离传输时，将此电路的整流部分放在差动变压器一端，整流后的输出线延长，就可避免感应和引出线分布电容的影响。

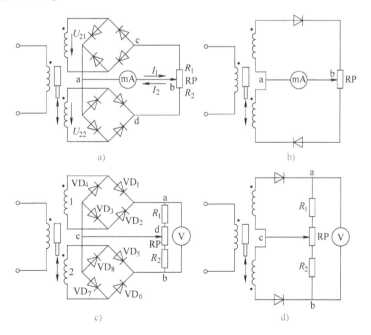

图 2-35 差动整流电路

a）全波电流输出　b）半波电流输出　c）全波电压输出　d）半波电压输出

2.3.4 电感式传感器的应用

电感式传感器主要用于测量位移与尺寸，也可以测量能够转换为位移变化的其他参数，如力、压力、压力差、振动、转速、流量等，下面简单介绍一些电感式传感器的应用。

1. 差动变压器式位移传感器 图 2-36 所示为差动变压器式位移传感器，测头通过轴套和测杆连接，衔铁固定在测杆上，线圈架上绕有三组线圈，中间是一次绕组，两端是二次绕组，它们通过导线与测量电路相接。当衔铁处于中间位置时，二次绕组电感相等，调节电桥平衡，输出电压为零；测量时，被测物体的微小位移通过测杆带动衔铁运动，使衔铁偏离中间位置，从而使线圈的互感系数发生变化，测量电路输出一个交流电压信号，该信号反映被测物体的位移变化量。

2. 差动变压器式力传感器 图 2-37 所示为差动变压器式力传感器，它还可以应用于压力和压力差等力学参数的测量。当力作用于传感器时，具有缸体状空心截面的弹性元件发生变形，因而衔铁相对线圈移动，使差动线圈的互感系数变化，产生输出电压，其输出电压的大小反映了受力的大小。这种传感器的优点是当承受进给力时应力分布均匀，且在传感器的径向长度比较小时，受横向偏心分力的影响较小。

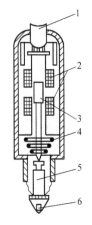

图 2-36　差动变压器式位移传感器

1—引线　2—差动线圈　3—衔铁
4—测力弹簧　5—测杆　6—测头端

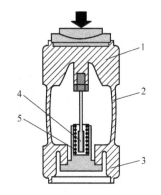

图 2-37　差动变压器式力传感器

1—上部　2—弹性元件　3—下部
4—铁心　5—差动变压器线圈

3. 微压传感器 图 2-38 所示为微压传感器。在无压力时，固定在膜盒中心的衔铁位于差动变压器中部，因而输出为零，当被测压力由接头输出到膜盒中时，膜盒的自由端产生一正比于被测压力的位移，并且带动衔铁在差动变压器中移动，使差动线圈的互感系数变化，产生输出电压，其输出电压能反映被测压力的大小。

4. 加速度传感器 图 2-39 所示是加速度传感器。质量块由两片弹簧片支撑。测量时，质量块的位移与被测加速度成正比，因此，将加速度的测量转变为位移的测量。质量块的材料是导磁的，所以它既是加速度计中的惯性元件，又是磁路中的磁性元件。

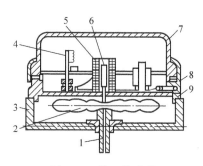

图 2-38　微压传感器

1—接头　2—膜盒　3—底座　4—线路板　5—差动线圈
6—衔铁　7—罩壳　8—指示灯　9—安装座

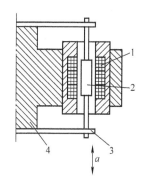

图 2-39　加速度传感器

1—差动变压器　2—质量块（衔铁）
3—弹簧片　4—壳体

5. 电感式圆度计　图 2-40 所示是测量轴类工件圆度的电感式圆度计示意图。电感测头围绕工件缓慢旋转，也可以固定不动，工件绕轴心旋转，耐磨测端（多为钨钢或红宝石）与工件接触，通过杠杆，将工件不圆度引起的位移传递给电感测端中的衔铁，从而使差动电感有相应的输出。信号经计算机处理后给出图 2-40b 所示图形。该图形按一定的比例放大工件的圆度，以便用户分析测量结果。

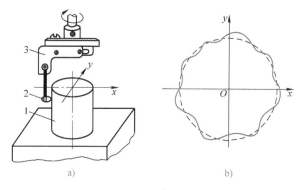

图 2-40　电感式圆度计

a）测量装置　b）计算机处理过的结果
1—被测物　2—耐磨测端　3—电感测端

单元 4　电涡流式传感器

当导体处于交变磁场中时，导体会因电涡流而发热，变压器和交流电机的铁心都是用硅钢片叠制而成，就是为了减小电涡流，避免过度发热。但人们也可以利用电涡流做有用的工作，例如电磁炉、中频炉、高频淬火等。

由于电涡流式传感器结构简单、灵敏度高、频响范围宽、不受油污等介质的影响，并能进行非接触测量，因此广泛用来测量位移、厚度、振动、速度、流量和硬度等参数，并用于无损探伤领域。

2.4.1　电涡流式传感器的工作原理及结构

1. 工作原理　图 2-41 是电涡流式传感器的工作原理示意图。当高频电压施加到一个靠近金属导体附近的电涡流线圈 1（电流为 i_1）时，将产生高频磁场 H_1。被测导体置于该交变磁场范围之内时，被测导体中就产生一个自行闭合的电流（电涡流）i_2，i_2 也产生一个新磁场 H_2，H_2 与 H_1 方向相反，因而抵消部分原磁场，从而导致线圈的电感量、阻抗和品质因数发生变化，通过测量这些变化就可以知道被测量的变化，这就是电涡流式传感器的工作原理。

电涡流 i_2 在金属导体的纵深方向并不是均匀分布的，而只集中在金属导体的表面，这称为趋肤效应。趋肤效应与激励源频率 f、工件的电阻率 ρ、磁导率 μ 等有关。频率 f 越高，电涡流渗透的深度就越浅，趋肤效应越严重。由于存在趋肤效应，电涡流式传感器只能检测导体表面的各种参数。

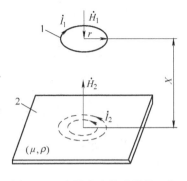

图 2-41　电涡流式传感器的工作
原理示意图
1—电涡流线圈　2—金属导体

实验证明，金属导体的电阻率 ρ、磁导率 μ 和线圈与金属导体的距离 x 以及线圈激励电流的角频率 ω 等参数，都将通过涡流效应、磁效应与线圈阻抗发生关系，或者说，线圈阻抗是这些参数的函数，可写成

$$Z = f(\rho, \mu, x, \omega)$$

若能保持其中大部分参数恒定不变，只改变其中一个参数，这样阻抗就能成为这个参数的单值函数。例如被测材料的电阻率 ρ 和磁导率 μ 不变，激励电流的角频率 ω 不变，则阻抗 Z 就成为距离 x 的单值函数，便可制成电涡流式位移传感器。

2. 电涡流式传感器的结构　电涡流式传感器的结构比较简单，主要是一个绕制在框架上的线圈，目前比较普遍使用的是矩形截面的扁平线圈。线圈的导线应选用电阻率小的材料，一般采用高强度漆包铜线，如果要求高一些可用银线或银合金线，在高温条件下使用时可用铼钨合金线。线圈框架要求用损耗小、电性能好、热膨胀系数小的材料，一般可选用聚四氟乙烯、高频陶瓷、环氧玻璃纤维等。在采用线圈与框架

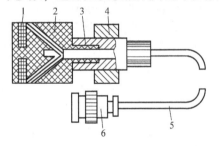

图 2-42　CZF-1 型电涡流式传感器的
结构示意图
1—线圈　2—框架　3—框架衬套
4—支座　5—电缆　6—插头

端面胶接的形式时，胶水亦要选择适当，一般可以选用粘贴应变片用的胶水。

图 2-42 所示为 CZF-1 型电涡流式传感器的结构示意图，它采用导线绕在框架上的形式，框架采用聚四氟乙烯。

2.4.2　电涡流式传感器的测量电路

根据电涡流式传感器的工作原理可以知道，被测量的变化可以转换为线圈电感、阻抗或品质因数 Q 值的变化，因此测量电路也有三种：谐振电路、电桥电路和 Q 值测试电路。Q 值测试电路较少采用，电桥电路前面已经做了较详细的阐述，本节主要介绍谐振电路。目前电涡流式传感器所用的谐振电路有三种类型：定频调幅式、变频调幅式与调频式。

1. 定频调幅式　电路原理框图如图 2-43 所示。晶体振荡器输出频率固定的正弦波，经限流电阻 R 接电涡流式传感器线圈与电容构成的并联电路。当 LC 谐振频率等于晶体振荡器频率时输出电压幅度最大，偏离时输出电压幅度随之减小，是一种调幅波。该调幅信号经高频放大、检波、滤波后输出与被测量相应变化的直流电压信号。

2. 变频调幅式　电路原理框图如图 2-44 所示，这种电路的基本原理是将传感器线圈直

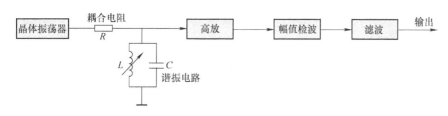

图 2-43　定频调幅式的电路原理框图

接接入电容三点式振荡回路。当导体接近传感器线圈时，由于涡流效应的作用，振荡器输出电压的幅度和频率都发生变化，利用振荡幅度的变化来检测线圈与导体间的位移变化，而对频率变化不予理会。无被测导体时，振荡回路的 Q 值最高，振荡电压幅值最大，振荡频率为 f_0；当有金属导体接近线圈时，涡流效应使回路 Q 值降低，振荡幅度降低，振荡频率 f 也发生变化；当被测导体为软磁材料时，由于磁效应的作用，谐振频率 f 降低；当被测导体为非软磁材料时，谐振频率 f 升高。

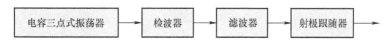

图 2-44　变频调幅式的电路原理框图

3. 调频式　所谓调频式，就是将探头线圈的电感 L 与微调电容 C_0 构成 LC 振荡器，把振荡器的频率 f 作为输出量，此频率可以通过 f/V 转换器（又称为鉴频器）转换成电压，由表头显示。也可以直接将频率信号（TTL 电平）送到计算机的计数/定时器，测量出频率。

调频式测量转换电路的原理框图如图 2-45 所示。我们知道，并联谐振回路的谐振频率为

$$f = \frac{1}{2\pi \sqrt{LC_0}} \tag{2-22}$$

当电涡流线圈与被测体的距离 x 改变时，电涡流线圈的电感量 L 也随之改变，引起 LC 振荡器的输出频率改变，此频率可直接用计算机测量。如果要用模拟仪表进行显示或记录时，必须使用鉴频器，将 Δf 转换为 ΔU。

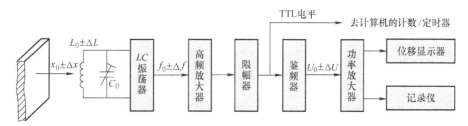

图 2-45　调频式测量转换电路的原理框图

2.4.3　电涡流式传感器的应用

电涡流式传感器的特点是结构简单、易于进行非接触的连续测量、灵敏度较高、适用性强，因此得到了广泛应用。其应用大致有以下四个方面：

1）利用位移作为变换量，可以做成测量位移、厚度、振幅、转速等的传感器，也可以做成接近开关、计算器等。

2）利用材料电阻率 ρ 作为变换量，可以做成测量温度、材料判别等的传感器。

3）利用磁导率 μ 作为变换量，可以做成测量应力、硬度等传感器。

4）利用变换量 x、ρ、μ 等的综合影响，可以做成探伤装置等。

下面介绍几种电涡流式传感器的应用。

1. 测位移　电涡流式传感器的主要用途之一是可用来测量金属件的静态或动态位移，最大量程达数百毫米，分辨率可达到满量程的 0.1%。凡是可以转换为位移量的参数，都可以用电涡流式传感器测量，如机器转轴的轴向振动、金属材料的膨胀系数、旋转轴的径向振动及机器轴的振动形状等，如图 2-46 所示。

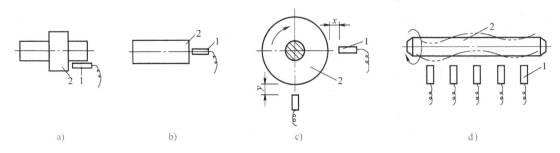

图 2-46　位移测量示意图

a）机器转轴的轴向振动　b）金属材料的膨胀系数　c）旋转轴的径向振动　d）机器轴的振动形状

1—电涡流式传感器　2—被测导体

2. 测厚度　用电涡流式传感器可以测量金属材料厚度、塑料表面金属镀层的厚度以及印制电路板铜箔的厚度等。被测厚度的变化相当于线圈与金属表面间距离的改变，根据输出电压的变化即可知线圈与金属表面间距离的变化，即被测厚度的变化，如图 2-47 所示。

为克服被测板材移动过程中上下波动及带材不够平整的影响，常在板材上下两侧对称放置两个特性相同的传感器 L_1 与 L_2。由图可知，板厚 $d = D - (x_1 + x_2)$。工作时，两个传感器分别测得 x_1 和 x_2。板厚不变时，$(x_1 + x_2)$ 为常值；板厚改变时，代表板厚偏差的 $(x_1 + x_2)$ 所反映的输出电压发生变化。测量不同厚度的板材时，可通过调节

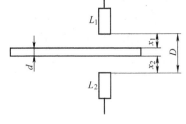

图 2-47　厚度测量示意图

距离 D 来改变板厚设定值，并使偏差指示为零。这时，被测板厚即为板厚设定值与偏差指示值的代数和。

3. 测转速　在被测旋转体上开一条或数条槽或做成齿状，旁边安装一个电涡流式传感器，如图 2-48 所示。当旋转体转动时，电涡流式传感器将周期性地改变输出信号，此信号经过放大、整形，可用频率计指示出频率数值，从而计算出被测转速。该频率值与槽数、转速有如下关系：

$$n = \frac{60f}{Z} \tag{2-23}$$

式中　n——被测旋转体转速（r/min）；

$\quad\quad f$——频率（Hz）；

Z——被测旋转体的槽数。

4. 测温度 在较小的温度范围内,导体的电阻率与温度的关系为

$$\rho_1 = \rho_0 [1 + \alpha(t_1 - t_0)] \tag{2-24}$$

式中 ρ_1——温度为 t_1 时的电阻率;

ρ_0——温度为 t_0 时的电阻率;

α——给定温度范围内的电阻温度系数。

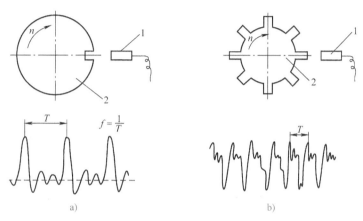

图 2-48 转速测量示意图

a) 凹槽转轴及输出波形 b) 齿状转轴及输出波形

1—电涡流式传感器 2—被测导体

若保持电涡流式传感器的机、电、磁各参数不变,使传感器的输出只随被测导体电阻率而变,就可以测得温度的变化。这种传感器结构如图 2-49 所示,可用来测量液体、气体介质温度或金属材料的表面温度,适合于低温到常温的测量。

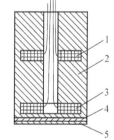

5. 表面探伤 利用电涡流式传感器可以检查金属表面(已涂防锈漆)的裂纹以及焊接处的缺陷等。在探伤中,传感器应与被测导体保持距离不变。检测过程中,由于缺陷将引起导体电导率、磁导率的变化,使电涡流 I_2 变小,从而引起输出电压突变。

图 2-49 温度测量传感器

1—补偿线圈 2—管架 3—测量线圈
4—隔热衬垫 5—温度敏感元件

探头对被测金属表面逐点扫描,得到输出信号。当被测金属表面存在裂缝时,电涡流所走的路程大为增加,所以电涡流突然减小,输出波形如图 2-50a 中的"尖峰"所示;对于比较浅的裂缝信号,需经过滤波器、幅值甄别电路对信号进行处理,抑制掉干扰信号,如图 2-50b 所示。

图 2-50 涡流探伤的测试信号

a) 未处理的信号 b) 处理后的信号

6. 接近开关 电涡流式传感器可制成接近开关的感辨头，辨别金属导体的靠近，可用于生产线的工件定位、生产零件的计数或产品的合格检验等，如图 2-51 所示。

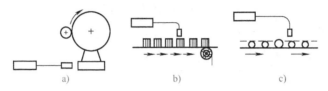

图 2-51 接近开关的示意图

a) 生产线的工件定位 b) 生产零件的计数 c) 产品的合格检验

2.4.4 电涡流式传感器的使用注意事项

电涡流式传感器是以改变其与被测金属物体之间的磁耦合程度为测试基础的。传感器的线圈装置仅为实际测试系统的一部分，而另一部分是被测体，因此电涡流式传感器在实际使用时还必须注意线圈与被测导体间的关系。

1. 电涡流轴向贯穿深度的影响 电涡流在金属导体中的轴向分布是按指数规律衰减的。为了充分利用电涡流以获得准确的测量效果，利用电涡流式传感器测量距离时应使导体的厚度远大于电涡流的轴向贯穿深度；利用电涡流式传感器测量厚度时应使导体的厚度小于轴向贯穿深度。

导体材料确定后，可以通过改变励磁电源频率来改变轴向贯穿深度，电阻率大的材料应选取较高的励磁频率，电阻率小的材料应选用较低的励磁频率。

2. 电涡流的径向形成范围 在线圈轴线附近，电涡流的密度非常小，越靠近线圈的外径处，电涡流的密度越大。在等于线圈外径 1.8 倍处，电涡流密度将衰减到最大值的 5%。为了充分利用涡流效应，被测金属导体的横向尺寸应大于线圈外径的 1.8 倍；对于圆柱形被测物体，其直径应大于线圈外径的 3.5 倍。

3. 电涡流强度与距离的关系 电涡流强度随着距离与线圈外径比值的增加而减少，当线圈与导体之间的距离大于线圈半径时，电涡流强度已经很微弱。为了能够产生相当强度的电涡流效应，通常取距离与线圈外径的比值为 0.05 ~ 0.15。

4. 非被测金属物的影响 由于任何金属物体接近高频交流线圈时都会产生电涡流，为了保证测量准确度，测量时应禁止其他金属物体接近传感器线圈。

本学习领域小结

本学习领域介绍了电阻应变式传感器、电感式传感器和电容式传感器三种能量控制型传感器。

1) 电阻应变式传感器是根据应变效应制成的，分为金属应变片和半导体应变片，金属应变片又分为金属丝式、箔式和薄膜式，半导体应变片分为体型、扩散型、薄膜型和 PN 结器件等类型。电阻应变式传感器中最常用的测量电路是桥式电路，使用前要注意调节电桥，满足平衡条件；同时要考虑补偿温度误差的措施，这里介绍了零应变补偿和桥路自补偿两种方法。

2）电容式传感器是利用电容器的原理，将非电量的变化转化为电容量的变化，进而实现非电量到电量转化的器件，可以分成三种基本类型：变极距式、变面积式和变介电常数式。为了提高灵敏度，改善线性度，电容传感器也常常做成差动形式。电容式传感器的测量电路包括桥式电路、运算放大器式电路、调频电路和脉冲宽度调制电路，其中桥式电路的桥臂是电容或阻抗，传感器电容的变化量可以转换为桥路输出电压的变化，反映被测量的大小；运算放大器式电路是将传感器电容的变化通过高增益运算放大器输出一个与其成反比的电压信号；调频电路是将电容式传感器作为 LC 振荡器谐振回路的一部分，电容发生变化，振荡器的频率发生相应的变化；脉冲宽度调制电路是利用对传感器电容进行充放电，使电路输出脉冲的宽度随电容式传感器的电容量变化而变化，从而得到对应于被测量变化的直流信号。

3）电感式传感器是利用电磁感应把被测的物理量转换成线圈的自感系数或互感系数的变化，再由电路转换为电压或电流的变化量输出，实现非电量到电量的转换，常见的电感式传感器有自感式、互感式和涡流式三种。自感式电感传感器有变隙式、变截面式和螺管式三种，实际工作中常采用差动形式，既可以提高传感器的灵敏度，又可以减小测量误差；差动变压器式电感传感器有气隙式、截面式和螺管式，应用最广泛的结构是螺管式差动变压器式传感器；电涡流式传感器是利用涡流效应制成的。

自感式电感传感器的测量转换电路一般采用电桥电路；差动变压器式传感器常采用差动整流电路，它对二次绕组的感应电动势分别整流，然后再把两个整流后的电流或电压串成通路合成输出，可以辨别位移方向；电涡流式传感器的测量电路有谐振电路、电桥电路和 Q 值测试电路三种；其中谐振电路又分为定频调幅式、变频调幅式与调频式。

思考题与习题

1. 什么是应变效应？电阻应变片有哪些类型？

2. 电阻应变式传感器的原理是什么？能测量哪些物理量？

3. 应用应变片测量时为什么要采用温度补偿？常采用的补偿方法有哪些？

4. 采用阻值为 120Ω 的应变片与阻值为 120Ω 的固定电阻组成电桥电路，应变片灵敏度 $K=2$，桥路供电电压为8V，当应变片产生 $1\times10^{-6}\varepsilon$ 应变时，试求惠斯通电桥、半桥以及全桥工作时的输出电压。

5. 电阻应变片灵敏系数 $K=2$，沿纵向粘贴于直径为 $60mm$ 的圆形钢柱表面，钢材的弹性模量 $E=2\times10^{11}N/m^2$，泊松比 $\mu=0.5$。求钢柱受 6×10^4N 拉力作用时，应变片电阻的相对变化量为多少？如果应变片沿钢柱圆周方向粘贴，受同样的拉力作用时，应变片电阻的相对变化量为多少？

6. 有一个钢材料的空心圆柱，外径 $D=5cm$，内径 $d=3cm$，弹性模量 $E=2\times10^{11}N/m^2$，泊松比 $\mu=0.5$，钢管表面沿轴向贴两个应变片 R_1、R_2，沿圆周方向贴两个应变片 R_3、R_4，应变片灵敏度 $K=3$，将四片应变片接成全桥电桥，桥路电压为10V，当钢管受到 $F=5\times10^3N$ 拉力时，求输出电压为多大？

7. 在一圆柱形钢柱上沿轴向和圆周方向各贴一片 $R=120\Omega$ 的金属应变片，并把两片应变片接成半桥形式，已知钢材泊松比 $\mu=0.3$，桥路电压为5V，当受力拉延时应变片产生电

阻增量 $\Delta R_1 = 0.36\Omega$，求电桥的输出电压。

8. 电容式传感器有什么特点？有哪些类型？

9. 电感式传感器有哪些类型？能够测量哪些物理量？

10. 什么是零点残余电压？产生原因是什么？解决方法有哪些？

11. 差动式电感传感器与差动变压器式电感传感器有什么不同？

12. 图 2-52 为差动变压器式接近开关感辨头的结构示意图，（1）将 $\dot{U}_{21}$ 与 $\dot{U}_{22}$ 正确地连接起来；（2）请分析填空：

a. 当导磁金属未靠近差动变压器铁心时，由于差动变压器的结构完全对称，所以 $\dot{U}_{21}$ 与 $\dot{U}_{22}$（   ），$\dot{U}_o$ 为（   ）；

b. 当温度变化时，$\dot{U}_{21}$ 与 $\dot{U}_{22}$ 同时（   ），$\dot{U}_o$ 仍为（   ），所以采用差动变压器可以克服（   ）；

c. 当导磁金属靠近差动变压器铁心时，M_1 变（   ），M_2 变（   ），$\dot{U}_{21}$ 变（   ），$\dot{U}_{22}$ 变（   ），所以 $\dot{U}_o$（   ）。

13. 用一电涡流式测振仪测量某种机器主轴的轴向振动，已知传感器的灵敏度为 50mV/mm，最大线性范围为 5mm，将传感器安装在主轴右侧，如图 2-53a 所示。使用高速记录仪记录下来的振动波形如图 2-53b 所示。求：

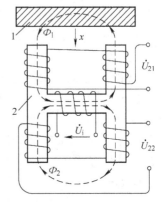

图 2-52　差动变压器式接近开关
感辨头的结构示意图

1—导磁金属　2—H 型铁心

（1）传感器与被测金属的安装距离 l 为多少可以达到良好的测量效果？为什么？

（2）轴向振幅的最大值 A 为多少？

（3）主轴振动的基频 f 为多少？

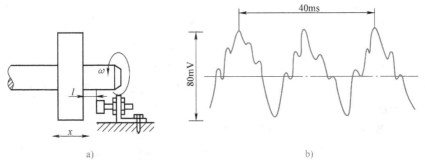

图 2-53　电涡流式测振仪示意图

a）测量轴向振动示意图　b）高速记录仪记录下来的振动波形

03

学习领域3

物性型传感器

依赖敏感元件物理特性的变化实现信息转换的传感器叫物性型传感器。本学习领域将介绍压电式传感器、光电式传感器、霍尔传感器、磁电式传感器、超声波传感器和核辐射传感器的原理、结构及应用。

单元 1　压电式传感器

压电式传感器的工作原理是基于某些电介质材料的压电效应，是一种典型的有源传感器。当材料受到力的作用而变形时，其表面会有电荷产生，从而实现对非电量的测量。

压电式传感器具有体积小、重量轻、工作频带宽、信噪比高和结构简单等特点，因此在各种动态力、机械冲击、振动的测量，以及声学、医学、力学和航空航天等方面都得到了非常广泛的应用，但不能用于静态参数的测量。

3.1.1　压电效应

某些电介质在沿一定方向上受到外力的作用而发生变形时，内部会产生极化现象，同时在其表面上产生电荷，当外力去掉后，电介质表面又重新回到不带电的状态，这种现象称为压电效应。反之，这些电介质在极化方向上施加交变电场，它会产生机械变形，当去掉外加电场后，电介质变形随之消失，这种现象称为逆压电效应。自然界中大多数晶体具有压电效应，但压电效应十分微弱。随着对材料的深入研究，发现石英晶体、钛酸钡和锆钛酸铅等材料是性能优良的压电材料。现以石英晶体为例，简要说明压电效应的机理。

石英晶体化学式为 SiO_2，是单晶体结构。图 3-1a 表示了天然结构的石英晶体外形。它是一个正六面体。石英晶体各方向的特性是不同的。其中纵向 z 轴称为光轴，经过六面体棱线并垂直于光轴 z 的 x 轴称为电轴，与电轴 x 和光轴 z 同时垂直的 y 轴称为机械轴。通常把沿电轴 x 方向的力作用下产生电荷的压电效应称为"纵向压电效应"，而把沿机械轴 y 方向的力作用下产生电荷的压电效应称为"横向压电效应"。而沿光轴 z 方向受力时不产生压电效应。

石英晶体的上述特性与其内部分子结构有关。图 3-2 是构成石英晶体的硅离子和氧离子，在垂直于 z 轴的 xOy 平面上的投影等效为一个正六边形排列。

当石英晶体未受外力作用时，正、负离子正好分布在正六边形的顶角上。如图 3-2a 所

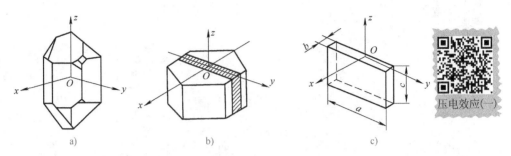

图 3-1　石英晶体

a）天然结构的石英晶体外形　b）晶体切片　c）晶片结构

a—晶体切片长度　b—晶体切片厚度　c—晶体切片高度　x—电轴　y—机械轴　z—光轴

示，此时正负电荷重心重合，所以晶体表面不产生电荷，即呈中性。当石英晶体受到沿 x 轴方向的压力作用时，晶体沿 x 方向将产生压缩变形，正负离子的相对位置也随之变动。如图 3-2b 所示，此时正负电荷重心不再重合，在 x 轴的正方向出现负电荷，在 y 轴方向上不出现电荷。当晶体受到沿 y 轴方向的压力作用时，晶体的变形如图 3-2c 所示，与图 3-2b 情况相似，在 x 轴上出现电荷，即在 x 轴正方向出现正电荷，在 y 轴方向上不出现电荷。如果沿 z 轴方向施加作用力，因为晶体在 x 方向和 y 方向所产生的形变完全相同，所以正负电荷重心保持重合，晶体不会产生压电效应。当作用力 F_x、F_y 的方向相反时，电荷的极性也随之改变。若从晶体上沿 y 方向切下一块图 3-1c 所示晶片，当在电轴方向施加作用力时，在与电轴 x 垂直的平面上将产生电荷，其大小为

$$Q_x = d_{11} F_x \tag{3-1}$$

式中　d_{11}——x 方向受力的压电系数；

　　　F_x——作用力。

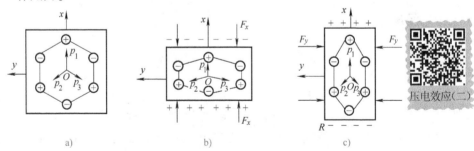

图 3-2　石英晶体压电模型

a）不受力　b）x 轴方向受力　c）y 轴方向受力

若在同一切片上，沿机械轴 y 方向施加作用力 F_y，则仍在与 x 轴垂直的平面上产生电荷 Q_y，其大小为

$$Q_y = d_{12} F_y (a/b) \tag{3-2}$$

式中　d_{12}——y 轴方向受力的压电系数，$d_{12} = -d_{11}$；

　　　a——晶体切片的长度；

　　　b——晶体切片的厚度。

电荷 Q_x 和 Q_y 的符号由所受力的性质决定。当作用力 F_x、F_y 的方向相反时，电荷的极

性也随之改变。

石英晶体压电系数的稳定性好、机械强度高、绝缘性能好，一般作为标准传感器或高准确度传感器中的压电元件。

3.1.2　压电式传感器的等效电路

由压电元件的工作原理可知，压电式传感器可以看作一个电荷发生器。同时，它也是一个电容器，晶体上聚集正负电荷的两表面相当于电容的两个极板，极板间物质等效于一种介质，其电容量 C_a 为

$$C_a = \frac{\varepsilon_r \varepsilon_0 A}{d} \tag{3-3}$$

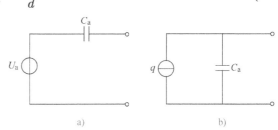

式中　A——压电片的面积；

d——压电片的厚度；

ε_0——真空的介电常数；

ε_r——压电材料的相对介电常数。

因此，压电式传感器可以等效为一个与电容相串联的电压源。如图 3-3a 所示，电容器上的电压 U_a、电荷量 q 和电容量 C_a 三者关系为

图 3-3　压电式传感器的等效电路

a）电压源　b）电荷源

$$U_a = \frac{q}{C_a} \tag{3-4}$$

压电式传感器也可以等效为一个电荷源，如图 3-3b 所示。

压电式传感器在实际使用时总要与测量仪器或测量电路相连接，因此还须考虑连接电缆的等效电容 C_c、放大器的输入电阻 R_i 和输入电容 C_i，以及压电式传感器的泄漏电阻 R_a，这样压电式传感器在测量系统中的实际等效电路如图 3-4 所示。

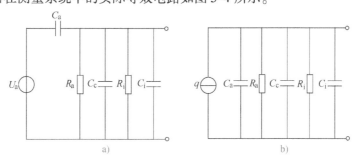

图 3-4　压电式传感器的实际等效电路

a）电压源实际等效电路　b）电荷源实际等效电路

3.1.3　压电式传感器的测量电路

压电式传感器本身的内阻抗很高，而输出能量很小，因此它的测量电路通常需要接入一个高输入阻抗的前置放大器，其作用为：一是把压电式传感器的高输出阻抗变换为低输出阻抗；二是放大传感器输出的微弱信号。压电式传感器的输出可以是电压信号，也可以是电荷信号，因此前置放大器也有电压放大器和电荷放大器两种形式。由于电压前置放大器中的输

出电压与屏蔽电缆的分布电容及放大器的输入电容有
关，故目前多采用性能较稳定的电荷前置放大器。

电荷放大器常作为压电传感器的输入电路，由一个
反馈电容 C_f 和高增益运算放大器构成，当略去 R_a 和 R_i
并联电阻后，电荷放大器可用图3-5所示等效电路表示。
由于运算放大器输入阻抗极高，放大器输入端几乎没有
分流，其输出电压

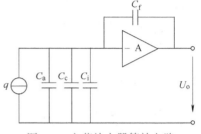

图3-5　电荷放大器等效电路

$$U_o \approx U_{C(f)} \tag{3-5}$$

式中　$U_{C(f)}$——反馈电容两端电压。

由运算放大器基本特性，可求出电荷放大器的输出电压。通常 $A = 10^4 \sim 10^6$，因此若满
足 $(1+A)C_f \ll C_a + C_c + C_i$ 时，可以得到

$$U_o \approx -\frac{q}{C_f} \tag{3-6}$$

由式(3-6)可见，电荷放大器的输出电压 U_o 与电缆电容 C_c 无关，且与 q 成正比，这是
电荷放大器的最大特点。

3.1.4　压电式传感器的应用

1. 压电式单向测力传感器　图3-6是压
电式单向测力传感器结构，它主要由石英晶
片、绝缘套、电极、上盖及基座等组成。

传感器上盖3为传力元件，它的外缘壁
厚为 $0.1 \sim 0.5$mm，当受外力 F 作用时，它将
产生弹性变形，将力传递到石英晶片上。石
英晶片采用 xy 切型，利用其纵向压电效应。
石英晶片的尺寸为 $\phi 8$mm $\times 1$mm。该传感器的
测力范围为 $0 \sim 50$N，最小分辨率为0.01，固
有频率为 $50 \sim 60$kHz，整个传感器重10g。

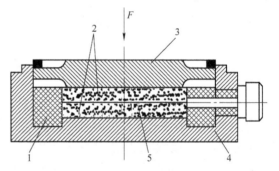

图3-6　压电式单向测力传感器结构
1—绝缘套　2—石英晶片　3—上盖
4—基座　5—电极

2. 压电式加速度传感器　图3-7是压电式加速度传感器结构。它主要由压电元件、质
量块、预压弹簧、基座及外壳等组成。整个部件装在外壳内，并用螺栓加以固定。当压电式
加速度传感器和被测物一起受到冲击振动时，压电元件2受质量块5惯性力的作用，根据牛
顿第二定律，此惯性力是加速度 a 的函数，即

$$F = ma \tag{3-7}$$

式中　F——质量块产生的惯性力；

m——质量块的质量。

此时惯性力 F 作用于压电元件上而产生电荷 q，当传感器选定后，质量块的质量 m 为常
数，则传感器输出电荷 q 为

$$q = d_{11}F = d_{11}ma \tag{3-8}$$

由式(3-8)可见，压电式加速度传感器的输出电荷 q 与加速度 a 成正比。因此，测得加
速度传感器输出的电荷便可知加速度的大小。

3. 压电式金属加工切削力测量 图 3-8 是利用压电陶瓷传感器测量刀具切削力的示意图。由于压电陶瓷元件的自振频率高，特别适合测量变化剧烈的载荷。图中压电式传感器位于车刀前部的下方，当进行切削加工时，切削力通过刀具传给压电式传感器，压电式传感器将切削力转换为电信号输出，记录电信号的变化便可测得切削力的变化。

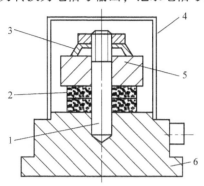

图 3-7 压电式加速度传感器结构

1—螺栓 2—压电元件 3—预压弹簧

4—外壳 5—质量块 6—基座

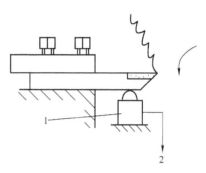

图 3-8 压电式刀具切削力测量示意图

1—压电式传感器 2—输出信号

▶ 小制作

"一拍亮"延时小夜灯

1. 工作原理 "一拍亮"延时小夜灯的电路如图 3-9 所示，它实际上是一个"声控延时小夜灯"电路。压电陶瓷片 B 与晶体管 VT_1、电阻 R_1 和 R_2 等组成了声控脉冲触发电路，时基集成电路 IC 与电阻 R_3、电容 C 等组成了典型单稳态延时电路，晶体管 VT_2、VT_3 和电阻 R_4、R_5 等组成了指示灯 HL 的功率驱动放大电路。整个电路的电源由电池 E 提供。平时，由于晶体管 VT_1 的偏流电阻 R_1 取值较大，所以 VT_1 趋于截止状态，其集电极输出电压高于 $V_{DD}/3 = 1.5V$，与之相连的时基集成电路 IC 的低电位触发端 2 脚处于高电平，单稳态电路处于稳态，电容 C 两端通过 IC 的 7、1 脚被 IC 内部导通的晶体管短路，IC 的 3 脚输出低电平，VT_2、VT_3 均无偏流而截止，指示灯 HL 不发光。

当在有效作用距离范围内拍一下手掌时，突发的声波被压电陶瓷片 B 接收，并转换成为微弱的电信号。该信号的正半周期经 VT_1 放大后，从其集电极输出负脉冲，时基集成电路 IC 的 2 脚即获得瞬间低于 $V_{DD}/3 = 1.5V$ 的低电平触发信号，使 IC 组成的单稳态电路受触发进入暂稳态，IC 的 3 脚输出高电平信号，VT_2 获得合适偏流导通，VT_3 进入完全饱和导通状态，指示灯 HL 通电发出亮光。随着 IC 的 3 脚变为高电平，

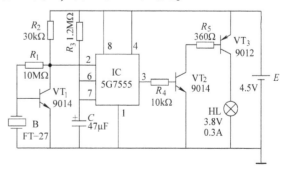

图 3-9 "一拍亮"延时小夜灯的电路

IC 内部导通的晶体管截止，解除了对电容器 C 的短路，电池 E 通过电阻 R_3 开始向 C 充电。当 C 两端电压达到 $2V_{DD}/3 = 3V$ 时，单稳态电路翻转恢复稳态，IC 内部晶体管重新导通，C 通过 IC 的 7、1 脚放电并被再次短路，IC 的 3 脚重新输出低电平，导致 VT_2、VT_3 失去偏流而截止，HL 断电自动熄灭。

2. 元器件选择

1) IC 选用静态功耗很小的 CMOS 时基集成电路，如 5G7555 或 ICM7555 等。

2) VT_1、VT_2 均选用 9014 或 3DG8 型硅 NPN 小功率晶体管。

3) $R_1 \sim R_5$ 均用 RTX - 1/8W 型碳膜电阻。

4) C 用漏电很小的 CD11 - 10V 型电解电容。

5) B 用 $\phi27mm$ 压电陶瓷片，如 FT - 27 型等，要求配上简易塑料或金属共振腔盒。

6) HL 用手电筒常用的 3.8V、0.3A 指示灯（三节电池供电的手电筒专用）。

7) E 用三节 5 号电池串联（须配塑料电池架）而成，电压 4.5V。

3. 制作与使用　图 3-10 所示为"一拍亮"延时小夜灯的印制电路板焊接图，印制电路板实际尺寸约为 50mm × 30mm。**焊接时需注意**：电烙铁外壳一定要良好接地，以免感应电压击穿 IC 内部的 CMOS 集成电路。

全部电路可装入一体积合适的塑料动物玩具或其他造型的工艺品硬壳体内，以起到装饰美化作用。

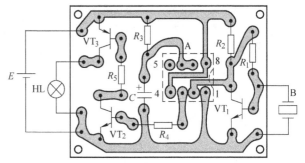

图 3-10　"一拍亮"延时小夜灯的印制电路板焊接图

使用时，可将延时小夜灯放置在床头桌上的钟表旁边，或者距离床头 3 ~ 5m 以内的其他地方。在床头处通过击掌来检验电路的工作性能。

单元 2　光电式传感器

光电器件是将光能转换为电能的一种传感器件，它是构成光电式传感器最主要的部件。光电器件响应快、结构简单、使用方便，而且有较高的可靠性，因此在自动检测、计算机和控制系统中，应用非常广泛。

3.2.1　光电效应

光电器件工作的物理基础是光电效应。通常把光电效应分为外光电效应、内光电效应和光生伏特效应三类：

1. 外光电效应　在光线作用下能使电子逸出物体表面的现象称为外光电效应，基于外光电效应的光电器件有光电管、光电倍增管和光电摄像管等。

2. 内光电效应　在光线作用下能使物体的电阻率改变的现象称为内光电效应，基于内光电效应的光电器件有光敏电阻、光敏晶体管等。

3. 光生伏特效应　　在光线作用下能使物体产生一定方向的电动势的现象称为光生伏特效应，基于光生伏特效应的光电器件有光电池等。

3.2.2　光电器件

1. 光电管　　以外光电效应原理制作的光电管的结构由真空管、光电阴极 K 和光电阳极 A 组成，其符号及基本工作电路如图 3-11 所示。当一定频率光照射到光电阴极时，光电阴极发射的电子在电场作用下被光电阳极所吸引，光电管电路中形成电流，称为光电流。不同材料的光电阴极对不同频率的入射光有不同的灵敏度，人们可以根据检测对象是红外光、可见光或紫外光而选择光电阴极材料不同的光电管。光电管的光电特性如图 3-12 所示，由图可知，在光通量不太大时，光电特性基本是一条直线。

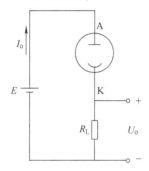

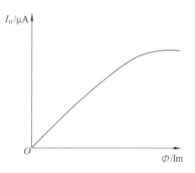

图 3-11　光电管符号及基本工作电路　　　　图 3-12　光电管的光电特性

2. 光敏电阻　　光敏电阻又称光导管，是基于内光电效应工作的。光敏电阻没有极性，纯粹是一个电阻元件，使用时既可加直流电压，也可以加交流电压。无光照时，光敏电阻值（暗电阻）很大，电路中电流（暗电流）很小。当光敏电阻受到一定波长范围的光照时，它的阻值（亮电阻）急剧减小，电路中电流迅速增大。一般希望暗电阻越大越好，亮电阻越小越好，此时光敏电阻的灵敏度越高。实际光敏电阻的暗电阻值一般在兆欧级，亮电阻在几千欧以下。

图 3-13 所示为光敏电阻的结构原理。它是涂于玻璃底板上的一薄层半导体物质，半导体的两端装有金属电极，金属电极与引出线端相连接，光敏电阻就通过引出线端接入电路。为了防止周围介质的影响，在半导体光敏层上覆盖了一层漆膜，漆膜的成分应使它在光敏层最敏感的波长范围内透射率最大。

（1）光敏电阻的主要参数

1）暗电阻。置于室温、不受光照射条件下的稳定电阻值称为暗电阻，此时流过电阻的电流称为暗电流。

2）亮电阻。置于室温和一定光照条件下的稳定电阻值称为亮电阻，此时流过电阻的电流称为亮电流。

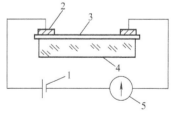

图 3-13　光敏电阻的结构原理
1—电源　2—金属电极　3—半导体
4—玻璃底板　5—检流计

3）光电流。亮电流与暗电流之差称为光电流。

（2）光敏电阻的基本特性

1）伏安特性。在一定照度下，流过光敏电阻的电流与光敏电阻两端的电压的关系称为光敏电阻的伏安特性。由图 3-14 所示的硫化镉光敏电阻的伏安特性可见，光敏电阻在一定的电压范围内的伏安特性曲线为直线，说明其阻值与入射光量有关，而与电压和电流无关。

2）光谱特性。光敏电阻的相对光敏灵敏度与入射波长的关系称为光谱特性，亦称为光谱响应。图 3-15 为几种不同材料光敏电阻的光谱特性。对应于不同波长，光敏电阻的灵敏度是不同的。从图中可见，硫化镉光敏电阻的光谱响应的峰值在可见光区域，常被用作光量度测量（照度计）的探头，而硫化铅光敏电阻响应于近红外和中红外区，常用作火焰探测器的探头。

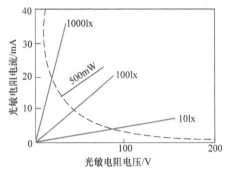

图 3-14 硫化镉光敏电阻的伏安特性

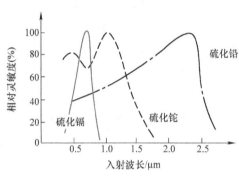

图 3-15 几种不同材料光敏电阻的光谱特性

3）温度特性。温度变化影响光敏电阻的光谱响应，同时，光敏电阻的灵敏度和暗电阻都要改变，尤其是响应于红外区的硫化铅光敏电阻受温度影响更大。图 3-16 为硫化铅光敏电阻的光谱温度特性，它的峰值随着温度上升向波长短的方向移动。因此，硫化铅光敏电阻要在低温、恒温的条件下使用。对于可见光的光敏电阻，其温度影响要小一些。

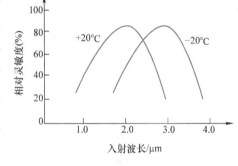

图 3-16 硫化铅光敏电阻的光谱温度特性

3. 光电半导体管

（1）光电半导体管的种类　光电二极管、光电晶体管、光电晶闸管等统称为光电半导体管，它们都是基于内光电效应工作的。

1）光电二极管的结构与一般二极管相似，它的 PN 结设置在透明管壳顶部的正下方，可以直接受到光的照射。图 3-17 是其结构示意图，它在电路中处于反向偏置状态，如图 3-18所示。光电二极管在没有光照时处于截止状态，受光照射时处于导通状态。

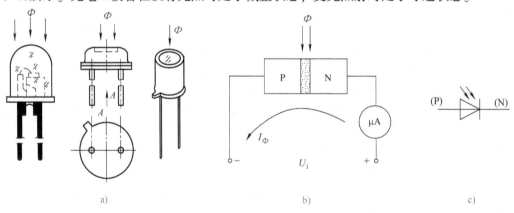

图 3-17 光电二极管
a）外形　b）结构简化图　c）图形符号

2）光电晶体管有 PNP 型和 NPN 型两种，以 NPN 型为例，其结构、等效电路、图形符号及应用电路如图 3-19 所示。光电晶体管的工作原理可用光电二极管和普通晶体管的工作原理解释，如图 3-19b 所示。光电晶体管在光照作用下，产生基极电流，即光电流，与普通晶体管的放大作用相似，在集电极上则产生光电流 β 倍的集电极电流，所以光电晶体管比光电二极管具有更高的灵敏度。有时还将光电晶体管与另一只普通的晶体管制作在一个管壳内，连接成复合管形式，如图 3-19e 所示，称为达林顿光电晶体管。它的灵敏度更高（$\beta = \beta_1 \beta_2$），但是暗电流较大，频响较差，温漂也较大。

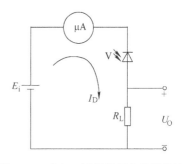

图 3-18　光电二极管的反向偏置接法

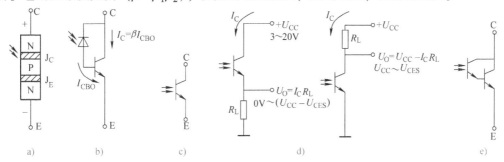

图 3-19　光电晶体管

a）结构　b）等效电路　c）图形符号　d）应用电路　e）达林顿光电晶体管

3）光电晶闸管也称为光控晶闸管，由 PNPN 四层半导体构成，其工作原理可用光电二极管和普通晶闸管的工作原理解释，它的导通电流比光电晶体管大得多，工作电压有的可达数百伏，因此输出功率大，主要用于光控开关电路及光耦合器中。

（2）光电半导体管的基本特性

1）光谱特性。光电半导体管的光谱特性曲线在其峰值波长时灵敏度最大。光电半导体管硅管的峰值波长为 0.9μm 左右，锗管的峰值波长为 0.5μm 左右。一般来讲，锗管的暗电流较大，因此性能较差，故在可见光或探测炽热状态物体时，一般都用硅管。但对红外光进行探测时，锗管较为适宜。

2）伏安特性。图 3-20 所示为某型号光电二极管及光电晶体管的伏安特性。在图 3-20a 中，光电二极管工作在第三象限，流过它的电流与光照度成正比，而基本上与反向偏置电压无关。光电晶体管在不同照度下的伏安特性与一般晶体管在不同基极电流下的输出特性相似，如图 3-20b 所示。从图中可以看出，光电晶体管的工作电压一般应大于 3V。若在伏安特性曲线上作负载线，便可求得某光强下的输出电压 U_{ce}。

3）光电特性。光电半导体管的光电流与光照度呈线性关系，光电晶体管与光电二极管的光电特性曲线相比，斜率较大，说明灵敏度较高。

4）温度特性。光电半导体管的温度特性是指其暗电流及光电流与温度的关系。温度变化对光电半导体管的光电流影响很小，而对暗电流影响很大，所以在电子电路中应该对暗电流进行温度补偿，否则将会导致输出误差。

5）响应时间。硅和锗光电二极管的响应时间分别为 10^{-6}s 和 10^{-4}s 左右，光电晶体管

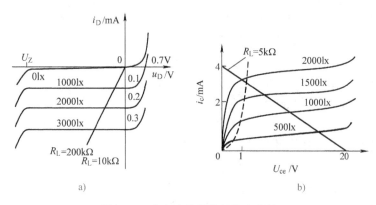

图 3-20 光电半导体管的伏安特性

a）光电二极管的伏安特性 b）光电晶体管的伏安特性

的响应时间比相应的二极管约慢一个数量级，因此，在要求快速响应或入射光调制频率较高时选用硅光电二极管较合适。

4. 光电池 光电池是基于光生伏特效应工作的。从能量转换角度来看，光电池是作为输出电能的器件工作的，例如人造卫星上安装的太阳能光电池板。从信号检测的角度来看，光电池作为一种自发电型的光电传感器，可用于检测光的强弱以及检测能引起光强变化的其他非电量。

光电池的种类很多，有硅、砷化镓、硒、氧化铜、锗和硫化镉光电池等。其中应用最广泛的是硅光电池，它具有性能稳定、光谱范围宽、频率特性好及传递效率高等优点，但对光的响应速度还不够高。

（1）结构及工作原理 如图 3-21 所示，光电池实质上是一个大面积的 PN 结，当光照射到 PN 结的一个面，例如 P 型面时，若光子能量大于半导体材料的禁带宽度，那么P 型区每吸收一个光子就产生一对自由电子和空穴，电子-空穴对从表面向内迅速扩散，在结电场的作用下，最后建立一个与光照强度有关的电动势。

（2）基本特性

1）光谱特性。光电池对不同波长的光

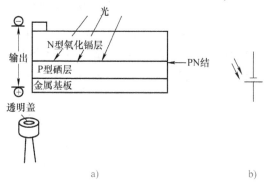

图 3-21 光电池

a）光电池结构示意图 b）符号

的灵敏度是不同的。不同材料的光电池，光谱响应峰值所对应的入射光波长是不同的，硅光电池在 $0.8\mu m$ 附近，硒光电池在 $0.5\mu m$ 附近。硅光电池的光谱响应波长范围为 $0.4 \sim 1.2\mu m$，而硒光电池的光谱响应波长范围只能为 $0.38 \sim 0.75\mu m$。可见，硅光电池可以在很宽的波长范围内得到应用。

2）光照特性。光电池在不同光照度下，光电流和光生电动势是不同的，它们之间的关系就是光照特性。图 3-22 为硅光电池的开路电压和短路电流与光照的关系曲线。从图中可以看出，短路电流在很大范围内与光照强度呈线性关系，开路电压与光照度的关系是非线性的，并且当照度为 2000lx 时趋于饱和。因此把光电池作为测量元件时，应把它用作电流源，不能用作电压源。

3）温度特性。光电池的温度特性是描述光电池的开路电压和短路电流随温度变化的特性。由于它关系到应用光电池的仪器或设备的温度漂移，影响到测量准确度或控制准确度等重要指标，因此温度特性是光电池的重要特性之一。由于温度对光电池的工作有很大影响，因此把它作为测量器件应用时，最好能保证温度恒定或采取温度补偿措施。

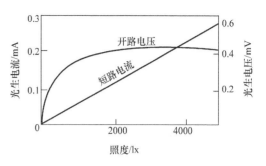

图 3-22 硅光电池的开路电压和短路电流与光照的关系曲线

4）频率特性。频率特性是描述入射光的调制频率与光电池输出电流间的关系。硅光电池具有较高的频率响应，而硒光电池较差。

3.2.3 光电式传感器的应用

1. 火焰探测报警器 图 3-23 是采用硫化铅光敏电阻为探测元件的火焰探测报警器电路。硫化铅光敏电阻的暗电阻为 1MΩ，亮电阻为 0.2MΩ（辐射度为 0.01W/m² 的条件下测试），峰值响应波长为 2.2μm。硫化铅光敏电阻处于 VT₁ 组成的恒压偏置电路，其偏置电压约为 6V，电流约为 6μA。VT₁ 集电极电阻两端并联 68μF 的电容，可以抑制 100Hz 以上的高频，使其成为只有几十赫兹的窄带放大器。VT₂、VT₃ 构成二级负反馈互补放大器，保证火焰探测报警器能长期稳定地工作。

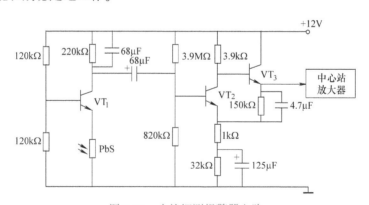

图 3-23 火焰探测报警器电路

2. 燃气热水器中的脉冲点火控制器 由于煤气是易燃、易爆气体，所以对燃气器具中的点火控制器的要求是安全、稳定和可靠。为此，该电路有这样一个功能，即打火确认针产生火花才可打开燃气阀门，否则燃气阀门关闭，以保证使用燃气器具的安全性。

燃气热水器中的脉冲点火控制器原理如图 3-24 所示。在高压打火时，火花电压可达一万多伏，这个脉冲高电压对电路工作影响极大。为保证电路正常工作，采用光耦合器 VB 进行电平隔离，大大增强了电路抗干扰能力。当高压打火针对打火确认针放电时，光耦合器 VB 中的发光二极管发光，耦合器中的光电晶体管导通，经 VT₁、VT₂、VT₃ 放大，驱动强吸电磁阀，将气路打开，燃气碰到火花即燃烧。若高压打火针与打火确认针之间不放电，则光耦合器 VB 不工作，VT₁ 等不导通，燃气阀门关闭。

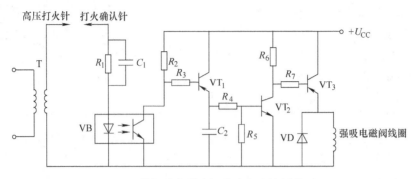

图 3-24 燃气热水器中的脉冲点火控制器原理

3. 光电转速传感器　图 3-25a 是在待测转速的轴上固定一个带孔的转速调置盘，在调置盘一边由白炽灯产生恒定光，透过盘上小孔到达光电二极管组成的光电转换器上，转换成相应的电脉冲信号，经过放大整形电路输出整齐的脉冲信号，转速由该脉冲频率决定。图 3-25b 是在待测转速的轴上固定一个涂上黑白相间条纹的圆盘，这些条纹具有不同的光谱反射比。当转轴转动时，反光与不反光交替出现，光电器件间断地接收光的反射信号，转换为电脉冲信号。

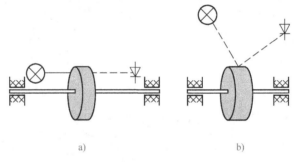

a)   b)

图 3-25 光电数字式转速表的工作原理

a）透射式转速表　b）反射式转速表

▶ 小制作

天明提醒器

天明提醒器的核心元件是光控音乐集成电路，可直接驱动压电陶瓷蜂鸣器发声，外接一只光敏电阻即具有光控效果。

1. 工作原理　天明提醒器原理如图 3-26 所示。将光敏电阻安装在贵重物品或重要文件的柜子内，一旦打开柜子，因光敏电阻受到光照而触发 2、6 脚，发出警示。

2. 元器件选择

1）KD - 154B 集成电路。

2）光敏电阻 RG 选用 φ5mm 系列的 GL5649D。

3）B 采用 KLJ - 5020 型贴片蜂鸣器。

4）E 用两节 5 号电池串联。

5) R 选用 20kΩ、RTX – 1/8W 型碳膜电阻。

6) BL 选用 8Ω、25W 扬声器。

7) 开关可选用废弃设备上的小的按键开关。

3. 制作与安装

(1) 制作 按照图 3-27 所示制作好电路板。印制电路板实际尺寸约为 40mm×30mm。

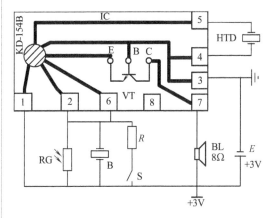

图 3-26 天明提醒器原理   图 3-27 天明提醒器印制电路板

(2) 安装 将电路板装入一个小收音机壳体内，用电烙铁将电源线焊到收音机的电源端，装入两节 5 号电池即可。

(3) 使用 使用时，将装好的提醒器放置到重要的文件柜内，一旦有人打开柜子，就会发出蜂鸣报警。按下开关，蜂鸣声停止。

单元 3　霍尔传感器

霍尔传感器是基于霍尔效应的一种传感器。1897 年美国物理学家霍尔首先在金属材料中发现了霍尔效应，但由于金属材料的霍尔效应太弱而没有得到应用。随着半导体技术的发展，开始用半导体材料制成霍尔元件，由于它的霍尔效应显著而得以应用和发展。霍尔传感器广泛用于压力、加速度、振动和电磁测量等方面的测量。

3.3.1　霍尔传感器的原理及特性

1. 工作原理　将半导体薄片置于磁感应强度为 B 的磁场（磁场方向垂直于薄片）中，如图 3-28 所示，当有电流 I 流过薄片时，在垂直于电流和磁场的方向上将产生电动势 U_H，这种现象称为霍尔效应。

假设薄片为 N 型半导体，在其左右两端通以电流 I（称为控制电流），那么半导体中的载流子（电子）将沿着与电流 I 相反的方向运动。由于外

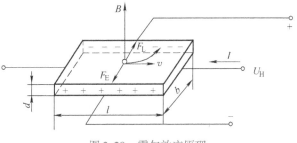

图 3-28　霍尔效应原理

磁场 B 的作用，使电子受到洛伦兹力 F_L 作用而发生偏转，结果在半导体的后端面上电子有所积累。而前端面缺少电子，因此后端面带负电，前端面带正电，在前后端面间形成电场。该电场产生的电场力 F_E 阻止电子继续偏转。当 F_E 与 F_L 相等时，电子积累达到动态平衡。这时，在半导体前后两端面之间（即垂直于电流和磁场方向）建立电场，称为霍尔电场 E_H，相应的电动势就称为霍尔电动势 U_H。

由实验可知，流入控制电流端的电流 I 越大、作用在薄片上的磁感应强度 B 越强，霍尔电动势也就越高。霍尔电动势 U_H 可表示为

$$U_H = k_H IB \tag{3-9}$$

式中　B——磁场的磁感应强度；

　　　k_H——霍尔系数，也称为灵敏度系数，它由载流材料的物理性质决定，$k_H = 1/(ned)$；

　　　n——半导体单位体积中的载流子数；

　　　e——电子电量；

　　　d——半导体薄片的厚度。

如果磁场与薄片法线的夹角为 α，则

$$U_H = k_H IB\cos\alpha \tag{3-10}$$

由式(3-9) 和式(3-10) 可见，霍尔电动势正比于控制电流及磁感应强度，其灵敏度与霍尔系数 k_H 成正比而与霍尔片厚度 d 成反比。为了提高灵敏度，霍尔元件常制成薄片形状。对霍尔片材料的要求，希望有较大的霍尔系数。

2. 特性参数

（1）输入电阻 R_i　霍尔元件两控制电流端的直流电阻称为输入电阻。它的数值从几欧到几百欧，视不同型号的元件而定。温度升高，输入电阻变小，从而使输入电流变大，最终引起霍尔电动势变化。为了减小这种影响，最好采用恒流源作为激励源。

（2）输出电阻 R_o　两个霍尔电动势输出端之间的电阻称为输出电阻，它的数值与输入电阻属同一数量级，它也随温度改变而改变。选择适当的负载电阻 R_L 与之匹配，可以使由温度引起的霍尔电动势的漂移减至最小。

（3）额定控制电流 I_m　由于霍尔电动势随控制电流增大而增大，故在应用中总希望选用较大的控制电流。但控制电流增大，霍尔元件的功耗增大，元件的温度升高，从而引起霍尔电动势的温漂增大，因此每种型号的元件规定了相应的最大控制电流，即额定控制电流，它的数值从几毫安到几十毫安。

（4）灵敏度 k_H　$k_H = U_H/(I \cdot B)$，它的数值约为 10MV/(mA·T)。

（5）最大磁感应强度 B_M　磁感应强度为 B_M 时，霍尔电动势的非线性误差将明显增大，B_M 一般为零点几特斯拉。

（6）不等位电动势　在额定控制电流下，当外加磁场为零时，霍尔元件输出端之间的开路电压称为不等位电动势，它是由于四个电极的几何尺寸不对称引起的，使用时多采用电桥法来补偿不等位电动势引起的误差。

（7）霍尔电动势温度系数　在一定磁感应强度和控制电流的作用下，温度每变化1℃时霍尔电动势变化的百分数称为霍尔电动势温度系数，它与霍尔元件的材料有关，一般约为0.1%/℃。在要求较高的场合，应选择低温漂的霍尔元件。

3.3.2　霍尔元件的结构及测量电路

1. 霍尔元件的材料及结构　根据霍尔效应原理做成的元件称为霍尔元件。目前常用的霍尔元件材料有锗、硅、砷化铟和锑化铟等半导体材料。其中 N 型锗容易加工制造，其霍尔系数、温度性能、线性度都较好。N 型硅的线性度最好，其霍尔系数、温度性能与 N 型锗相近。锑化铟对温度最敏感，尤其在低温范围内温度系数大，但在室温时其霍尔系数较大。砷化铟的霍尔系数较小，温度系数也较小，输出特性线性度好。

霍尔元件的外形、结构和符号如图 3-29 所示。霍尔元件的结构很简单，由霍尔片、四条引线和壳体组成。霍尔片是一块矩形半导体单晶薄片（一般为 4mm×2mm×0.1mm）。在它的长度方向两端面上焊有两根引线（见图 3-29b 中 1、1′线），称为控制电流端引线，通常用红色导线。其焊接处称为控制电流极（或称激励电极），要求焊接处接触电阻很小，即欧姆接触（无 PN 结特性）。在薄片的另两侧端面的中间以点的形式对称地焊有两根霍尔输出端引线（见图 3-29b 中 2、2′线），通常用绿色导线。其焊接处称为霍尔电极，要求欧姆接触，且电极宽度与长度之比要小于 0.1，否则影响输出。霍尔元件的壳体采用非导磁金属、陶瓷或环氧树脂封装。霍尔元件在电路中的图形符号如图 3-29c 所示。

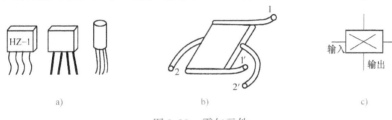

图 3-29　霍尔元件

a) 外形　b) 结构　c) 符号

2. 基本电路　霍尔元件的基本测量电路如图 3-30 所示。控制电流由电源 E 供给，可变电阻 RP 用来调节控制电流 I 的大小。R_L 为输出霍尔电动势 U_H 的负载电阻，通常它是显示仪表、记录装置或放大器的输入阻抗。在磁场与控制电流的作用下，负载上就有电压输出。在实际使用中，控制电流 I 或磁感应强度 B 或两者同时作为信号输入，而输出信号则正比于 I 或 B 或两者乘积。

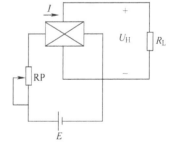

图 3-30　霍尔元件的基本测量电路

3. 集成霍尔元件　随着微电子技术的发展，目前霍尔元件多已集成化。集成霍尔元件有许多优点，如体积小、灵敏度高、输出幅度大、温漂小和对电流稳定性要求低等。

集成霍尔元件可分为线性型和开关型两大类。线性型集成霍尔元件是将霍尔元件和恒流源、线性放大器等集成在一个芯片上，输出电压较高，使用非常方便，目前得到了广泛的应用，较为典型的集成霍尔元件有 UGN3501 等。UGN3501 的外形尺寸、内部电路框图及输出特性如图 3-31 所示。开关型集成霍尔元件是将霍尔元件、稳压电路、放大器、施密特触发器和 OC 门等电路集成在同一个芯片上。当外加磁场强度超过规定的工作点时，OC 门由高阻状态变为导通状态，输出变为低电平，当外加磁场低于释放点时，OC 门重新变为高阻状态，输出高电平。这类器件中较为典型的有 UGN3020 等。UGN3020 的外形尺寸、内部电路框图及输出特性如图 3-32 所示。有一些开关型集成霍尔元件内部还包括双稳态电路,这类器件的特点是必须施加相反极性的磁场,电路的输出才能翻转回到高电平,也就是说具有"锁键"功能。

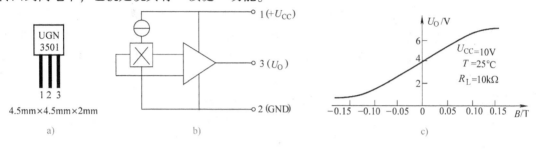

图 3-31　线性型集成霍尔元件

a) 外形尺寸　b) 内部电路框图　c) 输出特性

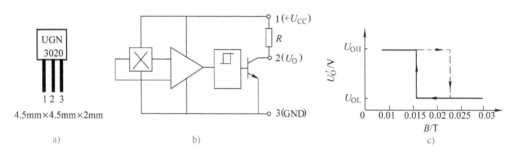

图 3-32　开关型集成霍尔元件

a) 外形尺寸　b) 内部电路框图　c) 输出特性

3.3.3　霍尔传感器的应用

由于霍尔元件存在对磁场的敏感作用,霍尔传感器被广泛应用,归纳起来主要有三个方面。

1) 当控制电流不变,使传感器处于非均匀磁场时,传感器的输出正比于磁感应强度,可反映位置、角度或激励电流的变化。这方面的应用有磁场测量、磁场中的微位移测量、三角函数发生器等。

2) 当保持磁感应强度恒定不变时,则利用霍尔电压与控制电流成正比的关系,可以做成过电流控制装置等。

3) 当控制电流与磁感应强度都为变量时,传感器的输出与这两者乘积成正比的关系。如乘法器、功率计等属于这方面的应用。

下面介绍几种霍尔传感器的应用实例:

1. 非直接接触的键盘开关　图 3-33 所示是一个由开关型集成霍尔传感器和两小块永久磁铁构成的键盘开关的结构原理图。按钮未按下时,磁铁处于图 3-33a 所示的位置,通过霍尔传感器的磁场方向是由上向下的;按下按钮时,磁铁位置变化到图 3-33b 所示的位置。这时通过霍尔传感器的磁场方向相反,在按下按钮前后霍尔传感器输出处于不同的状态,将此输出的开关信号直接与后面的逻辑门电路连接

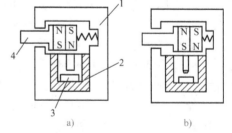

图 3-33　用集成霍尔传感器构成的键盘开关

a) 按钮未按下　b) 按下按钮时

1—外壳　2—导磁材料　3—集成传感器　4—按钮

使用。这种无触点电子开关工作十分稳定可靠，寿命长，被广泛用于计算机终端键盘。

2. 霍尔角位移传感器　其结构如图3-34所示。霍尔元件与被测物连动，而霍尔元件又在一个恒定的磁场中转动，于是霍尔电动势 U_H 就反映了转角 θ 的变化，不过这个变化是非线性的，若要求 U_H 与 θ 为线性关系，必须采用特定形状的磁极。

3. 霍尔位移传感器　如图3-35所示，磁场由极性相反、磁感应强度相同的两个磁钢构成，气隙中的磁感应强度分布呈线性梯度，即 $B = Kx$。放置一个霍尔元件，当霍尔元件的控制电流 I 恒定不变时，霍尔电动势 U_H 与磁感应强度 B 成正比。即霍尔元件在一定范围内沿 x 方向移动时，霍尔电动势只决定于它在磁场中的位移量，即

$$U_H = Kx \tag{3-11}$$

式中　K——位移传感器输出灵敏度；

　　　x——位移量。

图3-34　霍尔角位移传感器示意图
1—励磁线圈　2—极靴　3—霍尔元件

由式(3-11)可知，霍尔电动势与位移量为线性关系。霍尔电动势的极性反映了元件位移的方向。磁场梯度越大，灵敏度越高；磁场梯度越均匀，输出线性度较好。霍尔位移传感器一般用来测量微位移，其特点是惯性小，响应速度快，无接触测量。

4. 霍尔压力传感器　如图3-36所示，被测压力 p 使弹簧管自由端发生位移，使霍尔元件在磁路系统中运动，改变了霍尔元件感受的磁场大小及方向，引起霍尔电动势的大小和极性的改变，从而实现对压力的测量。

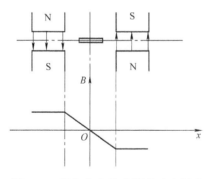

图3-35　霍尔位移传感器原理示意图

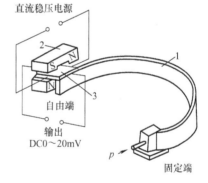

图3-36　霍尔压力传感器
1—弹簧管　2—磁铁　3—霍尔元件

▶ 小制作

门报警器

门报警器的核心元件是一种霍尔传感器，当有人打开房门时，会发出声音、灯光报警。

1. 元器件选择

555定时器IC、蜂鸣器、面包板、电阻 $1k\Omega \times 4$、电阻 $10k\Omega$、电位器 $50k\Omega$、LED、电容器 $10\mu F$、LM7805稳压器、晶体管BC547、OH3144霍尔效应磁传感器。

2. 工作原理　OH3144 霍尔传感器的范围约为 2cm，可以根据其极性检测磁体是否存在。门报警器电路如图 3-37 所示。

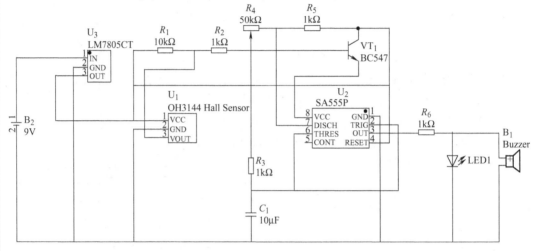

图 3-37　门报警器电路

555 定时器 IC 在非稳态模式下产生一个音调作为警报，通过使用附带的 R_4 电位器可以调节音调频率。在 VCC 和 555 定时器（U_2）的引脚 7 之间连接 $1k\Omega$（R_5）电阻，在引脚 7 和引脚 6 之间连接了一个 $1k\Omega$（R_3）电阻和 $50k\Omega$ 电位器（R_4）。引脚 2 与引脚 6 短接，使用 $10\mu F$ 电容（C_1）连接引脚 2，电容 C_1 另一脚接地。引脚 1 接地，引脚 4 直接连接 VCC，并且通过晶体管 BC547 连接引脚 8。用于检测门开关状态的霍尔传感器的输出连接晶体管 BC547 的基极，晶体管 BC547 发射极连接 555 定时器 VCC 端。蜂鸣器和 LED 连接在 555 的引脚 3 上，用于指示报警。使用 9V 电池为电路供电。

在这里，555 非稳态多谐振荡器 U_2 用于产生报警信号。霍尔传感器 U_1 通过 NPN 型晶体管 VT_1 BC547 控制多谐振荡器 U_2。

3. 制作与使用

当将磁体放在霍尔传感器附近时，霍尔传感器会感应到磁场，并产生一个低电平信号输出。该输出传送到晶体管的基极。由于是低电平信号，晶体管保持截止状态，555 定时器 IC 无供电，LED 关闭，蜂鸣器保持静音。

将磁体远离霍尔传感器时，霍尔传感器会产生一个高电平信号，送至晶体管的基极，使晶体管导通，非稳态多谐振荡器处于供电状态，进入工作状态，蜂鸣器产生报警音、LED 闪烁。音调的频率可调。

将这个电路安装到门框，当门关闭时，磁铁（门）和霍尔传感器（门框）离得很近，警报将保持关闭状态。当有人打开门时，磁铁远离霍尔传感器，霍尔传感器输出高电平信号，并触发连接到 555 定时器的 LED 闪烁，蜂鸣器发出报警音。

单元4 磁电式传感器

磁电式传感器也称为电动式传感器或感应式传感器。磁电式传感器是通过磁电作用将被测量（如振动、位移和转速等）转换成电信号的一种传感器，是利用导体和磁场发生相对运动而在导体两端输出感应电动势的。因此它是一种机-电能量转换型传感器，不需供电电源，直接从被测物体吸取机械能量并转换成电信号输出，具有电路简单、性能稳定和输出阻抗小等特点，具有一定的频率响应范围（10 ~ 1000Hz），适用于振动、转速和力矩等测量。

3.4.1 磁电式传感器的原理及结构

1. 工作原理 磁电式传感器以电磁感应原理为基础。根据法拉第电磁感应定律，有

$$e = -N \frac{\mathrm{d}\Phi}{\mathrm{d}t} = -NBlv = -NBS\omega \tag{3-12}$$

式中　e——感应电动势；

　　　N——线圈匝数；

　　　Φ——线圈所包围的磁通量；

　　　l——每匝线圈的平均长度；

　　　B——线圈所在磁场的磁感应强度；

　　　S——每匝线圈的平均截面积；

　　　v——线圈相对磁场的运动速度；

　　　ω——线圈相对磁场的运动角转速。

可见，传感器的结构参数确定后，即 B、N 和 S 均为定值，感应电动势 e 与线圈相对磁场的运动速度（v 或 ω）成正比。

2. 磁电式传感器的结构 磁电式传感器有两种结构类型：一种是变磁通式；另一种是恒定磁通式。

（1）变磁通式磁电传感器 变磁通式也称为变磁阻式或变气隙式，常用于旋转角速度的测量，如图3-38所示。

图3-38a所示为开磁路变磁通式传感器结构示意图，线圈3和磁铁5静止不动，铁心2（导磁材料制成）安装在被测转轴1上，随之一起转动，每转过一个齿，传感器磁路磁阻变化一次，磁通也就随之变化一次。线圈3中产生的感应电动势的变化频率等于铁心2上齿轮的齿数和转速的乘积。这种传感器结构简单，但输出信号较小。高速轴上加装齿轮较危险，故不宜测高转速。

图3-38b为两极式闭磁路变磁通式结构示意图，被测转轴1带动椭圆形铁心2在磁场气隙中等速转动，使气隙平均长度周期性变化，磁路磁阻也随之周期性变化，致使磁通同样地周期性变化。在线圈3中产生频率与铁心2转速成正比的感应电动势。在这种结构中，也可以用齿轮代替椭圆形铁心2，软铁4制成内齿轮形式，两齿轮的齿数相等。当被测物体转动时，两齿轮相对运动，磁路的磁阻发生变化，从而在线圈3中产生频率与转速成正比的感应电动势。

（2）恒定磁通式磁电传感器 恒定磁通式结构有动圈式和动铁式两种，如图3-39所示。

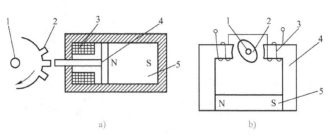

图 3-38 变磁通式磁电式传感器结构示意图

a) 开磁路变磁通式 b) 两极式闭磁路变磁通式

1—被测转轴 2—铁心 3—线圈 4—软铁 5—磁铁

磁路系统产生恒定的直流磁场，磁路中的工作气隙是固定不变的。在动圈式中，运动部件是线圈，永久磁铁与传感器壳体固定，线圈 3 与金属骨架 1 用柔软弹簧 2 支撑；在动铁式中，运动部件是永久磁铁 4，线圈 3、金属骨架 1 和壳体 5 固定，永久磁铁 4 用柔软弹簧 2 支撑。两者的阻尼都是由金属骨架 1 与磁场发生相对运动而产生的电磁阻尼。动圈式和动铁式的工作原理相同，当壳体 5 随被测振动体一起振动时，由于弹簧 2 较软，运动部件质量相对较大，因此振动频率足够高（远高于传感器的固有频率）时，运动部件的惯性很大，来不及跟踪振动体一起振动，接近于静止不动，振动能量几乎全被弹簧 2 吸收，

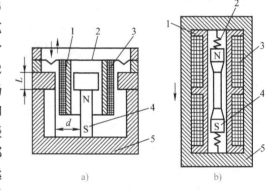

图 3-39 恒定磁通式磁电传感器结构原理

a) 动圈式 b) 动铁式

1—金属骨架 2—弹簧 3—线圈 4—永久磁铁 5—壳体

永久磁铁 4 与线圈 3 之间的相对运动速度接近于振动体的振动速度。永久磁铁 4 与线圈 3 的相对运动使线圈 3 切割磁力线，产生与运动速度 v 成正比的感应电动势 e 为

$$e = -B_0 l N_0 v \tag{3-13}$$

式中　B_0——气隙磁感应强度；

　　　N_0——线圈处于工作气隙磁场中的匝数，称为工作匝数；

　　　l——每匝线圈的平均长度。

3.4.2　磁电式传感器的测量电路

磁电式传感器直接输出感应电动势，且传感器通常具有较高的灵敏度，所以一般不需要高增益放大器。但磁电式传感器是速度传感器，若要获取被测位移或加速度信号，则需要配用积分或微分电路。磁电式传感器的测量电路如图 3-40 所示。

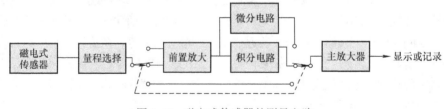

图 3-40 磁电式传感器的测量电路

3.4.3 磁电式传感器的应用

1. 磁电感应式振动速度传感器 图 3-41 所示为 CD-1 型磁电感应式振动速度传感器的结构原理，它属于动圈式恒定磁通型。永久磁铁 3 通过铝架 4 和圆筒形导磁材料制成的壳体 7 固定在一起，形成磁路系统，壳体还起屏蔽作用。磁路中有两个环形气隙，右气隙中放有工作线圈 6，左气隙中放有圆环形阻尼器 2。工作线圈 6 和圆环形阻尼器用心轴 5 连在一起组成质量块，用圆形弹簧片 1 和 8 支撑在壳体上。使用时，将传感器固定在被测振动体上，永久磁铁 3、铝架 4 和架体一起随被测体振动。由于质量块有一定质量，产生惯性力，而弹簧片又非常柔软，因此当振动频率远大于传感器固有频率时，线圈在磁路系统的气隙中相对永久磁铁运动，以振动体的振动速度切割磁力线，产生感应电动势，通过引线 9 接到测量电路中。同时，阻尼器也在磁路系统气隙中运动，感应产生涡流，形成系统的阻尼力，起衰减固有振动和扩展频率响应范围的作用。该传感器测量的是振动速度参数，若在测量电路中接入积分电路，则输出的电动势与位移成正比；若在测量电路中接入微分电路，则其输出与加速度正比。

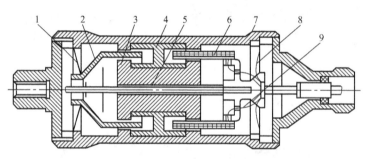

图 3-41 CD-1 型磁电感应式振动速度传感器的结构原理

1、8—圆形弹簧片 2—圆环形阻尼器 3—永久磁铁 4—铝架 5—圆环形
阻尼器用心轴 6—工作线圈 7—壳体 9—引线

2. 磁电式扭矩传感器 图 3-42 是磁电式扭矩传感器的工作原理。在驱动源和负载之间的扭转轴的两侧安装有齿形圆盘，它们旁边装有相同的两个磁电式传感器。传感器的检测元件部分由永久磁铁、感应线圈和铁心组成。永久磁铁产生的磁力线与齿形圆盘交链。当齿形圆盘旋转时，圆盘齿凸凹引起磁路气隙的变化，于是

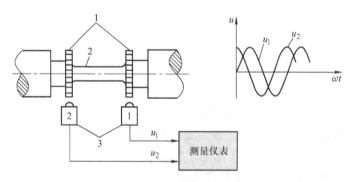

图 3-42 磁电式扭矩传感器的工作原理

1—齿形圆盘 2—扭转轴 3—磁电式传感器

磁通量也发生变化，线圈中感应出交流电压，其频率等于圆盘上齿数与转数的乘积。

当扭矩作用在扭转轴上时，两个磁电式传感器输出的感应电压 u_1 和 u_2 存在相位差。这个相位差与扭转轴的扭转角成正比。这样传感器就可以把扭矩引起的转角换成电信号的相位差。

3. 电磁流量传感器　电磁流量传感器的结构如图 3-43 所示，电磁流量传感器与电磁流量转换器配套组成电磁流量计。传感器安装在工艺管道中，当导电流体沿测量管在磁场中与磁力线成垂直方向运动时，导电流体切割磁力线而产生感应电动势，其值可用下式表示：

电磁流量计
结构原理

$$E = B\bar{v}D \tag{3-14}$$

式中　E——感应电动势；

　　　B——磁感应强度；

　　　$\bar{v}$——测量管内被测流体在电极横截面上的平均流速；

　　　D——对称安装在测量管内壁上的电极之间的距离，常与测量管内径相等。

流经测量管流体的瞬时流量 Q 与流速$\bar{v}$的关系为

$$Q = A\bar{v} = \frac{\pi D^2}{4}\bar{v}$$

式中　A——测量管内电极处横截面面积。则

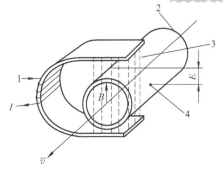

图 3-43　电磁流量传感器的结构
1—励磁线圈　2—测量管　3—磁力线　4—电极
I—励磁电流　$\bar{v}$—流速

$$E = BD\frac{4Q}{\pi D^2} = kQ \tag{3-15}$$

式中　k——仪表常数。由式(3-15)可知，当传感器参数确定后，仪表常数 k 是一定值，感应电动势 E 与流量 Q 成正比。

单元 5　超声波传感器

超声波传感器是利用超声波的特性研制而成的传感器，广泛应用在工业、国防、生物医学等方面。

3.5.1　超声波的物理基础

1. 声波的分类　振动在弹性介质内的传播称为波动，简称波。频率在 $16 \sim 2\times10^4\,\mathrm{Hz}$ 之间能被人耳听到的机械波称为声波；低于 $16\,\mathrm{Hz}$ 的机械波称为次声波；高于 $2\times10^4\,\mathrm{Hz}$ 的机械波称为超声波。声波的频率界限如图 3-44 所示。应用超声波探测的物体的频率范围为 $0.25\sim20\,\mathrm{MHz}$。

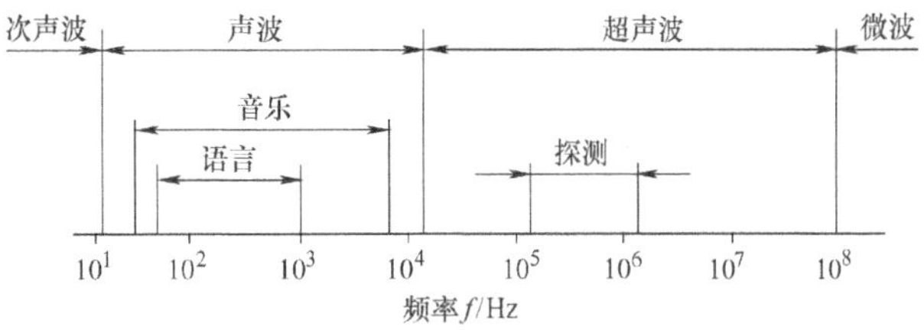

当超声波由一种介质入射到另一种介质时，由于在两种介质中传播速度不同，在介质面上会产生反射、折射和波形转换等现象。

图 3-44　声波的频率界限

2. 超声波的传播方式　由于声源在介质中施力方向与波在介质中传播方向的不同，声波的波形也不同。通常有纵波、横波和表面波三种类型。

1）纵波是质点振动方向与波的传播方向一致的波，能在固体、液体和气体中传播。人讲话时产生的声波就属于纵波。

2）横波是质点振动方向垂直于传播方向的波，只能在固体中传播。

3）表面波是质点的振动介于横波与纵波之间，沿着介质表面传播的波。随着传播距离的增加，表面波的能量衰减很快。

横波只能在固体中传播，纵波能在固体、液体和气体中传播，表面波随深度增加衰减很快。为了测量各种状态下的物理量，应多采用纵波。

3. 超声波的反射和折射　当入射声波以一定的入射角从一种介质传播到与另一种介质的分界面时，一部分能量反射回原介质，称为反射波；另一部分能量则透过分界面，在另一种介质内部继续传播，称为折射波，如图 3-45 所示。入射角 α 与反射角 α' 以及折射角 β 之间遵循类似光学的反射定律和折射定律。

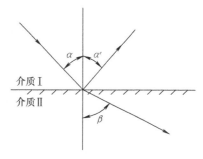

图 3-45　超声波的反射与折射

如果入射角 α 足够大时，将导致折射角 $\beta = 90°$，则折射声波只能在介质分界面传播，折射波形将转换为表面波，这时的入射角称为临界角。如果入射声波的入射角 α 大于临界角，将导致声波的全反射。

4. 超声波的衰减　由于多数介质中都含有微小的结晶体或不规则的缺陷，超声波在这样的介质中传播时，在众多的晶体交界面或缺陷界面上会引起散射，从而使沿入射方向传播的超声波声强下降。其次，由于介质的质点在传导超声波时，存在弹性滞后及分子内摩擦，它将吸收超声波的能量，并将之转换成热能；又由于传播超声波的材料存在各向异性结构，使超声波发生散射，随着传播距离的增大，声波将越来越弱。

介质中的声强衰减与超声波的频率、晶粒粗细等因素有关。晶粒越粗或密度越小，衰减越快；频率越高，衰减也越快。气体的密度很小，因此衰减较快，尤其在频率高时衰减更快。因此在空气中传导的超声波的频率选得较低，为数十千赫兹，而在固体和液体中则选用较高的频率（MHz 数量级）。

3.5.2　超声波传感器的结构

利用超声波在超声场中的物理特性和各种效应而研制的装置可称为超声波换能器、探测器或传感器。

超声波探头按其工作原理可分为压电式、磁致伸缩式、电磁式等，以压电式最为常用。压电式超声波探头常用的材料是压电晶体和压电陶瓷，这种传感器统称为压电式超声波探头，它是利用压电材料的压电效应来工作的。逆压电效应将高频电振动转换成高频机械振动，从而产生超声波，可作为发射探头；正压电效应将超声振动波转换成电信号，可作为接收探头。超声波探头结构如图 3-46 所示，主要由压电晶片、吸收块（阻尼块）和保护膜组成。压电晶片多为圆板形，厚度为 δ。超声波频率 f 与其厚度 δ 成反比。压电晶片的两面镀有银层，做导电的极板。阻尼块的作用是降低晶片的机械品质，吸收声能量。如果没有阻尼块，当激

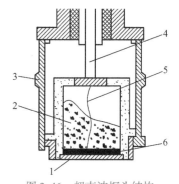

图 3-46　超声波探头结构

1—保护膜　2—吸收块　3—金属壳
4—导电螺杆　5—接线　6—压电晶片

81

励的电脉冲信号停止时，晶片将会继续振荡，使超声波的脉冲宽度增加，分辨率变差。

3.5.3 超声波传感器的应用

1. **超声波物位传感器** 超声波液位计原理如图3-47所示，在液位上方安装空气传导型超声波反射器和接收器，按照声脉冲反射原理，根据超声波的往返时间就可测出液体的液面。但若液体中有气泡或液面发生波动，便会由于反射波散射而使接收困难，此时可用直管将超声波传播路径限定在某一空间内。另外，由于空气中的声速随温度改变造成温漂，所以在传送路径中还设置了一个反射性良好的小板作为标准参照物，以便计算修正。上述方法除了可以测量液位外，也可以测量粉料和粒状体的物位。

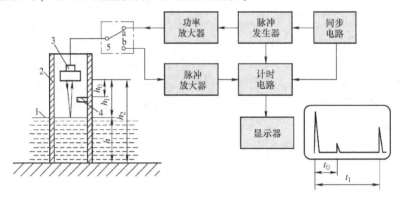

图 3-47 超声波液位计原理

1—液面 2—直管 3—空气超声探头 4—反射小板 5—电子开关

例 3-1 从图3-47所示的超声波液位计的显示屏上测得 $t_0 = 1.8\text{ms}$，$t_1 = 5.0\text{ms}$，已知容器底部与超声波探头的间距为10m，反射小板与探头的间距为0.9m，求液位 h。

解：由于
$$c = \frac{2h_0}{t_0} = \frac{2h_1}{t_1}$$

所以
$$h_1 = \frac{t_1}{t_0}h_0 = \frac{5.0}{1.8} \times 0.9\text{m} = 2.5\text{m}$$

所以液位 h 为
$$h = h_2 - h_1 = 10\text{m} - 2.5\text{m} = 7.5\text{m}$$

2. **超声波流量传感器** 图3-48是超声波流量计原理。在被测管道上下游的一点距离上，分别安装两对超声波发射和接收探头（F_1，T_1）、（F_2，T_2），两束超声波分别顺流、逆流传播。根据这两束超声波在液体中传播速度的不同，采用测量两接收探头上超声波传播的时间差、相位差或频率差等方法，可测量出流体的平均速度及流量。

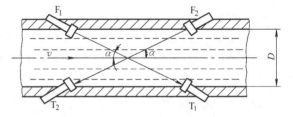

图 3-48 超声波流量计原理

时间差法流量与声速 c 有关，而声速一般随介质温度的变化而变化，因此将造成温漂。如果使用频差法测量流量，即可克服温度的影响。

频差法测量流量的原理如图3-49a所示。F_1、F_2 是完全相同的超声探

超声波流量计结构原理

头，安装在管壁外面，通过电子开关的控制，交替地作为超声波发射器与接收器来用。

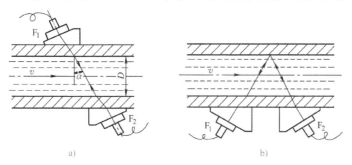

图 3-49 频差法测量流量的原理
a）投射型安装图 b）反射型安装图

首先由 F_1 发射出第一个超声脉冲，它通过管壁、流体及另一侧管壁被 F_2 接收，此信号经放大后再次触发 F_1 的驱动电路，使其发射第二个声脉冲，依此类推。设在一个时间间隔 t_1 内，F_1 共发射了 n_1 个脉冲，脉冲的重复频率 $f_1 = n_1/t_1$。

在紧接下去的另一个相同的时间间隔 t_2（$t_2 = t_1$）内，与上述过程相反，由 F_2 发射超声脉冲，而 F_1 做接收器。同理可以测得 F_2 的脉冲重复频率 f_2。经推导，顺流发射频率与逆流发射频率的频率差 Δf 为

$$\Delta f = f_1 - f_2 \approx \frac{\sin 2\alpha}{D} v \qquad (3\text{-}16)$$

式中 α——超声波束与流体的夹角；

　　　v——流体的流速；

　　　D——流体的横截面积。

由式（3-16）可知，Δf 只与被测流速 v 成正比，而与声速 c 无关，所以频率法温漂较小。发射、接收探头也可以如图 3-49b 所示，安装在管道的同一侧。

超声流量计的最大特点是：探头可装在被测管道的外壁，实现非接触测量，既不干扰流场，又不受流场参数的影响。它的输出与流量基本为线性关系，准确度一般可达 ±1%，其价格不随管道直径的增大而增大，因此特别适合大口径管道和混有杂质或腐蚀性液体的测量。

例 3-2　超声波流量传感器安装于管道直径为 500mm 的管道中，如图 3-48 所示，两换能器相距 600mm，超声波传播方向与流体流动方向的夹角为 30°，逆流传播与顺流传播的超声波时间差为 1μs，超声波在该静止介质中传播速度为 1450m/s，求管道中流体的流量。

解： 设超声波在该静止介质中传播速度为 c，流体的流速为 v，两换能器相距 l。

逆流传播需要的时间为 $\qquad t_2 = \dfrac{l}{c - v\cos\alpha}$

顺流传播需要的时间为 $\qquad t_1 = \dfrac{l}{c + v\cos\alpha}$

时间差为 $\qquad \Delta t = \dfrac{2lv\cos\alpha}{c^2 - (v\cos\alpha)^2} \approx \dfrac{2lv\cos\alpha}{c^2}$

管道中流体的流速为 $\qquad v = \dfrac{\Delta t c^2}{2l\cos\alpha} = \dfrac{1 \times 10^{-6} \times 1450^2}{2 \times 0.6 \times \cos 30°} \, \text{m/s} = 2\text{m/s}$

管道中流体的流量为

$$q_v = \frac{\pi D^2}{4}v = \frac{3.14 \times 0.5^2}{4} \times 2 m^3/s = 0.39 m^3/s$$

3. 超声波测厚 如图 3-50 所示,双晶直探头左边的压电晶片发射超声脉冲,经探头底部的延迟块延迟后,超声脉冲进入被测试件,在到达试件地面时,被反射回来,并被右边的压电晶片所接收。这样只要测出从发射超声波脉冲到接收超声波脉冲所需的时间 t(扣除经两次延时的时间)再乘上被测体的声速常数 c,就是超声脉冲在被测件中所经历的来回距离,也就代表了厚度 h,即

$$h = \frac{1}{2}ct \qquad (3-17)$$

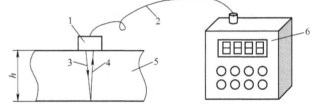

图 3-50 超声波测厚示意图

1—双晶探头 2—引线电缆 3—入射波 4—反射波

5—试件 6—测厚显示器

在电路上只要在发射到接收这段时间内通过计数电路计数,便可实现厚度的数字显示。使用双晶直探头可以使信号处理电路趋于简化,有利于缩小仪表的体积。探头内部的延迟块减小杂乱反射波的干扰。对不同材质的试件,由于其声速 c 各不相同,测试前必须将 c 值从面板输入。

超声波测厚仪可用于钢及其他金属、有机玻璃、硬塑料等材料的厚度测量,具有携带方便、测量速度快的优点;它的缺点是测量准确度与温度及材料有关。

▶ 小制作

多用途的超声波雾化器

本栏目制作的多用途的超声波雾化器雾化量大,与别墅的山水盆景配套可产生云雾缭绕的动感;也适合对过分干燥的环境进行空气加湿,以利于人的呼吸;还可以在水中加入适量的某种溶剂,给被污染的居住环境消毒等。

1. 电路工作原理 雾化器电路如图 3-51a 所示,电源经变压器 T 降压(AC 36V)送 $VD_1 \sim VD_4$ 整流和 C_5、C_6 滤波后给电路提供工作电压。雾化器工作电路由振荡器、换能器和水位控制电路等组成。

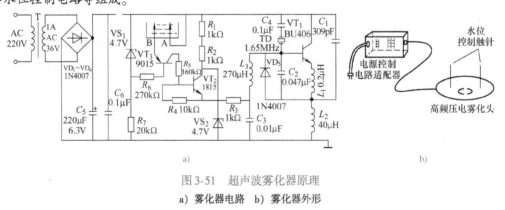

a)   b)

图 3-51 超声波雾化器原理

a) 雾化器电路 b) 雾化器外形

2. 元器件选择

1) 振荡器和换能器：压电陶瓷片的振荡频率为 1.65MHz；晶片尺寸为 $\phi16mm$，厚度为 $(1.2\pm0.01)mm$。

2) 雾化头型号：T25 - 17；规格尺寸：25mm×1.2mm；其上安装两根水位控制触针。

3) $R_1 \sim R_6$ 均用 RTX - 1/8W 型碳膜电阻，$C_1 \sim C_6$ 用 CD11 - 10V 型电解电容。

4) VT_1 选用 BU406，VT_2 选用 1815，VT_3 选用 9015。

5) 电源选用 220V 交流供电。

6) 变压器 T 为 AC 220V/36V，30W。

3. 超声波雾化器制作和使用方法

(1) 雾化器制作 该雾化器外形如图 3-51b 所示。雾化头外壳是铜质材料的铸件，铜壳表面镀铬抛光，其外形尺寸为 442mm×15mm，铜壳内封装有换能器（镍或钛高频压电片）和功率管 VT_1，换能器紧贴 VT_1，以利工作时在溶液中散热。铸件铜壳是可拆卸的，只需旋转壳面上的定位口，即可更换压电片。此外，两根水位控制触针紧固在铜壳内，并按一定距离排列，再垂直伸出壳外一定高度，以便控制被雾化溶液的最低水位。

雾化器电源和工作电路都单独装在一个工程塑料壳内，当该装置的输入插入电源后，输出会通过导线给雾化头供电工作。

(2) 使用方法 若将该雾化器用于室内加湿或消毒，可准备一个小塑料盆，盆内盛一定量的溶液，溶液量不宜太多（浅水为准），仅比水位触针高出一定距离即可（溶液太深其雾化量相对减小）。再把雾化头平放、两根触针向上浸在溶液中，这时只需插上电源，溶液立刻开始雾化。

单元6 核辐射传感器

核辐射传感器是根据射线的吸收、折射、反射和散射对被测物质的电离激发作用而进行工作的，核辐射传感器是核辐射式检测仪表的重要组成部分，它是利用放射性同位素来进行测量的。

核辐射一般由放射源、探测器以及电信号转换电路所组成。它可以检测厚度和物位等参数。随着核辐射技术的发展，核辐射传感器的应用越来越广泛。

3.6.1 放射源和探测器

放射源和探测器是核辐射传感器的重要组成部分，放射源由放射性同位素组成，探测器即核辐射检测器，它可以探测出射线的强弱及变化。

1. 射线的种类及衰变规律

(1) 放射性同位素 各种物质都是由一些最基本的物质所组成。人们把这些最基本的物质称为元素，组成每种元素的最基本单元就是原子。凡原子序数相同而相对原子质量不同的元素，在元素周期表中占同一位置，这种元素称为同位素。原子如果不是由于外来的原因，而是自发地发生原子核结构的变化，则称为核衰变，具有核衰变性质的同位素叫作放射性同位素。

放射性同位素的核衰变是原子核的"本征"特征，根据实验可得放射性同位素的基本规律为

$$I = I_0 e^{-\lambda t} \tag{3-18}$$

式中　I_0——开始时（$t=0$）的放射源强度；

　　　I——经过时间 t 后的放射源强度；

　　　λ——放射性衰变常数。

式(3-18)表明，放射性元素的放射源强度是按照指数规律随时间减少的，放射源强度衰减的速度取决于放射性衰变常数 λ，λ 值越大则衰变越快。放射源的强度减至原来的一半所需要的时间叫半衰期。

（2）核辐射的种类及性质　放射性同位素在衰变过程中放射出一种特殊的、带有一定能量的粒子或射线，这种现象称为放射性或核辐射，根据其性质的不同，放射出的粒子或射线有 α 粒子、β 粒子和 γ 射线等。

1）α 粒子一般具有 4~10MeV 能量。用 α 粒子电离气体比用其他辐射强得多，因此在检测中，α 辐射主要用于气体分析，用来测量气体压力和流量等参数。

2）β 粒子实际上是高速运动的电子，它在气体中的射程可达 20m，在自动检测仪表中，主要是根据 β 粒子的辐射和吸收来测量材料的厚度、密度或重量；根据辐射的反射和散射来测量覆盖层的厚度；利用 β 粒子的电离能力来测量气体流量。

3）γ 射线是一种从原子核内发射出来的电磁辐射，它在物质中的穿透能力比较强，在气体中的射程为数百纳米，能穿过几十百米厚的固体物质。γ 射线被广泛应用在各种检测仪表中，特别是需要辐射和穿透力强的情况，如金属探伤、测厚以及测量物体的密度等。常用作 γ 射线辐射源的半衰期较长的放射性同位素有钴 Co^{60}（半衰期为 5.3 年）和铯 Cs^{137}（半衰期为 33 年）。

2. 射线与物质的相互作用　核辐射与物质的相互作用是探测带电粒子或射线存在与否及其强弱的基础，也是设计和研究放射性检测与防护的基础。

（1）带电粒子与物质的相互作用　具有一定能量的带电粒子（如 α 粒子、β 粒子）在穿过物质时，由于电离作用，在其路径上生成许多离子对，所以常称 α 粒子和 β 粒子为电离性辐射。电离作用是带电粒子与物质相互作用的主要形式。一个粒子在每厘米路径上生成离子对的数目称为比电离，带电粒子在物质中穿行，因其能量逐渐耗尽而停止，其在物质中穿行的直线距离称为粒子的射程。

α 粒子质量数较高，电荷量也较大，因而它在物质中可以引起很强的比电离，射程较短。

β 粒子的能量是连续的，运动速度比 α 粒子快得多，由于 β 粒子的质量很轻，其比电离远小于同样能量的 α 粒子的比电离，同时容易散射和改变运动方向。

β 射线和 γ 射线比 α 射线的穿透能力强，当它们穿过物质时，由于物质的吸收作用而损失一部分能量，辐射在穿过物质层后，其通量强度按指数规律衰减，可表示为

$$I = I_0 e^{-\mu h} \tag{3-19}$$

式中　I_0——入射到吸收体的辐射能通量强度；

　　　I——穿过厚度为 h 的吸收层后的辐射能通量强度；

　　　μ——线性吸收系数；

h——吸收层的厚度。

实验证明，比值 μ/ρ 几乎与吸收体的化学成分无关，这个比值叫作质量吸收系数，常用 μ_ρ 表示，此时式 (3-19) 可改写成

$$I = I_0 e^{-\mu_\rho \rho h} \tag{3-20}$$

式中 ρ——吸收层的密度。

式 (3-20) 为核辐射检测的理论基础。

(2) γ射线和物质的相互作用 γ射线通过物质后的强度将逐渐减弱，γ射线与物质的作用主要有光电效应、康普顿效应和电子对效应三种。γ射线在通过物质时，γ光子不断被吸收，强度也是按指数下降，仍然服从式 (3-19)。这里的吸收系数 μ 是上述三种效应的结果，故可以表示为

$$\mu = \tau + \sigma + k$$

式中 τ——光电吸收系数；

σ——康普顿散射吸收系数；

k——电子对生成吸收系数。

设物质厚度 $\lambda = \rho h$，则式 (3-20) 可写成

$$I = I_0 e^{-\mu_\rho \lambda} \tag{3-21}$$

不同物质对同一能量光子的质量吸收系数 μ_ρ 大致相同，特别是对较轻的元素和能量在 $0.5 \sim 2\text{MeV}$ 范围内的光子更是这样。因为在这种情况下康普顿效应起主要作用。μ_ρ 的概率只与物质的电子数有关，而能量相同、质量不同的物质，它们的电子数目大致是相同的，所以质量吸收系数 μ_ρ 也大致相同。

3. 常用探测器 探测器就是核辐射的接收器，它是核辐射传感器的重要组成部分。其用途就是将核辐射信号转换成电信号，从而探测出射线的强弱和变化。在现有的核辐射检测中，用于检测仪表的主要有电离室、闪烁计数器和盖格计数等。下面以电离室、闪烁计数器为例加以介绍。

(1) 电离室 电离室基本上是以气体为介质的射线探测器，可以探测 α 粒子、β 粒子和 γ 射线，能把这些带电粒子或射线的能量转化为电信号。电离室具有坚固、稳定、寿命长和成本低等优点，缺点是输出电流小。

电离室基本工作原理如图 3-52 所示，它是在空气中设置一个平行极板电容器，加上几百伏的极化电压，使电容器的极板间产生电场。这时，如果有核辐射照射极板之间的空气，则核辐射将电离空气分子而使其产生正离子和电子，在极化电压的作用下，正离子趋向负极，而电子趋向正极，于是便产生了电流，这种由于核辐射引起的电流就是电离电流。电离电流在外电路电阻 R 上形成电压降，这样利用核辐射的电离性质，就可以根据外电路电阻 R 上的电压降来衡量核辐射中的粒子数目和能量。辐射

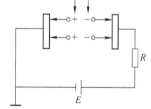

图 3-52 电离室基本工作原理

强度越大，产生正离子和电子的数量就越多，电离电流就越大，R 上的压降也就越大。通过一定的设计和给电离室配置以恰当的电压，就能使辐射强度与外电路电阻 R 上的电压降成正比。这就是电离室的基本工作原理。

电离室的结构有各种类型，现以圆筒形电离室为例来说明其结构，如图 3-53 所示。收

集极4必须绝缘良好，如果绝缘不良，极微小的电离电流会漏掉，就可能测不到信号，在收集极4和高压极5之间配有保护环2，保护环与收集极和高压极之间是绝缘的，且保护环要接地，这是为了使高压不致漏到收集极而干扰有用信号。

电离室除了空气式外，还有密封充气的，一般充氩等惰性气体，气压可稍大于大气压，这有助于增大电流，同时密封可以维护内部气压的恒定，减少受外界气压波动而带来的影响。电离室的入射窗口通常用铝箔或其他塑料薄膜，它的密度要尽可能小，以减少射线入射时在上面造成的能量损失，同时又要有足够的强度，以承受内部的气压。

电离室的结构必须非常牢固，尤其是电极结构更要牢固，否则会由于周围的振动引起信号的波动而无法测量。

由于α粒子、β粒子和γ射线性质各不相同，能量也不一样，所以用来探测的电离室也互不相同，不能互相通用。

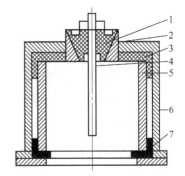

图3-53 圆筒形电离室结构示意图
1、3—绝缘物 2—保护环 4—收集极
5—高压极 6—外壳 7—铁铝薄膜

（2）闪烁计数器 闪烁计数器先将微电能变为光能，然后再将光能变为电能而进行探测，它不仅能探测射线，还能探测各种带电和不带电的粒子，不但能探测它们的存在，而且能鉴别其能量的大小。闪烁计数器与电离室相比，具有效率高和分辨时间短等特点，因此作为核辐射检测器被广泛地用于各种检测仪表中。

闪烁计数器由闪烁体、光电倍增管和输出电路组成，如图3-54所示。

闪烁体是一种受激发光物质，可分为无机和有机两大类，有固态、液态和气态三种。无机闪烁体的特点是对入射粒子的阻止能力强，发光效率也高，因此有很高的探测效率。例如，碘化钠（铊激活）用来探测γ射线的效率就很高，约为20%～30%；有机闪烁体的特点是发光时间很短，只有用分辨性能高的光电倍增管与其配合，才能获得10^{-10}s的分辨时间，且仪器的体积较大。常用的有液体

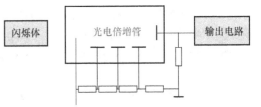

图3-54 光电倍增管及输出电路

有机闪烁体、塑料闪烁体和气体闪烁体等。在探测β粒子时，常用这种有机闪烁体。

当核辐射进入闪烁体时，闪烁体的原子受激发光，光透过闪烁体射到光电倍增管的光阴极上打出光电子，经过倍增，在阳极上形成电流脉冲，最后可用电子仪器记录下来，这就是闪烁计数器记录粒子的基本过程。

由于发射的电子通过闪烁体时，会有一部分被吸收和散射，因此要求闪烁体的发射光谱和吸收光谱的重合部分要尽量小，装置也要有利于光子的吸收。光阴极上射出电子的效率与入射光子的波长有关，所以必须选择闪烁体发光的光谱范围，使其能够很好地配合光阴极的光谱响应。

要使闪烁体发出的荧光尽可能地被收集到光阴极上，除对闪烁体本身的要求（如光学性质均匀等）外，还要求各方向的光子通过有效的漫反射把光子集中到光阴极上。碘化钠晶体除一面与光阴极接触外，周围全部用氧化镁粉敷上一层，为减少晶体和光阴极之间产生全反射，常用折射率较大的透明媒质作为晶体与光电倍增管的接触媒质。为了更有效地将光导入光阴极，常在闪烁体和光阴极之间接入一定形状的光导，常用的光导材料为有机玻璃等。

3.6.2 核辐射传感器的应用

1. 核辐射厚度计 核辐射厚度计原理框图如图3-55所示。辐射源在容器内以一定的立体角度发出射线，其强度在设计时已选定，当射线穿过被测体后，辐射强度被探测器接收。在β射线测量厚度中，探测器常用电离室，根据电离室的工作原理，这时电离室就输出一电流，其大小与进入电离室的辐射强度成正比。前面已指出，核辐射的衰减规律为 $I = I_0 e^{-\mu_\rho \rho h}$，从测得的 I 值便可获得被测物体的厚度。在实际的β辐射测量厚度中，常用已知厚度的标准片对仪器进行标定，在测量时，可根据校正曲线指示出被测物体的厚度。

测量电路常用振动电容器调制的高输入阻抗静电放大器。用振动电容器是把直流调制成交流，并维持高输入阻抗，这样可以解决漂移问题。有的测量电路采用变容二极管调制器来代替静电放大器。

2. 核辐射液位计 核辐射液位计的原理如图3-56所示，它是一种基于物质对射线的吸收程度的变化而对液位进行测量的物位计。当液面变化时，液位对射线的吸收也改变，从而就可以用探测器输出信号的大小来表示液位的高低。

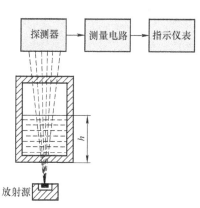

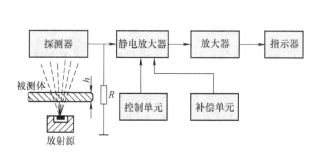

图 3-55 核辐射厚度计原理框图

图 3-56 核辐射液位计的原理

3.6.3 核辐射传感器的使用与防护

核辐射传感器具有广泛的应用前景，有些人由于对其缺乏了解，往往谈核色变。事实上，核辐射传感器所用的放射源都是封闭型的，对于封闭型放射源的防护是比较简单容易的。例如，在距工业核仪表0.5m强度最大点工作8h，所受射线照射剂量小于20mrem，而一次胸部X射线透视的射线照射剂量为100~200mrem，一次牙齿透视的射线照射剂量为1500~15000mrem，所以，只要遵守有关规定正确操作，就不必过分顾虑。

在使用工业核辐射传感器时，应该注意以下几点：

1）接收器一般在50~60℃就不能正常工作，因此在高温环境下，必须进行冷却。

2）对辐射源必须采取严格的防护措施，遵守安全操作规程，确保人身安全。图3-57所示为一种带有防

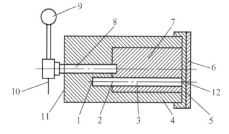

图 3-57 带防护结构的辐射源

1—辐射源 2—不锈钢闷头 3—偏心孔
4—铅罐 5—铝板 6—不锈钢片
（上开一个小孔）7—铅封头 8—转轴
9—手把 10—指针 11—辐射源工作标记
12—小孔

护结构的辐射源。辐射源密封于铅罐中，仅在发射一侧圆柱形铅封头上有一个偏心孔，使用时用手把转动铅封头让射线经偏心孔透过铝板射出，不用时转动偏心孔封住辐射源。

3）传感器到货后应单独妥善保管，不得与易燃、易爆、腐蚀性等物品放在一起。

4）安装地点除从工艺核仪表要求考虑外，尽量置于其他人员很少接近的地方，并设置有关标志，安装地点应远离人行过道。

5）安装时，应先安装有关机械部件和探测器，并初步调校正常，然后再安装辐射源，安装时应将辐射源容器关闭，使用时再打开。

6）检修时应关闭辐射源容器，需要带源检修时，应事先制定操作步骤，动作准确迅速，尽量缩短时间，防止不必要的照射。

7）辐射源半衰期以后需要更换，否则会影响测量准确度，更换辐射源时，一般请仪表制造厂家或专业单位进行，有条件的单位也可自行更换。

8）废旧辐射源的处置，应与当地卫生防护部门联系，交由专门的放射性废物处理单位处理，用户不得将其作为一般废旧物资处理，更不能随意乱丢。

▶ 小制作

电磁辐射检测器

随着多种电器进入家庭，人们不免担心受到电磁辐射的伤害，本栏目介绍一种电磁辐射检测器。采用极简单的电路设计和最常见的廉价元器件，就可以用来检测电磁辐射。

1. 制作原理　如图 3-58 所示，检测器所用的敏感元件是一个与场效应晶体管 VF 连接的电感线圈 L_1。VF 是通过串接的固定电阻 R_1 和可变电阻 RP_1 在其导电区始端被极化的。VF 的漏极上将呈现出 L_1 中产生的经过放大的电动势。呈现在电阻 R_2 端脚上的被放大的信号经由电容 C_1 送到设置在围绕 NPN 型晶体管 VT_1 建立的公共发射极上的第二放大级。VT_1 的集电极上呈现的信号的幅度当然取决于周围的辐射强度，如果用示波器进行测试，可在 VT_1 的集电极上看到 $100mV$ 以上的电压波形。电容 C_2 是耦合电容，它将 VT_1 放大后的信号送到 VT_2，同时又起到隔直流的作用。

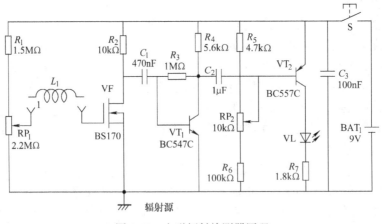

图 3-58　电磁辐射检测器原理

2. 元器件选择

1) VF：BS170；VT$_1$：BC547C；VT$_2$：BC557C。

2) $R_1 \sim R_7$ 均用 RTX – 1/8W 型碳膜电阻。

3) 电源选用 9V 直流电源。

4) VL 选用 BT 系列普通发光二极管。

3. 制作与调试

（1）制作 图 3-59 所示为电磁辐射检测器印制电路布线图。考虑到整个电路和电池要装在一个塑料盒里，印制电路的尺寸不能太大，元器件的引脚不能留得过长，以免装不进去或盖不上盖子。

（2）调试 安装完毕后，首先把检测器放置在远离照明线或电压较高的电线的位置上（例如房间中央）。当检查晶体管和发光二极管的安装方向正确之后，要顺时针方向旋转 RP$_1$，直至电压达到 9V，指示灯点亮为止。调节前，最好用电烙铁把按钮 S

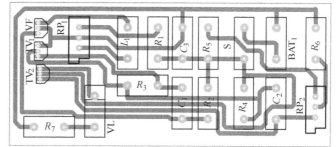

图 3-59 电磁辐射检测器印制电路布线图

临时焊下来。否则在调节过程中要一直按住该按钮。向正、反两个方向调节 RP$_2$，调节应起始于发光二极管点亮状态，终止于熄灭状态。一旦发光二极管熄灭，RP$_2$ 就已调节到位，不要再调。调节 RP$_1$ 时，检测器应靠近（距离几厘米）辐射源（如壁嵌式电源插座、电视机、HI – FI 设备等）。在递时针方向旋转 RP$_1$ 的情况下，当调到某一特定位置时，检测器越是接近辐射源，发光二极管就越是容易点亮。先把检测器逐步移近辐射源，一直移到 VL 开始发光的位置；再把检测器逐步移开，一直移到 VL 不再持续发光的位置。若场效应晶体管 VF 持续导通，则表明 RP$_1$ 还没有调节好。RP$_1$ 虽不容易一次调准，但只需反复进行几次就可调节到位。调准 RP$_1$ 之后就可以试用检测器了。

（3）使用 试用结果表明，只要离开视频设备或计算机屏幕 1m 以上、离开电子闹钟 40cm 以上、离开床头灯电源线 20cm 以上，就不会受电磁辐射伤害。此外，接地金属屏蔽罩具有令人称奇的防辐射效果，被屏蔽设备的对外辐射量接近于零。检测器还可测出从电源线上牵出的插座板或配线板上的开关是否已关断等。

本学习领域小结

依赖敏感元件物理特性的变化实现信息转换的传感器就叫物性型传感器。本学习领域介绍了压电式传感器、光电式传感器、磁电式传感器、超声波传感器和核辐射传感器的结构类型、工作原理及特性，介绍了它们的测量电路原理，并通过大量的实例，阐述了物性型传感器在工程中的典型应用。

思考题与习题

1. 什么叫压电效应？什么叫逆压电效应？

2. 一压电式传感器的灵敏度 $K_1 = 10pC/MPa$，连接灵敏度 $K_2 = 0.008V/pC$ 的电荷放大器，所用的笔式记录仪的灵敏度 $K_3 = 25mm/V$，当压力变化 $\Delta p = 8MPa$ 时，记录笔在记录纸上的偏移为多少？

3. 用石英晶体加速度计及电荷放大器测量加速度，加速度计灵敏度为5PC/g，电荷放大器灵敏度为50mV/PC，当机器加速度达到最大值时，相应输出电压幅值为2V，试求该机器的振动加速度。

4. 什么是光电效应？有哪几种？

5. 什么叫霍尔效应？可进行哪些参数的测量？

6. 简述光电传感器的主要形式及其应用。

7. 霍尔元件灵敏度 $K_H = 40V/A \cdot T$，控制电流 $I = 3.0mA$，将它置于 $1 \times 10^{-4} \sim 5 \times 10^{-4}T$ 线性变化的磁场中，它输出的霍尔电动势范围有多大？

8. 什么是磁电式传感器？磁电式传感器主要用来测量哪些参数？

9. 什么是超声波传感器？超声波流量计可以用来测量哪些流体？

10. 利用超声波测厚的基本方法是什么？已知超声波在工件中的声速为5640m/s，测得的时间间隔 t 为22μs，试求工件厚度。

11. 什么是核辐射传感器？

12. 核辐射传感器可以用来实现对哪些参数的测量？

13. 使用核辐射传感器时应该注意什么问题？

14. 某超声波液位计用于测量敞口容器液位（见图3-47），换能器安装在容器上方，距离容器底部3m，从发射到接收超声波需要3ms，超声波在空气中的传播速度是340m/s，求容器中的液位高度。

学习领域4

环境量检测传感器

能将各种环境量的物质特性（如温度、气体、湿度和离子等）的变化定性或定量地转换成电信号的装置，称为环境量检测传感器。

由于环境量的物质种类很多，因此环境量传感器的种类和数量也很多，各种器件的转换原理也各不相同，并且由于转换机理相对复杂等原因，这种传感器远不及物性型传感器那样成熟和普及。但随着科学技术的发展，人们对此类传感器的需求日益增多，其地位也日显重要，所以了解此类传感器是很有必要的。

本学习领域将主要介绍温度传感器、气敏传感器、湿敏传感器和离子敏传感器。温度传感器主要介绍热电偶和热电阻温度传感器。

单元 1　热电偶温度传感器

目前，在接触法测温中，热电偶温度计的应用最为广泛。它由热电偶、连接导线和显示仪表组成。热电偶温度计具有结构简单、制造方便、测量范围宽（$-271.15 \sim 2800℃$）、热惯性小、准确度高、适于远距离测量和便于自动控制等优点。此外，它不仅可用于各种流体温度的测量，还可以测量固体表面和内部某点的温度。

4.1.1　热电偶的测温原理

1. 热电偶的热电效应　把两种不同材料的金属导体（或半导体）A 和 B 连接成图 4-1 所示的闭合回路，若两个接点温度 t 与 t_0 不相等，则回路中就会产生热电动势，这一现象称为热电效应。由于这是塞贝克在 1821 年发现的，故又称为塞贝克效应。这两种不同材料的组合就是热电偶，单个导体叫作热电极，两个接点中承受被测温度的一端叫作测量端（热端或工作端），而另一端叫作参比端（冷端或自由端）。

热电偶的热电效应

在图 4-1 所示的热电偶回路中，所产生的热电动势是由温差电动势和接触电动势两部分组成的。

当两个热电极材料确定以后，热电偶的热电动势只与两端温度有关。若保持冷端温度 t_0 为定值，则热电偶的热电动势只是测量端温度 t 的单值函数，即

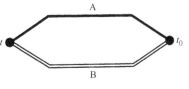

图 4-1　热电偶回路

93

$$E_{AB}(t,t_0) = f(t) - C = Q(t)$$

这就是实际应用中，为什么要设法保持冷端温度恒定的原因。通常热电偶及其配套仪表都是在热电偶冷端保持0℃时刻度的。

2. 热电偶回路特性　前面介绍了热电偶的测温原理，而在实际应用之前，还必须对热电偶回路的三个定律搞清楚，然后才能正确地掌握、应用它。

（1）中间导体定律　如图4-2所示，在热电偶回路中引入第三种导体，只要第三种导体两端的温度相同，则此第三种导体的引入不会影响热电偶回路的热电动势。

中间导体定律具有如下实用价值：

1）为在热电偶回路中连接各种仪表、连接导线等提供理论依据。即只要保证连接导线、仪表等接入时两端温度相同，则不影响热电动势。

2）可采用开路热电偶测量温度。应用这种方法时，热电偶的热电极A、B的端部可直接插入液态金属中或焊在金属表面上，而不必把热电偶事先焊好再去进行测量。这是把液态金属或固态金属看作接入热电偶回路的第三种导体，只要保证热电极A和B的插入位置的温度相等（或极为相近），那么热电偶所产生的热电动势将不受任何影响，如图4-3所示。

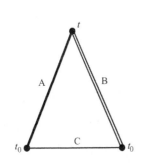

图4-2　引入第三导体的热电偶

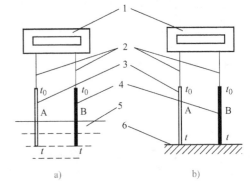

图4-3　开路热电偶的使用

a）测量液态金属温度　b）测量固态金属表面温度
1—显示仪表　2—连接导线　3—热电极A　4—热电极B　5—液态金属　6—固态金属

（2）中间温度定律　热电偶回路在两接点温度为t和t_0时所产生的热电动势$E_{AB}(t, t_0)$等于该热电偶在两接点温度为t和t_n时所产生的热电动势$E_{AB}(t, t_n)$与该热电偶在两接点温度为t_n和t_0时所产生的热电动势$E_{AB}(t_n, t_0)$的代数和，即

$$E_{AB}(t,t_0) = E_{AB}(t,t_n) + E_{AB}(t_n,t_0) \tag{4-1}$$

中间温度定律具有如下实用价值：

1）为在热电偶回路中应用补偿导线提供了理论依据。

2）为制定和使用热电偶分度表奠定了基础。各种热电偶的分度表都是在冷端温度为0℃时制成的。如果在实际应用中热电偶冷端不是0℃，而是某一中间温度t_0，这时仪表指示的热电动势值为$E_{AB}(t, t_0)$，根据中间温度定律

$$E_{AB}(t,0) = E_{AB}(t,t_0) + E_{AB}(t_0,0) \tag{4-2}$$

可以计算出$E_{AB}(t, 0)$，再用分度表查出温度t，即实际温度。热电偶分度表可查阅

GB/T 16839.1—2018 。

例 4-1　用镍铬-镍硅（K 型）热电偶测量炉温，热电偶的冷端温度为 40℃，测得的热电动势为 35.72mV，问被测炉温为多少？

解：查 K 型热电偶分度表知 $E(40, 0) = 1.612\text{mV}$，测得 $E(t, 40) = 35.72\text{mV}$

则 $E(t, 0) = E(t, 40) + E(40, 0) = (35.72 + 1.612)\text{mV} = 37.33\text{mV}$

据此再查上述分度表知，37.33mV 对应的温度为 $t = 900.1℃$，则被测炉温为 900.1℃。

（3）标准电极定律　在接点温度均为 t，t_0 时，用导体 A、B 组成的热电偶的热电动势，等于由导体 A、C 组成的热电偶和由导体 C、B 组成的热电偶的热电动势的代数和（导体 C 称为标准电极），即

$$E_{AB}(t,t_0) = E_{AC}(t,t_0) + E_{CB}(t,t_0) \tag{4-3}$$

标准电极定律的实用价值：只要知道某两种金属导体分别与标准电极相配的分度表，就可以根据式(4-3)计算出这两种导体组成的热电偶的分度表。在实际应用中，一般都选择易提纯、物理化学性质稳定、复制性好，熔点较高的铂作为标准电极。

4.1.2　热电偶的种类及结构

1. 热电偶的种类　理论上讲，任何两种不同材料的导体都可以组成热电偶，但为了准确可靠地测量温度，对组成热电偶的材料必须经过严格的选择，工程上用于热电偶的材料应满足以下条件：热电动势率尽量大，热电动势与温度关系尽量接近线性关系，物理、化学性能稳定，易加工，复现性好，便于成批生产，有良好的互换性。

实际并非所有材料都能满足上述要求，目前在国际上被公认比较好的热电偶的材料只有几种。所谓标准化热电偶，是指工艺较成熟、能成批生产、性能优良、应用广泛并已列入工业标准文件中的热电偶。同一型号的标准化热电偶可以互换，并具有统一的分度表，使用很方便，且有与其配套的显示仪表可供使用。目前常用的 8 种标准化热电偶主要性能和特点见表 4-1。

表 4-1　标准化热电偶的主要性能和特点

热电偶名称	分度号	允许偏差[①]			特点
		等级	适用温度/℃	允差值（±）	
铜-铜镍	T	I	-40~350	0.5℃或0.004t	测温准确度高、稳定性好、低温时灵敏度高、价格低廉，适用于在 -200~400℃ 范围内测温
		II		1℃或0.0075t	
镍铬-铜镍	E	I	-40~800	1.5℃或0.004t	适用于氧化及弱还原性气氛中测温，按其偶丝直径不同，测温范围为 -200~900℃。稳定性好、灵敏度高、价格低廉
		II	-40~900	2.5℃或0.0075t	
铁-铜镍	J	I	-40~750	1.5℃或0.004t	适用于氧化、还原气氛中测温，亦可在真空和中性气氛中测温，稳定性好、灵敏度高、价格低廉
		II		2.5℃或0.0075t	
镍铬-镍硅	K	I	-40~1000	1.5℃或0.004t	适用于氧化和中性气氛中测温，按其偶丝直径不同，测温范围为 -200~1300℃。若外加密封保护管，还可在还原气氛中短期使用
		II	-40~1200	2.5℃或0.0075t	

（续）

热电偶名称	分度号	允许偏差[1]			特　点
		等级	适用温度/℃	允差值（±）	
铂铑$_{10}$-铂	S	I	0 ~ 1100	1℃	适用于氧化气氛中测温，其长期最高使用温度为1300℃，短期最高使用温度为1600℃。使用温度高、性能稳定、准确度高，但价格贵
		II	600 ~ 1600	0.0025t	
铂铑$_{30}$-铂铑$_6$	B	I	600 ~ 1700	1.5℃或0.005t	适用于氧化性气氛中测温，其长期最高使用温度为1600℃，短期最高使用温度为1800℃。稳定性好，测量温度高。参比端温度在0 ~ 40℃范围内可以不补偿
		II	800 ~ 1700	0.005t	
铂铑$_{13}$-铂	R	I	0 ~ 1100	1℃	R型与S型热电偶相比热电动势稍大（约大于15%），但灵敏度仍不高，其他特点相同
			1100 ~ 1600	$[1 + 0.003(t - 1100)]$℃	
		II	0 ~ 600	1.5℃	
			600 ~ 1600	0.0025t	
镍铬硅-镍硅	N	I	−40 ~ 1100	1.5℃或0.004t	在工业中广泛使用的廉价金属热电偶，长期使用测温上限可达1000℃，短期测量可达1300℃，适合于氧化性和惰性气氛中使用。优点是灵敏度高（每变化1℃热电动势变化0.04mV），热电动势是S型的4 ~ 5倍，热电特性接近线性，复现性好，抗氧化性强，受辐射影响较小。缺点是准确度低，不适用于还原气氛
		II	−40 ~ 1300	2.5℃或0.0075t	
		III	−200 ~ 40	2.5℃或0.015t	

[1]　此栏中 t 为被测温度（℃），在同一栏给出的两种允差值中，取绝对值较大者。

表中所列的每一种热电偶中前者为热电偶的正极，后者为负极。目前，工业上常用的有3种标准化热电偶，即铂铑$_{10}$-铂，镍铬-镍硅和镍铬硅-镍硅热电偶，部分分度表见附录A。

另外，还有一些特殊用途的热电偶，以满足特殊测温的需要。如用于测量3800℃超高温的钨镍系列热电偶，用于测量 −271 ~ 0℃的超低温的镍铬-金铁热电偶等。

从热电动势与温度的关系（分度表）可见，热电偶的热电动势与温度之间存在非线性，使用时应进行修正。

2. 热电偶的结构形式　为了适应不同生产对象的测温要求和条件，热电偶的结构形式可分为普通型（也称装配型）、铠装型、薄膜型和快速微型等。

（1）普通型热电偶　普通型热电偶在工业上使用最多，它一般由热电极、绝缘套管、保护管和接线盒组成，其结构如图4-4所示。普通型热电偶按其安装时的连接形式可分为固定螺纹连接、固定法兰连接、活动法兰连接和无固定装置等多种形式。

（2）铠装型热电偶　铠装型热电偶又称套管热电偶。它是由热电偶丝、绝缘材料和金属套管三者经拉延加工而成的坚实组合体，如图4-5所示。它可以做得很细很长，使用中可以任意弯曲。铠装型热电偶的主要优点是测温端热容量小、动态响应快、机械强度高、挠性好，可安装在结构复杂的装置上，因此被广泛用于许多工业领域。

（3）薄膜型热电偶　薄膜型热电偶是用真空蒸镀的方法将两种金属热电极材料蒸镀到绝缘基板上而形成的一种特殊结构的热电偶，如图4-6所示。为了保护和绝缘，常在热电偶

薄膜上镀上一层 SiO_2 薄膜。测温范围为 $-200 \sim 300℃$。由于薄膜热电偶的热接点是很薄的薄膜（可达 $0.01 \sim 0.1mm$），尺寸也很小，因此它的热惯性小，响应时间可达几毫秒，可用来测量瞬变的表面温度和微小面积上的温度。

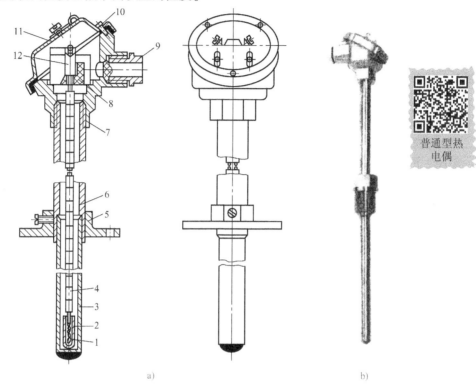

a) b)

图 4-4 普通型热电偶

a) 法兰安装式 b) 螺纹安装式

1—热电偶自由端 2—绝缘套 3—下保护套管 4—绝缘珠管 5—固定法兰 6—上保护套管

7—接线盒底座 8—接线绝缘座 9—引出线套管 10—固定螺钉 11—接线盒外罩 12—接线柱

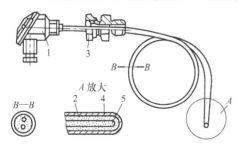

图 4-5 铠装型热电偶

1—引出线 2—金属套管 3—固定法兰
4—绝缘材料 5—热电极

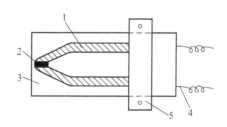

图 4-6 薄膜型热电偶

1—热电极 2—热接点 3—绝缘基板
4—引出线 5—引线接头部分

（4）快速微型热电偶 这是一种用来测量钢液温度的热电偶，其结构如图4-7所示。快速微型热电偶的工作原理与一般热电偶相同，其结构上的特点主要是感温元件很小，而且每次测量后需更换。热电极通常采用直径为 $0.1mm$ 的铂铑$_{10}$-铂和铂铑$_{30}$-铂铑$_6$ 等材料。热电极和 U 形石英保护管尺寸要小，以减小热容量，加速动态响应。为了保证测温过程中热电偶的冷端与补偿导线的连接处温度不超过100℃，一般用绝缘性能好的纸管保护。支撑石英管和保护帽的高温水泥也要有良好的绝缘性能。

当热电偶插入钢液中以后，保护帽迅速熔化，这时U形石英保护管和被保护的热电偶即暴露在钢液中。由于石英管和热电偶的热容量都很小，因此能很快地反映出钢液的温度，反应时间一般为4~6s。在测出温度后，热电偶的许多部件都被烧坏，因此又称为消耗式热电偶。虽然是消耗式，但由于热电偶偶丝又细又短，用量不多，其他材料大部分是纸和水泥，因此成本并不高。这种热电偶测量结果可靠、互换性好、准确度高，误差为±(5~7)℃。

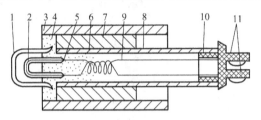

图4-7 快速微型热电偶

1—钢帽 2—石英管 3—纸环 4—绝热水泥
5—热电偶冷端 6—棉花 7—绝热纸管 8—纸管
9—补偿导线 10—塑料插座 11—簧片

除上所述，还有用于测量气流温度的屏罩式热电偶、抽气式热电偶，用于测量高浓度氢气、甲烷等介质的吹气式热电偶等。

4.1.3 热电偶的冷端温度补偿

由热电偶的工作原理可知，对于一定材料的热电偶来说，其热电动势的大小除与测量端温度有关外，还与冷端温度 t_0 有关。因此，只有在冷端温度 t_0 固定时，热电动势才与测量端温度 t 成单值函数关系，并且，我们平时使用的热电偶的分度表都是在 t_0 为0℃的情况下给出的，但实际应用中，其冷端温度一般都高于0℃且不稳定，如果不加以适当的处理，就会造成测量误差。消除这种误差的方法称为冷端温度补偿，下面就介绍几种常用的冷端温度补偿方法。

1. 补偿导线法 在实际应用中，热电偶一般较短，冷端温度受热源影响，难以保持恒定，通常热电偶的输出信号要传至远离数十米的控制室里，且中间不能用一般的铜导线连接。最简单的方法是直接把热电偶电极延长，但实际上有的热电偶是贵金属，价格昂贵，不能拉线过长，而即使是非贵金属热电偶，有的比较粗，也不适宜拉线过长。特别是在工业装置上使用的热电偶一般都有固定结构，所以也不能随意延长热电极。常用的方法是采用"补偿导线"。

（1）原理 在100℃以下的温度范围内，热电特性与所配热电偶相同且价格便宜的导线称为补偿导线。如图4-8所示，其中 A′、B′为补偿导线，实际上是两种不同的廉金属导体组成的热电偶，在一定温度范围内，它的热电特性与所配热电偶 A、B 的热电性质基本相同，即

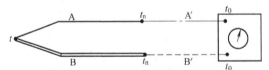

图4-8 带补偿导线的热电偶测温原理图

A、B—热电偶电极 A′、B′—补偿导线
t_n—热电偶原冷端温度 t_0—热电偶新冷端温度

$$E_{A'B'}(t_n, t_0) = E_{AB}(t_n, t_0) \tag{4-4}$$

所以，有补偿导线的热电偶回路的总电动势（即仪表测得值）为

$$E = E_{AB}(t, t_n) + E_{A'B'}(t_n, t_0) = E_{AB}(t, t_0) \tag{4-5}$$

可见，补偿导线的作用就是延长热电极，即将热电偶的冷端延伸到温度相对稳定区。

例4-2 用镍铬-镍硅热电偶测量实际温度为1000℃的某一对象的温度。所配用仪表

在温度为20℃的控制室里，设热电偶冷端温度为50℃。若热电偶与仪表的连接用补偿导线或普通铜导线，问两者所测温度各为多少？又与实际温度相差多少？

解：查镍铬-镍硅热电偶（分度号为K）的分度表，得$E(1000, 0) = 41.276mV$，$E(50, 0) = 2.023mV$，$E(20, 0) = 0.798mV$。

若用补偿导线，则新的冷端温度为20℃，仪表测得热电动势值为

$E(1000, 20) = E(1000, 0) - E(20, 0) = (41.276 - 0.798)mV = 40.478mV$，查分度表得对应的温度为979.6℃。

若用铜导线，则冷端温度为50℃，仪表测得热电动势值为

$E(1000, 50) = E(1000, 0) - E(50, 0) = (41.276 - 2.023)mV = 39.253mV$，查分度表得对应的温度为948.4℃。

两种方法测得的温度相差31.2℃，测量误差分别为-20.4℃和-51.6℃。

（2）型号和结构　补偿导线也是由两种不同的金属材料组成的。根据其材料性能，补偿导线可分为两种：一种是其材料与热电偶相同的，称为延伸型补偿导线，一般用于廉金属热电偶；另一种是其材料不同于热电偶的热电极材料的，称为补偿型补偿导线，通常适用于贵金属热电偶和某些非标准热电偶。常用的补偿导线的材料及绝缘层着色见表4-2。各种补偿导线的正极绝缘层均为红色，可以根据负极绝缘层的颜色初步判别补偿导线的类型。

表4-2　补偿导线的材料及绝缘层着色

补偿导线型号	配用热电偶	补偿导线合金丝		绝缘层着色	
		正极	负极	正极	负极
SC	铂铑$_{10}$-铂	SPC（铜）	SNC（铜镍①）	红	绿
KC	镍铬-镍硅	KPC（铜）	KNC（康铜）	红	蓝
KX	镍铬-镍硅	KPX（镍铬）	KNX（镍硅）	红	黑
EX	镍铬-康铜	EPX（镍铬）	ENX（康铜）	红	棕
NC	钨铼$_5$-钨铼$_{26}$	NPC（铜）	NNC（铜镍②）	红	橙

① 表示99.4%铜，0.6%镍。

② 表示98.2%~98.3%铜，1.7%~1.8%镍。

补偿导线型号的第一个字母与配用热电偶的分度号相对应；第二个字母为"X"表示延伸型，字母为"C"表示补偿型。

补偿导线分普通型和带屏蔽层型两种。普通型由线芯1、绝缘层2及保护套3组成。普通型外边再加一层金属编织的屏蔽层4就是带屏蔽层的补偿导线，如图4-9所示。

（3）补偿导线使用注意事项　补偿导线只能与相应型号的热电偶配套使用；补偿导线与热电偶连接处的两个接点温度应相同；补偿导线只能在规定的温度范围内（一般为0~100℃）与热电偶的热电动势相等或相近，其间的微小差值在精密测量中不可忽视。

2. 冷端恒温法　这种方法就是将热电偶的冷端放置于恒温环境中，常用的有冰浴法、恒温箱法和恒温室法三种。

（1）冰浴法　这是一种在精密测量中或在计量部门、实验室中常用的方法。如图4-10所示，将一热电偶两个热电极的冷端分别插入冰点器中的两个试管底部，并与底部的少量水银相接触。为防止水银蒸气逸出影响人体健康，在水银的上面应存放少量的变压器油或蒸馏水。有时试管中也可只装变压器油而不放水银。为保证冷端温度为0℃，冰点器中的冰应尽可能碎并与清洁的水相混合，而且要使试管有足够的插入深度。

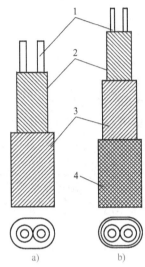

图4-9　补偿导线的结构

a) 普通型　b) 带屏蔽层型

1—线芯　2—绝缘层　3—保护套　4—屏蔽层

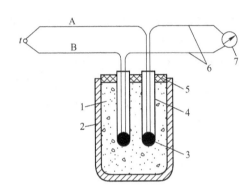

图4-10　热电偶冷端冰点器

1—冰水混合物　2—冰点器　3—水银　4—试管
5—盖　6—铜导线　7—显示仪表

（2）恒温箱法　把热电偶的冷端引至电加热的恒温箱内，维持冷端为某一恒定的温度。通常一个恒温器可供许多支热电偶同时使用，此法适合于工业应用。

（3）恒温室法　将热电偶的冷端置于恒温空调房中，使冷端温度恒定。

应该指出的是，除了冰浴法是使冷端温度保持0℃外，后两种方法只是使冷端温度保持在某一恒定（或变化较小）的温度上，因此后两种方法必须采用下述几种方法再予以修正。

3. 计算校正法　计算校正法包括准确计算校正法和近似计算校正法两种。

（1）准确计算校正法　如果测温热电偶的冷端温度不是0℃，而是某一稳定的温度 t_0，这时就不能用测得的热电动势 $E(t, t_0)$ 去查分度表直接求得测量端温度 t，而应根据中间温度定律，按式(4-2)对测得的热电动势进行校正。

例4-3　用分度号为S的铂铑₁₀-铂热电偶测炉温，其冷端温度为30℃，而直流电位差计测得的热电动势为9.481mV，试求被测温度。

解：查铂铑₁₀-铂热电偶分度表，得 $E(30, 0) = 0.173$mV，由式(4-5) 得

$$E(t,0) = E(t,30) + E(30,0) = (9.481 + 0.173)\text{mV} = 9.654\text{mV}$$

再查该分度表得被测温度 $t = 1005.8$℃。若不进行校正，则所测9.481mV对应的温度为990.8℃，误差为 -15℃。

这种校正方法适用于实验室中用直流电位差计来测温的情况，校正的准确度主要取决于

能否准确地测得冷端温度 t_n。

（2）近似计算校正法　这是一种近似但使用方便的校正方法，它不需将冷端温度 t 换算成热电动势，而直接采用公式

$$t = t' + Kt_n \qquad (4-6)$$

进行冷端温度校正。

式中　t'——仪表的指示温度值；

　　　K——与热电偶材料和测量端温度有关的校正系数，对于镍铬-镍硅热电偶，在 0 ~ 1000℃ 范围内，K 值可近似取 1；对于铂铑$_{10}$-铂热电偶，在 800 ~ 1300℃ 范围内，K 值可近似取 0.5 ~ 0.6。

例 4-4　用 S 型热电偶测炉温，其冷端温度为 30℃，显示仪表的指示值为 991℃，试求炉温。

解：在 1000℃ 左右，铂铑$_{10}$-铂热电偶的校正系数可近似取 0.55，因此按式(4-6) 可得炉温 t 为

$$t = t' + Kt_n = (991 + 0.55 \times 30)\text{℃} = 1007.5\text{℃}$$

与例 4-3 相比可以看出，近似计算校正法仅比准确计算校正法相差 1℃。这说明此种方法在一些准确度要求不高的现场是可以使用的。

4. 仪表机械零点调整法　一般显示仪表在未工作时指针指在零位上。用热电偶测温时，若 $t_0 = t_n \neq 0$℃，要使指示值不偏低，可先将显示仪表指针调整到相当于热电偶冷端温度 t_n 的位置上，这相当于在输入热电偶热电动势之前就给仪表输入了一个电动势值 $E(t_n, 0)$，使得接入热电偶后，输入到仪表中的热电动势为 $E(t, t_n) + E(t_n, 0) = E(t, 0)$。根据中间温度定律，指示值能正确地反映出测量端温度 t。此方法虽然准确度不高，但很方便，因此在一些准确度要求不高、冷端温度不经常变化的情况下被采用。

5. 补偿电桥法　补偿电桥法是利用不平衡电桥产生的电动势来补偿热电偶冷端温度变化而引起的热电动势变化。补偿电桥法有铜电阻补偿法、二极管补偿法和铂电阻补偿法等，其原理大致相同，下面仅以铜电阻补偿法为例加以说明。

如图 4-11 所示，不平衡电桥由 r_1、r_2、r_3、r_{Cu} 四个桥臂和稳压电源（直流 4V）组成，串联在热电偶回路中。其中，$r_1 = r_2 = r_3 = 1\Omega$，由锰铜丝绕制，其阻值不随温度变化而变化。$r_{Cu}$ 用铜丝绕制，其阻值随温度变化而变化。热电偶冷端与电阻 r_{Cu} 要感受相同的温度。R_S 供配用不同热电偶时调整供电电压之用。电桥通常选在 20℃ 时平衡，即此时的 $r_1 = r_2 = r_3 = r_{Cu}$，桥路输出 $U_{ab} = 0$。当热电偶冷端温度升高时，电桥由于 r_{Cu} 值的增加而出现不平衡，桥路就有一个不平

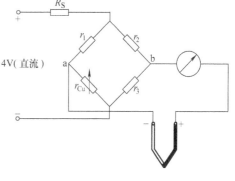

图 4-11　补偿电桥

衡电动势 U_{ab} 输出，同时热电偶因冷端温度升高而使输出电动势减小。若适当选择电阻 R_S 的数值，就可以使不平衡电桥输出 U_{ab} 正好补偿热电偶减小的那部分热电动势，显示仪表即可以指示出实际温度。

由于电桥在 20℃ 时平衡，因此在采用这种补偿电桥时须将仪表的机械零点预先调到

20℃的位置上。

4.1.4 热电偶的测温电路

1. 工业用热电偶测温的基本电路 热电偶测温电路由热电偶、中间连接部分（补偿导线、恒温器或补偿电桥、铜导线等）和显示仪表（或计算机）组成，如图4-12所示。连接时应注意：热电偶冷端和补偿导线接点的两个端子必须保持在同一温度上，否则将引起误差。

2. 热电偶的串联 包括正向串联和反向串联两种形式。

（1）热电偶的正向串联 图4-13是两同型号热电偶的正向串联电路，此时输入仪表的电动势信号为各支热电偶热电动势的总和。若将多支热电偶的测量端置于同一测量点上构成热电堆（如辐射温度计），测量微小温度变化或辐

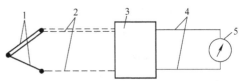

图 4-12 单点测温基本电路

1—热电偶 2—补偿导线 3—恒温器或补偿电桥
4—铜导线 5—显示仪表

射能，可大大提高灵敏度。在使用这种电路时，如果某支热电偶被烧断，热电动势随即消失，因而可以及时发现故障现象。

（2）热电偶的反向串联 将两支同型号的热电偶反向串联起来，可以测量两点间的温差，如图4-14所示。应特别注意的是，用这种差动电路测量温差时，两支热电偶的热电特性必须相同且成线性，否则会引起测量误差。

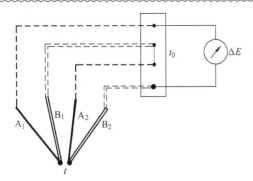

图 4-13 热电偶的正向串联电路

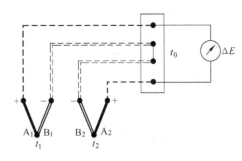

图 4-14 热电偶的反向串联电路

3. 热电偶的并联 图4-15所示为三支同型号的热电偶的并联电路，此时输入到显示仪表的电动势值为三支热电偶输出热电动势的平均值，即 $E = (E_1 + E_2 + E_3)/3$。如果三支热电偶均工作在特性曲线的线性部分，则 E 值就代表了各点温度的算术平均值。当各点温度不同时，由于热电极电阻的差别，热电偶回路内的电流会受影响。为消除这种影响，每支热电偶要串联一个大电阻（对

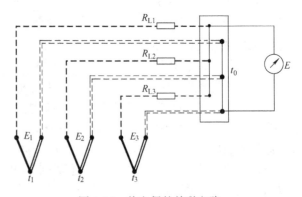

图 4-15 热电偶的并联电路

热电偶本身内阻而言）。这种电路的缺点是：当其中一支热电偶被烧坏时，不能立即察觉出来。

4.1.5　热电偶温度传感器的应用

1. 固体表面温度的测量

（1）热电偶与被测表面的接触形式　热电偶与被测表面的接触形式基本上有四种：点接触、片接触、等温线接触和分立接触，如图 4-16 所示。

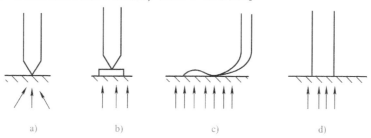

图 4-16　热电偶与被测表面的接触形式
a）点接触　b）片接触　c）等温线接触　d）分立接触

1）点接触。热电偶的测量端直接与被测表面相接触，如图 4-16a 所示。

2）片接触。先将热电偶测量端与导热性能良好的金属片（如铜片）焊在一起，然后再与被测表面接触，如图 4-16b 所示。

3）等温线接触。热电偶的测量端与被测表面接触后，热电极从测量端引出，再沿表面等温线敷设一段距离（约 50 倍热电极直径）后引出。热电极与被测表面要用绝缘材料隔开（表面为非导体的除外），如图 4-16c 所示。

4）分立接触。热电偶的两个热电极分别与表面接触，通过被测表面（仅对导体而言）构成回路，如图 4-16d 所示。

对于上述四种接触形式，被测表面与两热电极间热传导的方式是不一样的。点接触是通过一"点"导热，测量端的温度梯度最大；分立接触是通过"两点"导热，测量端的温度梯度较大；片接触是通过金属片所接触的那块表面导热，测量端的温度梯度较小。因此，在相同的外界条件下，点接触的导热误差最大，分立接触次之，片接触较小。对于等温线接触形式来说，因热电极与被测表面等温敷设了一段距离后才引出，导热量主要由等温敷设段供给，相应测量端的温度梯度比热电极直接引出的情况要小得多。因此在这四种接触形式中，等温线接触的测量端导热误差最小，测量的准确度也就最高。

用热电偶测量固体表面温度，其导热误差还与热电极的直径、被测表面附近气流的速度等有关。热电极的直径越粗、被测表面附近气流的速度越大，则散失的热量越多，测量误差越大。

（2）热电偶的固定方法　热电偶与被测固体表面相接触时，固定的方法可分为永久性敷设和非永久性敷设两种。永久性敷设是指用焊接、粘接的方法使热电偶固定于被测表面；非永久性敷设是指用机械的方法使测量端与被测表面接触，其测量端多制成探头型。

2. 管道中流体温度的测量　管道中流体温度的测量在工业测量中是经常遇到的问题，如蒸汽或水的温度测量等。在测量当中，影响其测量准确度的主要原因是由于管道内外有温差存在，这样就会有热量沿感温元件向外导出（即引热损失），使得感温元件感受到的温度比流体真实温度要低，即产生了导热误差。

为减小导热误差，保证测量的准确性，在进行管道中流体温度的测量时，感温元件应遵循如下安装原则：

接触式测温元件的安装

1）因为管道内外的温度差越大，沿感温元件向外传导的热量就越多，造成的测量误差就越大，因此应该把感温元件的外露部分用保温材料包起来以提高其温度，减小导热误差。

2）感温元件应逆着介质流动方向倾斜安装，至少应正交，切不可顺流安装。感温元件在管道上的安装如图4-17所示。

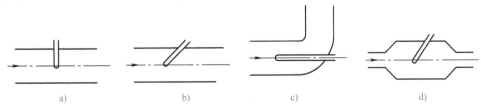

图4-17 感温元件在管道上的安装

a）垂直安装 b）倾斜安装 c）弯头处安装 d）扩大管安装

3）感温元件应有足够的插入深度。实践证明，随着感温元件插入深度的增加，由于导热而造成的误差将减小。对于直径太小的管道，应考虑加装扩大管，如图4-17d所示。

4）感温元件应与被测介质充分接触，以增大放热系数，减小误差。为此，感温元件的感温点应处于管道流速最大的地方（一般在管道中心）。

5）为减小向外的热损失，应使测温管或保护管的壁厚和外径尽量小一些。同时要求测温管或保护管材料的导热系数要小一些（但这会增加热阻，使动态测量误差增大）。

另外，在感温元件安装于负压管道（如烟道）中时，应注意密封，以免外界冷空气袭入而降低测量指示值。

单元 2　热电阻温度传感器

按照性质不同，热电阻可分为金属热电阻和半导体热电阻两大类。前者简称为热电阻，而后者的灵敏度比前者高十倍以上，所以又称为热敏电阻。

4.2.1　热电阻

热电阻主要是利用电阻随温度升高而增大这一特性来测量温度的，在工程上常用来测量 $-200 \sim 850℃$ 之间的温度。热电阻温度计的优点是：测量准确度高，测量范围广，稳定性好；灵敏度高，其输出信号比热电偶要大得多；与热电偶相比，它无须进行冷端温度补偿；信号便于远传和多点切换测量等。因此，热电阻温度计在温度测量中（特别是在低温区）占有重要地位。它的缺点是：感温元件体积大，热惯性大，只能测量某一区域的平均温度；在使用时，需要外加电源供电；连接导线电阻易受环境温度的影响而产生测量误差。

1. 热电阻的测温原理　当温度发生改变时，热电阻的阻值随之变化。通过变化的电阻值可间接测得温度的变化量，这就是热电阻的测温原理。这种电阻随温度变化的特性可用三种方法表示，即列表法、作图法和数学表示法。

2. 热电阻的结构　普通工业用铂电阻和铜电阻基型产品的结构如图4-18所示，由电阻体、引出线、绝缘管、保护管和接线盒等组成。除此之外，也有根据不同用途制造的特殊结构的热电阻。普通工业用热电阻与热电偶的外形很相似，根据用途不同也有与热电偶相应的类型。

（1）电阻体　电阻体是热电阻的敏感元件，它一般是采用无感双绕法将电阻丝绕在骨架上而成的，常用骨架材料有云母、石英玻璃、陶瓷和有机塑料（只适用于铜电阻）等。

（2）引出线　引出线是热电阻出厂时自身具备的引线，位于保护管内，其功能是使感温元件能与外部测量电路相连接。要求材料的电阻温度系数要小，直径往往比电阻丝的直径大得多。

热电阻的引出线对测量结果有较大的影响，目前常用的引线方式有两线制、三线制和四线制。

1）两线制。在热电阻感温元件的两端各连一根导线，如图4-19所示。这种引线方式简单、费用低，但是引线电阻以及引线电阻的变化会带来附加误差。因此两线制适用于引线不长、测温准确度要求较低的场合。

2）三线制。在热电阻感温元件的一端连接两根引线，另一端连接一根引线，如图4-20所示。这种引线形式使两条引出线和两条导线的电阻分别加到电桥相邻的两臂中，可以较好地消除引线电阻的影响，测量准确度高于两线制，所以应用较广。

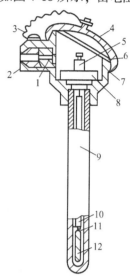

图4-18　工业用热电阻结构
1—出线口密封圈　2—出线口螺母
3—链条　4—盖　5—接线柱
6—盖的密封圈　7—接线盒
8—接线座　9—保护管
10—绝缘管　11—引出线
12—电阻体

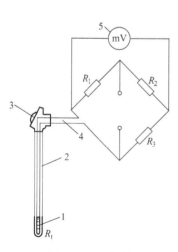

图4-19　两线制
1—热电阻　2—引出线　3—接线盒
4—连接线　5—显示仪表

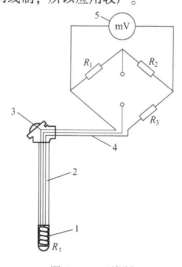

图4-20　三线制
1—热电阻　2—引出线　3—接线盒
4—连接线　5—显示仪表

热电阻的引出线

热电阻的结构原理

3）四线制。在热电阻感温元件的两端各连两根引线，如图4-21所示。其中两根引线和恒流源连接，另外两根引线和电位差计相连。测量时，恒流源电流流过热电阻产生压降，再用电位差计测出。尽管热电阻的连接导线存在电阻，但电流回路中连接导线上的压降并不在测量范围内。在测量回路中虽然有导线电阻但并无电流，因为电位差计在测量时不取电流。因此，四线制能消除连接导线电阻的影响，主要用于高准确度温度检测。

值得注意的是，无论是三线制还是四线制，引线都必须从热电阻感温元件的根部引出，不能从热电阻的接线端子上分出。

（3）热电阻的保护管和绝缘管 热电阻的引出线要通过瓷管进行绝缘，以免发生短路。为了使电阻体免受机械损伤和腐蚀性介质的污染，延长其使用寿命，一般电阻体外面均套有保护管。但在特殊情况下也可裸露使用。

3. 标准化热电阻 金属热电阻主要有铂电阻、铜电阻、镍电阻、铁电阻和铑铁合金等，其中铂电阻和铜电阻最为常用，有统一的制作要求、分度表和计算公式，铂电阻测温准确度最高。主要金属热电阻的代号、分度号和基本参数（测量范围、0℃时电阻值 R_0 及其允许偏差、电阻比 R_{100}/R_0 即 W_{100} 及其允许偏差）见表4-3。

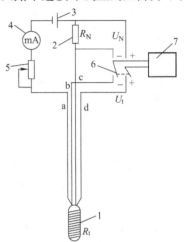

图 4-21 四线制
1—热电阻 2—标准电阻 3—电池 4—电流计 5—滑线电阻 6—转换开关 7—电位差计

表 4-3 金属热电阻的代号、分度号和基本参数

热电阻名称	代号	分度号	0℃时电阻值 R_0/Ω 及其允许偏差		温度测量范围 /℃	W_{100} 及其允许偏差	
			R_0 名义值	允许偏差		W_{100} 名义值	允许偏差
铂电阻	IEC（WZP）	Pt10	10	A 级 ±0.006	0~850	1.3850	±0.001
				B 级 ±0.012			
		Pt100	100	A 级 ±0.06	-200~850		
				B 级 ±0.12			
铜电阻	WZC	Cu50	50	±0.05	-50~150	1.428	±0.002
		Cu100	100	±0.10			

注：热电阻感温元件实际的使用温度同它的骨架材料有关，其实际使用温度范围在产品说明书或合格证书中注明，请注意查阅。

（1）铂电阻 铂是一种贵金属，具有准确度高、稳定性好、性能可靠以及抗氧化性很强的优点。缺点是：铂电阻的电阻值与温度为非线性关系，电阻温度系数比较小，在还原性介质中工作时易被玷污变脆，并改变它的电阻与温度间的关系。

工业用铂电阻的使用范围是 -200~850℃，在如此宽的温度范围内，很难用一个数学公式准确表示，为此需要分成两个温度范围分别表示。

对于 -200~0℃ 的温度范围有

$$R_t = R_0[1 + At + Bt^2 + C(t-100)t^3] \tag{4-7}$$

对于 0~850℃ 的温度范围有

$$R_t = R_0 \left[1 + At + Bt^2 \right] \tag{4-8}$$

式中　R_t、R_0——温度分别为 t 和 0℃时铂电阻的电阻值;

　　　A、B 和 C——常数, 在 GB/T 30121—2013 中规定 $A = 3.9083 \times 10^{-13}℃^{-1}$, $B = -5.775 \times 10^{-7}℃^{-2}$, 和 $C = -4.183 \times 10^{-12}℃^{-4}$。

铂电阻的温度特性还可以用分度表来表示, 见附录 B-1。

(2) 铜电阻　工业上除铂电阻应用很广以外, 铜电阻的使用也很普遍。一般用来测量 $-50 \sim 150℃$ 范围内的温度。金属铜的优点是: 价格低廉, 具有较大的电阻温度系数, 材料容易提纯, 具有较好的复制性, 容易加工成绝缘的铜丝, 铜的电阻值与温度的关系在测量范围内几乎是线性的。铜的缺点是易氧化, 氧化后即失去其线性关系。因此只能在较低温度和没有腐蚀性的介质中使用。另外, 铜的电阻率较铂要小, 因此, 做成一定阻值的热电阻则体积较大。

铜电阻的电阻值和温度可近似有如下线性关系:

$$R_t = R_0 (1 + \alpha t) \tag{4-9}$$

式中　α——铜电阻的温度系数, $\alpha = (4.25 \sim 4.28) \times 10^{-3}℃^{-1}$, 一般取 $\alpha = 4.28 \times 10^{-3}℃^{-1}$, 比铂电阻的温度系数要高 (铂电阻的温度系数在 $0 \sim 100℃$ 间的平均值为 $3.9 \times 10^{-3}℃^{-1}$)。

4.2.2　半导体热敏电阻

半导体热敏电阻是一种电阻值随温度呈指数规律变化的热电阻, 其测温范围为 $-40 \sim 350℃$, 优点是电阻温度系数比金属大, 一般为金属电阻的十几倍, 灵敏度很高; 电阻率很大, 可做成体积很小而电阻值很大的电阻体, 在使用时引线电阻所引起的误差可以忽略。缺点是互换性差, 部分产品稳定性不好。但由于它结构简单, 热响应快, 灵敏度高且价格便宜, 因此在汽车、家电、温度检测和控制等领域得到了大量应用。

1. 热敏电阻的特性及分类　热敏电阻按其温度特性分为三种类型: 负温度系数热敏电阻 (NTC)、正温度系数热敏电阻 (PTC) 和临界温度系数热敏电阻 (CTR)。典型的热敏电阻的温度特性曲线如图 4-22 所示。通常我们所说的热敏电阻是指 NTC。

2. 热敏电阻的结构　热敏电阻按结构形式可分为体型、薄膜型和厚膜型三种; 按工作方式可分为直热式、旁热式和延迟式三种; 按工作温区可分为常温区 ($-60 \sim 200℃$)、高温区 ($>200℃$) 和低温区热敏电阻三种。热敏电阻可根据使用要求的封装加工成各种形状的探头, 如圆片形、柱形、珠形、杆形等, 如图 4-23 所示。

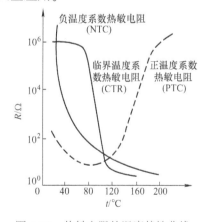

图 4-22　热敏电阻的温度特性曲线

3. 热敏电阻的接线方法　作为温度测量的热敏电阻一般结构较简单, 价格较低廉。没有外面保护层的热敏电阻只能应用在干燥的地方。密封的热敏电阻不怕湿气的侵蚀, 可以在较恶劣的环境下使用。由于热敏电阻的阻值较大, 故可忽略其连接导线电阻和接触电阻, 使用时采用二线制即可。

4.2.3 热电阻温度传感器的应用

1. 铂热电阻在真空度测量中的应用 把铂电阻丝装入与介质相通的玻璃管内，并通以较大的恒定电流加热。当被测介质的真空度升高时，气体分子间碰撞进行热传递的能力降低，即导热系数减小，铂丝的电阻值随即增大。为了避免环境温度变化对测量结果的影响，通常设有恒温或温度补偿装置，一般可测到 10^{-3} Pa。

图 4-24 所示为铂电阻 Pt100 作为温度传感器的电桥和放大电路。当温度变化时，电桥处于不平衡状态，在 a、b 两端产生与温度相对应的电位差。该电桥为直流电桥，其输出电压 U_{ab} 为 0.73mV/℃。U_{ab} 经比例放大器放大后，其增益为 A - D 转换器所需要的 0 ~

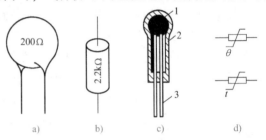

图 4-23 热敏电阻的结构与符号

a）圆片形 b）柱形 c）珠形 d）热敏电阻符号
1—热敏电阻 2—玻璃外壳 3—引出线

5V 直流电压。图中 VD$_3$ 和 VD$_4$ 是放大器的输入保护二极管，R_{12} 用于调整放大倍数。放大后的信号经 A - D 转换器转换成相应的数字信号，以便与微机接口相连。热电阻在使用中，要注意流过的电流不宜过大，一般不超过 6mA，以免热电阻发热，产生自热误差，影响测量准确度。

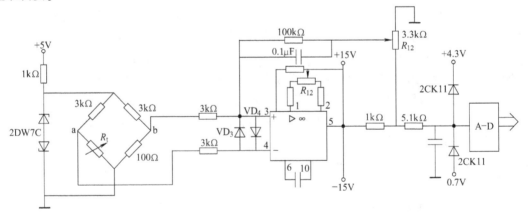

图 4-24 铂电阻测温电路

2. 热敏电阻在继电保护中的应用 将突变型热敏电阻埋设在被测物中，并与继电器串联，给电路加上恒定电压。当周围介质的温度升到某一设定数值时，电路中的电流可以由十分之几毫安突变为几十毫安，继电器动作，从而实现温度控制或过热保护。用热敏电阻作为电动机过热保护的热继电器原理如图 4-25 所示。把三只特性相同的热敏电阻 R_{t1}、R_{t2} 和 R_{t3} 放在电动机绕组中，紧靠绕组处每相各放一只，滴上万能胶固定。经测试，在 20℃ 时其阻值为 10kΩ，100℃ 时为 1kΩ，110℃ 时为 0.6kΩ。电动机正常运行时温度较低，晶体管 VT 截止，继电器 K 不动作。当电动机过载、断相或一

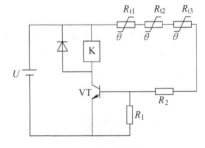

图 4-25 热继电器原理

相接地时，电动机温度急剧升高，使热敏电阻阻值急剧减小到一定值后，晶体管 VT 导通，继电器 K 吸合，使电动机工作回路断开，实现保护作用。根据电动机各种绝缘等级的允许升温值来调节偏流电阻 R_2 值便可确定晶体管 VT 的动作点。

3. 热敏电阻在温度上下限报警中的应用　温度上下限报警电路如图 4-26 所示。此电路中采用运算放大器构成迟滞电压比较器，晶体管 VT_1 和 VT_2 根据运算放大器输入状态导通或截止。R_t、R_1、R_2、R_3 构成一个输入电桥，则

$$U_{ab} = U\left(\frac{R_1}{R_1 + R_t} - \frac{R_3}{R_3 + R_2}\right)$$

式中　　U_{ab}——电桥输出电压；

　　　　U——加在电桥上的电源电压；

R_1、R_2、R_3——固定桥臂电阻；

　　　　R_t——热敏电阻。

当温度 t 升高时，R_t 减小，此时 $U_{ab} > 0$，即 $U_a > U_b$，VT_1 导通，VL_1 发光报警；当温度 t 下降时，R_t 增大，此时 $U_{ab} < 0$，即 $U_a < U_b$ 时，VT_2 导通，VL_2 发光报警。当温度 t 等于设定值时，$U_{ab} = 0$，即 $U_a = U_b$，VT_1 和 VT_2 都截止，VL_1 和 VL_2 都不发光。

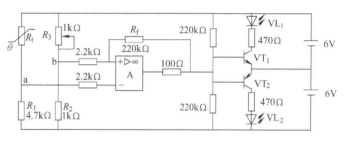

图 4-26　温度上下限报警电路

单元 3　集成温度传感器

集成温度传感器是将温度敏感元件与放大、运算和补偿等电路采用微电子技术和集成工艺集成在一块芯片上，从而构成集测量、放大和供电回路于一体的高性能的测温传感器。它与传统的热电阻、热电偶相比，具有线性好、灵敏度高、体积小、稳定性好、输出信号大、互换性好、无需冷端温度补偿和不需要进行非线性校准等优点，是其他温度传感器所无法比拟的，是温度传感器的发展方向。

集成温度传感器的测温范围一般为 –50 ~ 150℃，适合于远距离测温和控制，目前在计算机和家用电器中有广泛应用，并逐渐在工业各领域得到应用。本节将简要介绍它们的工作原理、典型产品（如 AD590、LM35、LM74、MAX6675 等）及应用。

4.3.1　集成温度传感器的测温原理

1. PN 结的温度特性　集成温度传感器的测温基础是 PN 结的温度特性。硅二极管或晶体管的 PN 结在结电流 I_D 一定时，正向电压降 U_D 以 –2mV/℃ 变化。通常在 20℃ 时，其 U_D 约为 600mV。当环境温度变化 100℃ 时，例如从 10℃ 增加到 110℃ 时，其正向电压降 U_D 约降低了 200mV，如图 4-27 所示。电路的测温范围取决于二极管许可的工作温度范围。大多数二极管可以工作在 –50 ~ 150℃。由图 4-27 的恒电流负载线（图中的 0.5mA 水平线）与

不同温度下的正向电压曲线交点的间隔可以看出，半导体硅材料的 PN 结正向导通电压与温度变化为线性关系，所以可将感受到的温度变化转换成电压的变化量。

2. 集成温度传感器的测温简化电路分析　集成温度传感器内部多将一个晶体管的集电极与基极短路，构成温度特性更好的 PN 结，如图 4-28 中的 VT_1 所示。集成温度传感器内部除了 PN 结之外，还有恒流源（见图 4-28 中的 VT_3、VT_4）、放大器、输出级等电路。

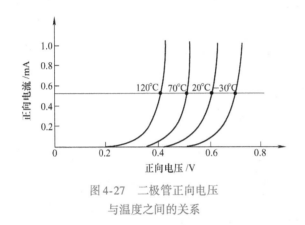

图 4-27　二极管正向电压
与温度之间的关系

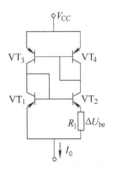

图 4-28　集成温度传感器
的测温简化电路

在集成温度传感器内部，两只测温晶体管（VT_1、VT_2）的发射（b-e）结压降的不饱和值 U_{be} 之差 ΔU_{be}（R_1 上的压降）与热力学温度 T 成正比。后续放大电路将 R_1 上的压降放大、处理，就可以得到与温度成正比的电压或电流输出，有时还可以输出数字脉冲信号。

4.3.2　集成温度传感器类型

1. AD590 电流输出型集成温度传感器　电流输出型温度传感器能产生与绝对温度成正比的电流作为输出，AD590 电流输出型温度传感器的典型产品。

（1）AD590 的特性　AD590 是二端电流源器件，它的输出电流与器件所处的热力学温度（K）成正比，其温度系数为 $1\mu A/K$，0℃时该器件的输出电流为 $273\mu A$，AD590 的工作温度为 $-55 \sim +150$℃，外接电源电压在 $4 \sim 30V$ 内任意选定。当所加电压变化时，其输出电流基本不受影响。AD590 是一个比较理想的温控恒流源，其输出阻抗为 $100M\Omega$，输出特性曲线如图 4-29 所示。由曲线可见电源电压低于 4V 时，输出电流随电源电压改变，但高于 4V 后却只随温度而改变，因此电源电压通常选在 5V 以上。

（2）AD590 的基本转换电路　AD590 出厂时已经过校正，但实际上仍有一定的分散性，如图 4-30 所示，在 25℃（$T=298K$）时，理想输出电流应为 $298\mu A$，但由于器件的调准电阻阻值不准，实际的比例关系曲线上移。为了修正这一恒定系统误差，采用图 4-31b 所示测温电路，将 AD590 串联一个接近 $1k\Omega$ 的可调电阻，在已知温度下调整电阻值，使电阻两端电压满足 $1mV/K$ 的关系。由于输出为电流信号，即使传输线长达 200m，也不会影响测量准确度。AD590 在进行远距离测量时，要采用屏蔽线，以消除电磁干扰。

（3）摄氏温度测量电路　若要得到与摄氏温度成正比的电压输出，可以用运算放大器的反向加法电路来实现电流/电压转换，如图 4-31c 所示。摄氏温度测量电路的功能是：在 0℃时，电路输出为零，输出电压 U_o 随摄氏温度的变化率为 $0.1V/℃$。

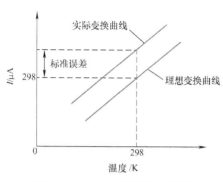

图 4-29　AD590 外部输出曲线

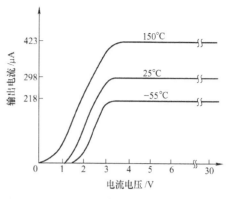

图 4-30　器件的分散件

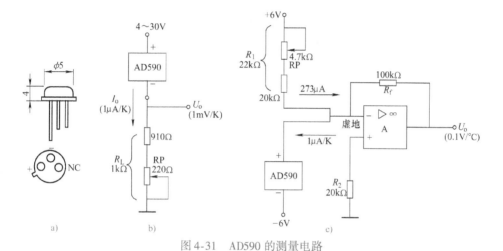

图 4-31　AD590 的测量电路

a）AD590 封装　b）电流/电压转换电路　c）摄氏温度转换电路

测量电路的实施方案：电位器 RP 用于调整零点，R_f 用于调整运算放大器的增益。调整方法如下：在 0℃ 时调整 RP，使输出 $U_o = 0$，然后在 100℃ 时调整 R_f，使 U_o 等于设计值（例如 10V），最后在室温下进行校验，例如，用 40℃ 的热水来校验其输出电压是否达到预定值。这个例子中，电路的灵敏度为 0.1V/℃，40℃ 时，输出 U_o 应为 4V。

2. LM35/45 电压输出型集成温度传感器　LM35/45 是电压型集成温度传感器，其输出电压 U_{out} 与摄氏温度成正比，无需外部校正，测温范围为 $-55 \sim 155℃$，准确度可达 0.5℃。LM35 有金属封装和塑料封装两种，LM45 是贴片式封装，特性也略有不同。

图 4-32 所示为 LM35 的塑料封装外形及电路符号，图 4-33 所示为 LM45 的贴片封装外形及内部电路框图，图 4-34 所示为 LM35/45 构成的摄氏温度计电路。

在图 4-34 中，V_{CC} 为电源，对于 LM35 型，V_{CC} 取 4 ~ 20V；对于 LM45 型，V_{CC} 取 4 ~ 10V。输出电压 U_{out}（mV）与温度 t 的关系为

$$U_{out} = 10t \qquad (4-10)$$

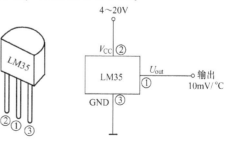

图 4-32　LM35 的塑料封装外形及电路符号

111

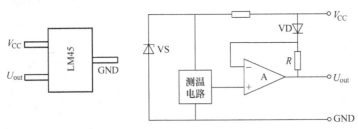

图 4-33 LM45 的贴片封装外形及内部电路框图

例如，当 $t = 40℃$ 时，$U_{out} = 400mV$；当 $t = 120℃$ 时，$U_{out} = 1200mV$。但是当 t 接近 0℃ 时，它们的输出只能达到 25mV，无法再降低了。若需测量 0℃ 以下的温度，则需在 U_{out} 端将一个下拉电阻接到 $-V_{ss}$（例如 $-5V$）上，如图 4-34b 中所示的 R_1。这时若 $t = 0℃$，U_{out} 可以达到 0mV。

3. 数字化测温芯片 近年来，由于数字化测温芯片的发展，在一定的测温范围（一般为 $-55 \sim 125℃$）内，由数字化测温芯片所构成的多路测温系统具有微型化、低功耗、高性能、抗干扰性强、易配处理器等优点，特别适合构成多路温度巡回检测系统，可取代传统的多路测温系统。

目前，国内应用较多的是美国 DALLAS 公司推出的 DS1620、DS1820、DS18B20 和 DS18S20 等，下面以 DS18S20 为例进行介绍。每片 DS18S20 都含有唯一的产品号，可把温度信号直接转换成串行数字信号供微机处理，所以从理论上讲，在一条总线上可以挂接任意多个 DS18S20 芯片，无须添加任何外围硬件即可构成多点测温系统。

DS18S20 与 89C51 单片机构成的温度巡回检测系统如图 4-35 所示。其中，MAX813L 及其外围电路构成了系统的看门狗电路，并具有电源监控和复位功能。**值得注意的是**：在进行多点温度巡回检测时，在系统安装及工作之前，应将主机逐个与 DS18S20 挂接，读出其序列号。

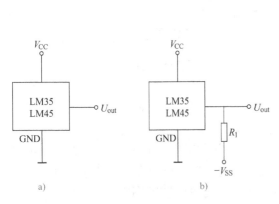

图 4-34 LM35/45 构成的摄氏温度计电路
a) 测量 0.5℃ 以上温度的电路
b) 测量 $-55 \sim +155℃$ 温度的电路

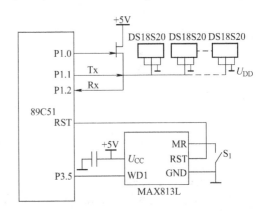

图 4-35 温度巡回检测系统

DS18S20 虽然具有测温系统简单、测温准确度高、占用口线少等优点，但传输距离较短。在实际使用中还应注意：由于 DS18S20 与微处理器间采用串行数据传送，因此，在对 DS18S20 进行读写编程时，必须严格保证读写时序。当总线上所挂的 DS18S20 超过 8 个时，要注意总线驱动能力。

单元 4　气敏传感器

气敏传感器是用来测量气体的类别、浓度和成分的传感器。由于气体种类繁多，性质各不相同，不可能用一种传感器检测所有类别的气体，因此，气敏传感器种类很多。

4.4.1　气敏传感器的结构与分类

气敏传感器按照材料不同，可分为半导体和非半导体两大类；按照半导体与气体的相互作用是在其表面还是在内部，可分为表面电阻控制型和体控制型两类；按照半导体变化的物理性质，又可分为电阻型和非电阻型两种。半导体气敏元件的详细分类见表4-4。电阻型半导体气敏元件利用半导体材料接触气体时其阻值的改变来检测气体的成分或浓度；非电阻型半导体气敏元件根据其对气体的吸附和反应，使其某些有关特性变化而对气体进行直接或间接检测。

1. 电阻型气敏传感器　电阻型气敏传感器通常由气敏元件、加热器和封装体等三部分组成。加热器的作用是将附着在敏感元件表面上的尘埃和油雾等烧掉，加速气体的吸附，提高敏感元件的灵敏度和响应速度。加热器的温度一般控制在200～400℃。

表 4-4　半导体气敏元件分类

类型	主要物理特性	类型	气敏元件	检测气体
电阻型	电阻	表面控制型	SnO_2、ZnO 等的烧结体、薄膜、厚膜	可燃性气体
		体控制型	$La_{1-x}SrCoO_3$	酒精
			$T-Fe_2O_3$，氧化钛（烧结体）	可燃性气体
			氧化镁，SnO_2	氧气
非电阻型	二极管整流特性	表面控制型	铂-硫化镉、铂-氧化钛（金属-半导体结型二极管）	氢气、一氧化碳、酒精
	晶体管特性		铂栅、钯栅 MOS 场效应晶体管	氢气、硫化氢

气敏元件的加热方式一般有直热式和旁热式两种。

（1）直热式气敏元件　将加热丝直接埋入 SnO_2 和 ZnO 粉末中烧结而成，其结构如图 4-36a、b 所示。

直热式结构的气敏传感器的优点是制造工艺简单、成本低、功耗小，可以在高电压回路中使用；缺点是热容量小，易受环境气流的影响，测量回路和加热回路间没有隔离而相互影响，国产 QN 型和日本费加罗 TGS109 型气敏传感器均属此类结构。

（2）旁热式气敏元件　将加热丝和敏感元件同置于一个陶瓷管内，管外涂梳状金电极作测量极，在金电极外再涂上 SnO_2 等材料，其结构如图 4-36c、d 所示。

旁热式结构的气敏传感器克服了直热式结构的缺点，使测量极和加热极分离，而且加热丝不与气敏材料接触，避免了测量回路和加热回路的相互影响；器件热容量大，降低了环境温度对传感器加热温度的影响，所以旁热式气敏传感器的稳定性、可靠性比直热式的好。国产 QM-N5 型和日本费加罗 TGS812 和 TGS813 等型号的气敏传感器都采用这种结构。

2. 非电阻型气敏传感器　非电阻型气敏传感器利用 MOS 二极管的电容-电压特性的变

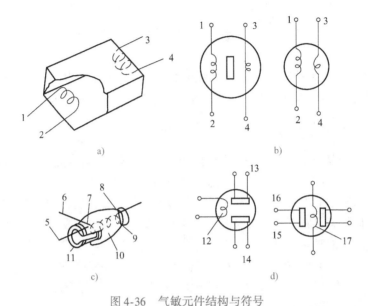

图 4-36 气敏元件结构与符号

a) 直热式结构 b) 直热式符号 c) 旁热式结构 d) 旁热式符号

1~4、7、9、13~16—电极 5、12、17—加热丝 6、8—引线 10—SnO₂ 烧结体 11—绝缘瓷管

化以及 MOS 场效应晶体管（MOSFET）的阈值电压的变化等物理特性制成。由于这类传感器的制造工艺成熟，便于器件集成化，因而其性能稳定、价格便宜。利用特定材料还可以使传感器对某些气体物质特别敏感。

（1）MOS 二极管气敏元件 MOS 二极管气敏元件是在 P 型半导体硅片上，利用热氧化工艺生成一层厚度为 50 ~ 100nm 的二氧化硅（SiO_2）层，然后在其上面蒸发一层钯（Pd）的金属薄膜，作为栅电极，如图 4-37a 所示。由于 SiO_2 层电容 C_a 固定不变，而 Si 和 SiO_2 界面电容 C_s 是外加电压的函数，其等效电路如图 4-37b 所示。由等效电路可知，总电容 C 也是栅偏压的函数，其函数关系称为该类 MOS 二极管的 C-V 特性。

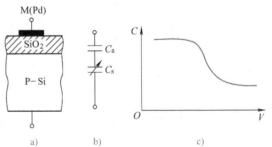

图 4-37 MOS 二极管结构和等效电路

a) 结构 b) 等效电路 c) C-V 特性曲线

由于钯对氢气（H_2）特别敏感，当钯吸附了 H_2 以后，会使钯的功函数降低，导致 MOS 管的 C-V 特性向负偏压方向平移，如图 4-37c 所示，根据这一特性就可测定 H_2 的浓度。

（2）钯-MOS 场效应晶体管气敏元件 钯-MOS 场效应晶体管（Pd-MOSFET）与普通 MOSFET 结构如图 4-38 所示。从图可知，它们的主要区别在于栅极 G。Pd-MOSFET 的栅电极材料是钯（Pd），而普通 MOSFET 为铝（Al）。Pd 对 H_2 有很强的吸附性，当 H_2 吸附在 Pd 栅极上时，会引起 Pd 的功函数降低。根据 MOSFET 工作原理可知，当栅极（G）和源极（S）之间加正向偏压 V_{GS}，且 $V_{GS} > V_T$（阈值电压）时，则栅极氧化层下面的硅从 P 型变为 N 型。这个 N 型区就将源极和漏极连接起来，形成导电通道，即为 N 型沟道。此时，MOS-FET 进入工作状态。若此时在源极（S）和漏极（D）之间加电压 V_{DS}，则源极和漏极之间有电流（I_{DS}）流通。I_{DS} 随 V_{DS} 和 V_{GS} 的大小而变化，其变化规律即为 MOSFET 的 V-A 特性。当 $V_{GS} < V_T$ 时，MOSFET 的沟道未形成，故无漏源电流。V_T 的大小除了与衬底材料有关外，还与金属和半导体之间的功函数有关。Pd-MOSFET 气敏器件就是利用 H_2 在钯栅极上吸附后引起阈值电压 V_T 下降这一特性来检测 H_2 浓度的。

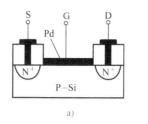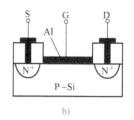

图 4-38 Pd-MOSFET 与普通 MOSFET 结构
a）Pd-MOSFET b）普通 MOSFET
S—源极 G—栅极 D—漏极

由于这类器件的特性尚不够稳定，用 Pd-MOSFET 和 Pd-MOS 二极管定量检测 H_2 浓度还不成熟，因此只能做 H_2 的泄漏检测。

4.4.2 气敏元件的基本特性

气敏元件的阻值 R_C 与空气中被测气体的浓度 C 成对数关系，即

$$\lg R_C = m\lg C + n$$

式中 n——与气体检测灵敏度有关，除了随材料和气体种类不同而变化外，还会由于测量温度和添加剂的不同而发生大幅度变化；

m——气体的分离度，随气体浓度变化而变化，对于可燃性气体，$1/3 \le m \le 1/2$。

1. SnO_2 系气敏元件的基本特性 在气敏材料 SnO_2 中添加铂（Pt）或钯（Pd）等作为催化剂，可以提高其灵敏度和对气体的选择性。添加剂的成分和含量、元件的烧结温度和工作温度都将影响元件的选择性。例如，在同一工作温度下，添加剂 Pd 的质量分数为 1.5% 时，元件对一氧化碳（CO）最灵敏；而 Pd 的质量分数为 0.2% 时，元件却对甲烷（CH_4）最灵敏；又如，同一含量 Pt 的气敏元件，在 200℃ 以下时检测 CO 效果最好，而在 300℃ 时则检测丙烷（C_3H_8）效果最佳，在 400℃ 以上时检测 CH_4 最佳。实验证明，在 SnO_2 中添加氧化钍（ThO_2）的气敏元件，不仅对 CO 的灵敏程度远高于其他气体，而且其灵敏度随时间而产生周期性的振荡现象，如图 4-39 所示。同时，该气敏元件在不同体积分数的 CO 气体中幅频特性也不一样，如图 4-40 所示。虽然目前尚不明确其机理，但可利用这一现象对 CO 浓度做精确的定量检测。

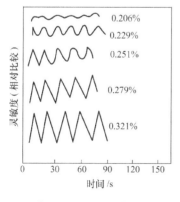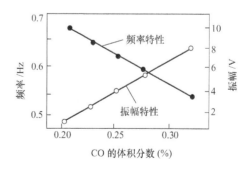

图 4-39 添加 ThO_2 的 SnO_2 气敏元件在不同体积分数 CO 气体中的灵敏度及振荡特性

图 4-40 添加 ThO_2 的 SnO_2 气敏元件在不同体积分数 CO 气体中的幅频特性
注：工作温度为 200℃，添加 1%（质量分数）的 ThO_2

SnO₂ 气敏元件易受环境温度和湿度的影响，图 4-41 给出了 SnO₂ 气敏元件受环境温度、湿度影响的综合特性曲线，图中 RH 为相对湿度。由于环境温度、湿度对其特性有影响，所以使用时通常需要加温度补偿。

2. ZnO 系气敏元件的基本特性　氧化锌（ZnO）系气敏元件对还原性气体有较高的灵敏度。它的工作温度比 SnO₂ 系气敏元件约高 100℃左右，因此不及 SnO₂ 系元件应用普通。

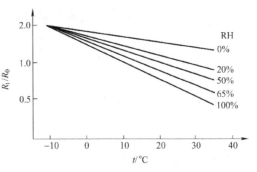

图 4-41　SnO₂ 气敏电阻的温湿度特性

同样，要提高 ZnO 系元件对气体的选择性，也需要添加铂（Pt）和钯（Pd）等添加剂。例如，在 ZnO 中添加 Pd，则对 H₂ 和 CO 呈现出高的灵敏度，而对丁烷（C₄H₁₀）、丙烷（C₃H₈）、乙烷（C₂H₆）等烷烃类气体，则灵敏度很低，如图 4-42a 所示。如果在 ZnO 中添加 Pt，则对烷烃类气体有很高的灵敏度，而且含碳量越多，灵敏度越高，而对 H₂、CO 等气体则灵敏度很低，如图 4-42b 所示。

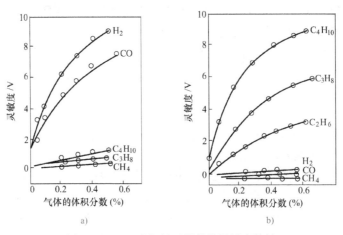

a)　　　　　　　　　　　b)

图 4-42　ZnO 系气敏元器件的灵敏度特性

a）添加 Pd 的 ZnO 系气敏元件的灵敏度特性　b）添加 Pt 的 ZnO 系气敏元件的灵敏度特性

4.4.3　气敏传感器的应用

半导体气敏传感器由于具有灵敏度高、响应时间和恢复时间快、使用寿命长以及成本低等优点而得到了广泛应用，如用于气体泄露报警、自动控制和自动测试等场合。表 4-5 给出了半导体气敏传感器的常见应用。

表 4-5　半导体气敏传感器的常见应用

分类	检测对象气体	应用场所
爆炸性气体	液化石油气、城市用煤气	家庭
	甲烷	煤矿
	可燃性煤气	办事处

（续）

分类	检测对象气体	应用场所
有毒气体	一氧化碳（不完全燃烧的煤气）	煤气灶
	硫化氢、含硫的有机化合物	特殊场所
	卤素、卤化物、氨气等	特殊场所
环境气体	氧气（防止缺氧）	家庭、办公室
	二氧化碳（防止缺氧）	家庭、办公室
	水蒸气（调节温度、防止结露）	电子设备、汽车
	大气污染（SO_X，NO_X 等）	温室
工业气体	氧气（控制燃烧、调节空气燃料比）	发电机、锅炉
	一氧化碳（防止不完全燃烧）	发电机、锅炉
	水蒸气（食品加工）	电炊灶
其他	呼出气体中的酒精、烟等	—

气敏传感器主要用于报警器及控制器。作为报警器，当被测气体浓度超过设定浓度时，发出声、光报警；作为控制器，当被测气体浓度超过设定浓度时，输出控制信号，由驱动电路带动继电器或其他元器件完成控制动作。

1. 简易酒精测试器 简易酒精测试器电路如图 4-43 所示，该电路采用 TGS812 型酒精传感器，对酒精有较高的灵敏度（对一氧化碳也敏感），其加热及工作电压都是 5V，加热电流约 125mA。传感器的负载电阻为 R_1 及 R_2，其输出直接接 LED 显示驱动器 LM3914。当无酒精蒸气时，TGS812 型酒精传感器的输出电压很低，随着酒精蒸气的浓度增加，输出电压也上升，则 LM3914 的 LED（共 10 个）亮的数目也增加。

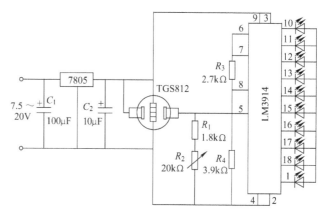

图 4-43 简易酒精测试器电路

此测试器工作时，人只要向传感器呼一口气，根据 LED 亮的数目可知被测人是否喝酒，并可大致了解饮酒多少。调试方法是让在 24h 内不饮酒的人呼气，调节电位器 R_2，使 LED 中仅 1 个发光，然后将电位器 R_2 稍微调小一点即可。更换其他型号传感器时，参数要改变。

2. 有害气体鉴别器 有害气体鉴别器电路如图 4-44 所示，图中 MQS2B 是烟雾和有害气体传

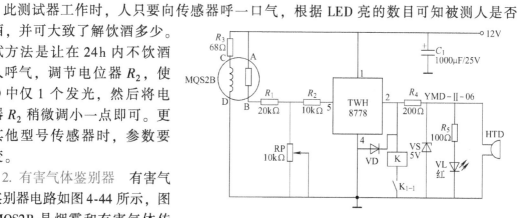

图 4-44 有害气体鉴别器电路

感器，平时阻值较高（约10kΩ）。当有烟雾或有害气体进入时，传感器 MQS2B 的阻值急剧下降。MQS2B 的 A、B 两端电压下降时，12V 电压经 MQS2B 的压降减小，使得 B 端的电压升高，经电阻 R_1 和 RP 分压、R_2 限流加到开关集成电路 TWH8778 的 5 端。当 TWH8778 的 5 端电压达到预定值时，其 1、2 两端导通。调节电位器 RP 可改变 TWH8778 的 5 端的电压预定值，从而调节其灵敏度，使 1、2 两端导通。12V 电压加至继电器 K，使继电器得电，触点 K_{1-1} 吸合，从而控制排风扇电源的开关，使排风扇自动排风。同时 TWH8778 的 2 端输出的 12V 电压经 R_4 限流和稳压二极管 VS（5V）稳压后提供微音器 HTD 电源电压，此微音器是有源的（自带音源），此时便会发出嘀嘀声，同时，发光二极管发出红光，提示有害气体超标，实现声光报警。

小制作

气敏传感器自动排气装置的制作

1. 工作原理　该装置的电路工作原理如图 4-45 所示。当室内为洁净空气时，气敏半导体管的电导率很低，RP 上的压降很小，其电压值不能导致 VS_2 击穿，故负载传感器 LSE 的 1、2 脚间呈断开状态，此时 LSE 的 4 脚输出低电平，继电器 K 处于释放状态，排气扇不工作。一旦室内出现有害气体，其浓度逐渐升高，导致气敏管 HQ－Ⅱ电导率升高，于是在 RP 上产生的电压降升高，升高至一定的数值时，VS_2 击穿导通，晶体管 VT 也随之导通。VT 导通后，LSE 的 1、2 脚间的电阻变小（小于50kΩ），使得 LSE 的 4 脚变为高电平，于是继电器 K 励磁线圈吸合，接通了排气扇，将有害气体及时排出室外。

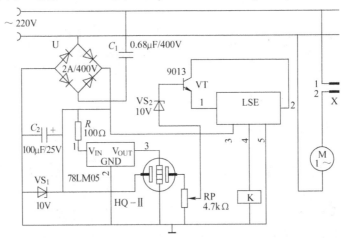

图 4-45　自动排气装置的工作原理

2. 元器件选择

1）气敏元件选用 HQ－Ⅱ。

2）U 选择 2A/400V 整流桥堆。

3）R 采用 RTX－1/8W 型碳膜电阻，电阻值为 100Ω。

4）C_1、C_2 用漏电很小的 CDⅡ－10V 型铝电解电容，各电容耐压值如图 4-45 所示。

5）晶体管 VT 选择 9013。

6）VS$_1$、VS$_2$ 选用 10V 的稳压二极管 1N4740。

7）电源采用 220V 交流电源供电，稳压电源选用 78LM05。

3. 制作与使用　图 4-46 所示为自动排气装置印制电路板焊接图，印制电路板实际尺寸约为 50mm × 30mm。焊接时注意：电烙铁外壳一定要良好接地，以免交流感应电压击穿 IC 内部 CMOS 集成电路。

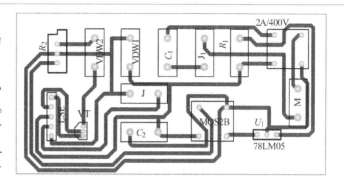

图 4-46　自动排气装置印制电路板焊接图

电路板制作好后，可将其装入一个体积合适的塑料硬壳体内，并将电源接口留好。

使用时，可将其安装在厨房、浴室等靠近燃气气具的墙上。然后可以打开煤气灶等烧水，来检验该电路工作性能。

单元 5　湿敏传感器

湿度是指大气中的水蒸气含量，通常采用绝对湿度和相对湿度两种表示方法。绝对湿度是指在一定温度和压力条件下，每单位体积的混合气体中所含水蒸气的质量，单位为 g/m^3，一般用符号 AH 表示。相对湿度是指气体的绝对湿度与同一温度下达到饱和状态时的绝对湿度之比，一般用符号%RH 表示。相对湿度给出大气的潮湿程度，它是一个无量纲的量，在实际使用中多使用相对湿度这一概念。

湿敏传感器是能够感受外界湿度变化，并通过器件材料的物理或化学性质变化，将湿度转化成有用信号的器件。湿度检测较之其他物理量的检测显得困难，这首先是因为空气中水蒸气含量要比空气少得多；另外，液态水会使一些高分子材料和电解质材料溶解，一部分水分子电离后与溶入水中的空气中的杂质结合成酸或碱，使湿敏材料不同程度地受到腐蚀和老化，从而丧失其原有的性质；再者，湿度的传递必须靠水对湿敏元件直接接触来完成，因此湿敏元件只能直接暴露于待测环境中，不能密封。通常，对湿敏元件有下列要求：在各种气体环境下稳定性好、响应时间短、寿命长、有互换性、耐污染和受温度影响小等。微型化、集成化及廉价是湿敏元件的发展方向。

湿度的检测已广泛应用于工业、农业、国防、科技和生活等各个领域，湿度不仅与工业产品质量有关，而且是环境条件的重要指标。

下面介绍一些现已发展比较成熟的湿敏传感器。

4.5.1　氯化锂湿敏电阻

氯化锂湿敏电阻是利用吸湿性盐类潮解，离子电导率发生变化而制成的测湿元件。它由引线、基片、感湿层与金电极组成，如图 4-47 所示。

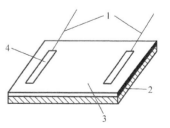

图 4-47　湿敏电阻结构示意图

1—引线　2—基片　3—感湿层

4—金电极

　　氯化锂通常与聚乙烯醇组成混合体，在氯化锂（LiCl）的溶液中，两元素分别以正负离子的形式存在，而 Li^+ 对水分子的吸引力强，离子水合程度高，其溶液中的离子导电能力与浓度成正比。当溶液置于一定湿度场中时，若环境相对湿度高，溶液将吸收水分，使浓度降低，因此，其溶液电阻率增高；反之，环境相对湿度变低时，则溶液浓度升高，其电阻率下降，从而实现对湿度的测量。氯化锂湿敏元件在15℃时的电阻-湿度特性曲线如图 4-48 所示。由图可知，在50% ~80% 的相对湿度范围内，电阻的对数与湿度的变化为线性关系。

　　为了扩大湿度测量的线性范围，可以将多个氯化锂（LiCl）含量不同的器件组合使用，如将测量范围分别为（10% ~20%）RH、（20% ~40%）RH、（40% ~70%）RH、（70% ~90%）RH 和（80% ~99%）RH 的五种器件配合使用，就可自动地转换完成整个湿度范围的湿度测量。

　　氯化锂湿敏元件的优点是滞后小，不受测试环境风速影响，检测准确度高达 ±5% ，但其耐热性差，不能用于露点以下测量，器件性能重复性不理想，使用寿命短。

4.5.2　半导体陶瓷湿敏电阻

　　通常，多孔陶瓷用两种以上的金属氧化物半导体材料混合烧结而成。这些材料有 ZnO-LiO_2-V_2O_5 系、Si-Na_2O-V_2O_5 系、TiO_2-MgO-Cr_2O_3 系和 Fe_3O_4 等，前三种材料的电阻率随湿度增加而减小，故称为负特性湿敏半导体陶瓷；最后一种材料的电阻率随湿度增加而增大，故称为正特性湿敏半导体陶瓷（以下简称半导瓷）。

　　1. 负特性湿敏半导瓷的导电原理　由于水分子中的氢原子具有很强的正电场，当水在半导瓷表面吸附时，就有可能从半导瓷表面俘获电子，使半导瓷表面带负电。若该半导瓷为 P 型半导体，则由于水分子吸附使表面电动势下降，将吸引更多的空穴到达其表面，于是，其表面层的电阻下降。若该半导瓷为 N 型半导体，则由于水分子的附着使表面电动势下降，如果表面电动势下降较多，不仅将使表面层的电子耗尽，同时吸引更多的空穴达到表面层，有可能使到达表面层的空穴浓度大于电子浓度，出现所谓表面反型层，这些空穴称为反型载流子。它们同样可以在表面迁移而表现出电导特性。因此，由于水分子的吸附，使 N 型半导瓷材料的表面电阻下降。由此可见，不论是 N 型还是 P 型半导瓷，其电阻率都随湿度的增加而下降。图 4-49 表示了几种负特性半导瓷阻值与湿度的关系。

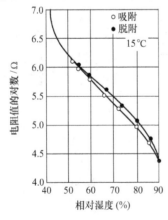

图 4-48　氯化锂湿敏元件电阻-湿度
特性曲线

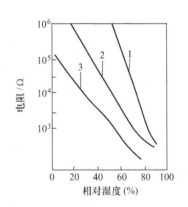

图 4-49　几种半导瓷湿敏负特性
1—ZnO-LiO_2-V_2O_5　2—Si-Na_2O-V_2O_5
3—TiO_2-MgO-Cr_2O_3

2. 正特性湿敏半导瓷的导电原理　正特性材料的结构、电子能量状态与负特性材料有所不同。当水分子附着半导瓷的表面使电动势变负时,导致其表面层电子浓度下降,但这还不足以使表面层的空穴浓度增加到出现反型的程度,此时仍以电子导电为主。于是,表面电阻将由于电子浓度下降而加大,这类半导瓷材料的表面电阻将随湿度的增加而加大。如果对某一种半导瓷,它的晶粒间的电阻并不比晶粒内电阻大很多,那么表面层电阻的加大对总电阻并不起多大作用。不过,通常湿敏半导瓷材料都是多孔的,表面电导占比例很大,故表面层电阻的升高必将引起总电阻值的明显升高。但是,由于晶体内部低阻支路仍然存在,正特性半导瓷的总电阻值的升高没有负特性材料的阻值下降得那么明显。图 4-50 给出了 Fe_3O_4 正特性半导瓷湿敏电阻阻值与湿度的关系曲线。从图 4-49 与图 4-50 可以看出,当相对湿度从 0% RH 变化到 100% RH 时,负特性材料的阻值均下降三个数量级,而正特性材料的阻值只增大了约一倍。

3. 典型半导瓷湿敏元件

(1) $MgCr_2O_4$-TiO_2 湿敏元件　氧化镁复合氧化物二氧化钛湿敏材料通常制成多孔陶瓷型"湿-电"转换器件,它是负特性半导瓷,$MgCr_2O_4$ 为 P 型半导体,它的电阻率低,电阻-湿度特性好,其结构如图 4-51 所示,在 $MgCr_2O_4$-TiO_2 陶瓷片的两面涂覆有多孔金电极。金电极与引出线烧结在一起。为了减少测量误差,在陶瓷片外设置由镍铬丝制成的加热线圈,以便对器件加热清洗,排除恶劣环境对器件的污染。整个器件安装在陶瓷基片上,电极引线一般采用铂-铱合金。

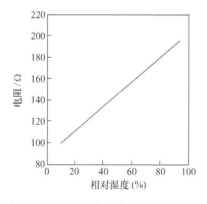

图 4-50　Fe_3O_4 半导瓷的正湿敏特性

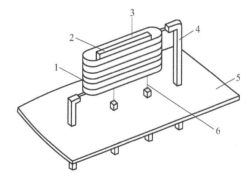

图 4-51　$MgCr_2O_4$-TiO_2 陶瓷湿度传感器的结构

1—加热线圈　2—湿敏陶瓷片　3—电极
4—引线圈电极　5—底板　6—引线

$MgCr_2O_4$-TiO_2 陶瓷湿度传感器的相对湿度与电阻值之间的关系如图 4-52 所示,传感器的电阻值既随所处环境的相对湿度的增加而减小,又随周围环境温度的变化而有所变化。

(2) ZnO-Cr_2O_3 陶瓷湿敏元件　ZnO-Cr_2O_3 湿敏元件的结构是将多孔材料的金电极烧结在多孔陶瓷圆片的两表面上,并焊上铂引线,然后将敏感元件装入有网眼过滤的方形塑料盒中,用树脂固定,其结构如图 4-53 所示。

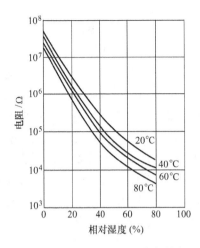

图 4-52　$MgCr_2O_4$-TiO_2 陶瓷湿度
传感器的相对湿度与电阻值的关系

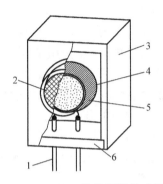

图 4-53　ZnO-Cr_2O_3 陶瓷湿敏传感器结构
1—引线　2—滤网　3—外壳　4—烧结
元件　5—电极　6—树脂固封

ZnO-Cr_2O_3 传感器能连续稳定地测量湿度，而无须加热除污装置，因此功耗低于 0.5W，体积小、成本低，是一种常用测湿传感器。

（3）Fe_3O_4 湿敏元件　Fe_3O_4 湿敏元件由基片、电极和感湿膜组成，其构造如图 4-54 所示。基片材料选用滑石板，表面粗糙度 Ra0.1 ~ 0.05μm，该材料的吸水率低、机械强度高、化学性能稳定。在基片上制作一对梭状金电极，最后将预先配制好的 Fe_3O_4 胶体液覆在梭状金电极的表面，进行热处理和老化。Fe_3O_4 胶体之间的接触呈凹状，粒子间的空隙使薄膜具有多孔性，当空气相对湿度增大时，Fe_3O_4 胶膜吸湿。由于水分子的附着强化颗粒之间的接触，降低了粒间的电阻，增加了更多的导流通路，所以元件阻值减小。当 Fe_3O_4 湿敏元件处于干燥环境中时，胶膜脱湿，粒间接触面减小，元件阻值增大。当环境温度不同时，涂覆膜上所吸附的水分也随之变化，使梭状金电极之间的电阻产生变化。图 4-55 和图 4-56 分别为国产 MCS 型 Fe_3O_4 湿敏元件的电阻-湿度特性和温度-湿度特性。

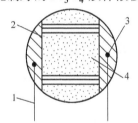

图 4-54　Fe_3O_4 湿敏元件构造
1—引线　2—滑石板　3—电极
4—Fe_3O_4

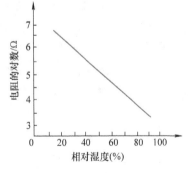

图 4-55　MCS 型 Fe_3O_4 湿敏
元件的电阻-湿度特性

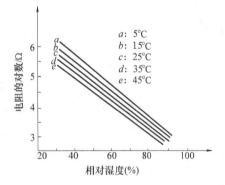

图 4-56　MCS 型 Fe_3O_4 湿敏
元件的温度-湿度特性

Fe$_3$O$_4$ 湿敏元件在常温、常湿下性能比较稳定，有较强的抗结露能力，测湿范围广，有较为一致的湿敏特性和较好的温度-湿度特性，但元件有较明显的湿滞现象，响应时间长，吸湿过程（60% RH→98% RH）需要 2min，脱湿过程（98% RH→12% RH）需要 5～7min。

4.5.3 湿敏传感器应用举例

湿敏传感器在日常生活中应用非常广泛，下面介绍一种防止驾驶室风窗玻璃结露或结霜的自动去湿器。自动去湿器电路如图 4-57 所示，晶体管 VT$_1$、VT$_2$ 为施密特触发电路，VT$_2$ 的集电极负载为继电器 K 的线圈。R_1、R_2 为 VT$_1$ 的基极电阻，R_p 为湿敏元件 H 的等效电阻。在不结露时，调整各电阻值，使 VT$_1$ 导通，VT$_2$ 截止。一旦湿度增大，湿敏元件 H 的等效电阻 R_p 值下降到某一特定值，$R_2//R_p$ 减小，使 VT$_1$ 截止，VT$_2$ 导通，VT$_2$ 集电极负载——继电器 K 线圈通电，它的常开触点 Ⅱ 接通加热电源 E_c，并且指示灯点亮，电阻

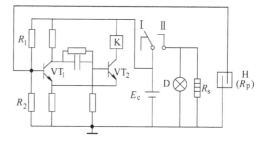

图 4-57 自动去湿器电路

丝 R_s 通电，风窗玻璃被加热，驱散湿气。当湿气减少到一定程度时，$R_p//R_2$ 回到不结露时的阻值，VT$_1$、VT$_2$ 恢复初始状态，指示灯熄灭，电阻丝断电，停止加热，从而实现了自动去湿控制。

单元6 离子敏传感器

离子敏传感器是一种将离子浓度的变化转化为电信号的装置，它是一种化学传感器，由离子选择膜（敏感膜）和转换器两部分构成，敏感膜用以识别离子的种类和浓度，转换器则将敏感膜感知的信息转换为电信号。

4.6.1 离子敏传感器的结构和原理

离子敏场效应晶体管的结构和一般的场效应晶体管的不同在于，离子敏场效应晶体管没有金属栅电极，而是在绝缘栅上制作一层敏感膜。敏感膜的种类很多，不同的敏感膜所检测的离子种类也不同，从而具有离子选择性。例如，以 Si$_3$N$_4$、SiO$_2$、Al$_2$O$_3$ 为材料制成的无机绝缘膜可以测量 H$^+$；以 AgBr、硅酸铝、硅酸硼为材料制成的固态敏感膜可以测量 Ag$^+$、Br$^-$、Na$^+$；以聚氯乙烯 + 活性剂等混合物为材料制成的有机高分子敏感膜可以测量 K$^+$、Ca^{2+} 等。

图 4-58a 为离子场效应晶体管的结构及电路，从图中可以看出，与一般的场效应晶体管相比，离子敏场效应晶体管的绝缘层（Si$_3$N$_4$ 或 SiO$_2$ 层）与栅极之间没有金属栅极，而是含有离子的待测量的溶液。绝缘层与溶液之间是离子敏感膜，离子膜可以是固态也可以是液态。含有各种离子的溶液与敏感膜直接接触，离子场效应晶体管的栅极是用参考电极构成的。由于溶液与敏感膜和参比电极同时接触，充当了普通场效应晶体管的栅极，因此，构成

了完整的场效应晶体管结构，其源极和漏极的用法与一般的场效应晶体管没有任何区别。

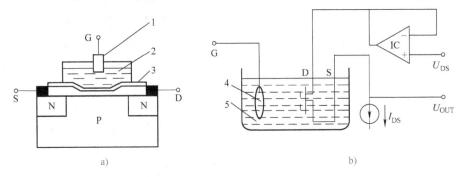

图 4-58　离子场效应晶体管的结构及电路
a）离子场效应晶体管的结构　b）外围共源电路
1、4—参比电极　2、5—待测溶液　3—Si_3N_4/SiO_2

如果采用图 4-58b 所示的共源电路连接，通过参考电极将栅源电压 U_{GS} 加于离子敏场效应晶体管（ISFET），那么，在待测溶液和敏感膜的交界处将产生一定的界面电位 φ_i，根据能斯特方程，电位 φ_i 的大小和溶液中离子的活度 α_i 有关。

在外加电压 U_{GS} 恒定、保持参考电极的电位 φ_{ref} 不变的条件下，在一定的漏源电压 U_{DS} 的作用下，ISFET 的漏电流 I_{DS} 的大小将随溶液的离子活度 α_i 的变化而变化。因此，通过测量 ISFET 的漏电流 I_{DS}，就可以检测出溶液中离子的浓度。

4.6.2　离子敏传感器的特性

离子敏场效应晶体管是以普通场效应晶体管为基础的，因此具有场效应晶体管的优良特性，如转移特性、输出特性、击穿特性等。而作为离子敏器件，它还应满足敏感元件的一些基本特性要求，例如响应特性、离子选择性、输出稳定性等。

1）线性度。指器件在特定的测量范围内，输出电流 I_{DS} 与待测溶液中离子浓度间对应特性曲线的线性化程度。

离子敏场效应晶体管的响应特性关系可以是漏源电压 U_{DS} 和漏电流 I_{DS} 恒定条件下的栅源电压 U_{GS} 与离子活度 α_i 之间的关系，也可以是栅源电压 U_{GS} 恒定的条件下，漏电流 I_{DS} 或输出电压 U_{OUT} 与离子活度 α_i 之间的关系。图 4-59a 为 Ca^{2+} 离子敏场效应晶体管栅源电压 U_{GS} 与离子活度 α_i 之间的关系曲线。

2）动态响应。指溶液中的离子活度阶跃变化或周期性变化时，离子敏场效应晶体管栅源电压 U_{GS}、漏电流 I_{DS} 或输出电压 U_{OUT} 随时间变化的情况。

图 4-59b 为 Na^+ 离子敏场效应晶体管的栅源电压 U_{GS} 的阶跃响应曲线。

3）迟滞。指溶液中离子活度由低值向高值变化或由高值向低值变化时，离子敏场效应晶体管的输出的重复程度。图 4-59c 为 Na^+ 离子敏场效应晶体管栅源电压 U_{GS} 的迟滞特性曲线（定性）。

4）选择系数。在待测溶液中，一般总是存在着许多种离子，相对于待测离子而言，其他离子对待测离子的测量或多或少地有所干扰，这些离子称作干扰离子。待测离子与干扰离子都会在离子敏场效应晶体管的敏感膜产生界面电位。在相同的电气与外界条件下，引起相

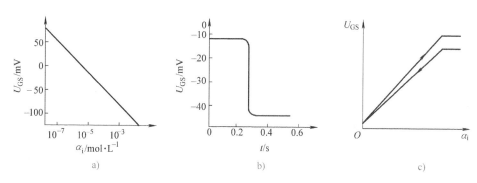

图 4-59 离子敏场效应晶体管特性曲线

a）线性度曲线 b）阶跃响应曲线 c）迟滞特性曲线（定性）

同界面电位的待测离子活度 α_i 与干扰离子的活度 α_j 之间的比值称作选择系数，用 K_{ij} 表示。显然，选择系数 K_{ij} 越小，离子敏传感器的选择性越好。

本学习领域小结

能将各种环境量的物质特性（如温度、气体、湿度和离子等）的变化定性或定量地转换成电信号的装置，称为环境量检测传感器。本学习领域主要介绍了温度传感器、气敏传感器、湿敏传感器和离子敏传感器。

温度传感器主要介绍了热电偶、热电阻温度传感器和集成温度传感器。其中热电偶的几个重要的定则、标准热电偶的特性、热电偶的冷端处理与补偿、标准热电阻的特性、热电阻连线方式以及热电阻的分度表等内容均应很好地理解和应用。集成传感器是将传感元件、测量电路以及各种补偿元件等集成在一块芯片上。

气敏传感器是用来测量气体的类别、浓度和成分的传感器。气敏传感器主要用于报警器及控制器。

湿敏传感器是能够感受外界湿度变化，并通过器件材料的物理或化学性质变化，将湿度转化成有用信号的器件。由于环境温度、湿度对其特性有影响，所以使用时通常需要加温度补偿。

离子敏传感器是一种将离子浓度的变化转化为电信号的装置。离子敏场效应晶体管是以普通场效应晶体管为基础的，因此不仅具有场效应晶体管的优良特性，还能够满足敏感元件的一些基本特性要求，例如响应特性、离子选择性、输出稳定性等。

思考题与习题

1. 用热电偶测温时，为什么要设法使冷端温度 t_0 固定？

2. 补偿导线的作用是什么？如何鉴别其极性？

3. 热电阻温度计的工作原理是什么？目前应用最广泛的是哪几种热电阻温度计？

4. 在一般测量中，热电阻与显示仪表之间的接线为什么要用三线制，而不用两线制和四线制？

5. 热电阻的基本参数有哪些？热电阻的基本特性是什么？有几种表示方法？

6. 对通过热电阻的电流有何限制？为什么？

7. 用热电偶测量固态金属表面温度，其接触方法有哪几种形式？请按测量误差由小到大的顺序排列。

8. 测量管道中流体温度时，主要误差是什么？感温元件的安装原则是什么？

9. 已知分度号为 S 的热电偶的冷端温度 $t_0 = 25℃$，现测得热电动势 $E(t, t_0) = 11.925\text{mV}$，测量端温度 t 是多少？

10. 用 S 型热电偶测温，其中 $t_0 = 30℃$，显示仪表的示值为 1070℃，试用两种方法计算实际温度（K 取 0.55）。

11. 用铂铑$_{10}$-铂热电偶测量 1100℃ 的炉温。热电偶工作的环境温度为 44℃，所配用的仪表在环境为 25℃ 的控制室里。若热电偶与仪表的连接分别用补偿导线和普通铜导线，两者所测结果各为多少？误差又各为多少？

12. 为什么电阻型气敏传感器都附有加热器？

13. 什么叫湿度？湿度有哪些表示方法？

14. 查找资料举出离子敏传感器的应用实例。

15. 填空题

（1）AD590 是二端电流源器件，它的输出电流与器件所处的（　　）温度成（　　），其温度系数为（　　），0℃ 时该器件的输出电流为（　　），AD590 的工作温度为（　　），外接电源电压在（　　）内任意选定。

（2）AD590 传感器的摄氏温度测量电路的功能是：在 0℃ 时，电路输出为（　　），输出电压 U_o 随摄氏温度的变化率为（　　）。

（3）LM35/45 是电压型集成温度传感器，其输出电压 U_{out} 与（　　）成正比，无需外部校正，测温范围为（　　），准确度可达 0.5℃。LM35 有（　　）封装和（　　）封装两种，LM45 是（　　）式封装，特性也略有不同。

16. 已知某点温度为 100℃，采用 AD590 传感器测量，则传感器输出电流是多少？

17. 画图说明 LM35 的引脚分布，工作电源应为多少？当测量点温度为 60℃ 时，输出信号是多少？

05

学习领域5

数字式传感器

随着信息技术和工业生产的飞速发展，模拟式传感器在准确度、可靠性以及不能与数字化检测系统对接等多方面的不足，使其已经远远不能完全满足现代检测系统的要求。近年来，日益成熟的数字式传感器技术已成为传感器技术发展的方向之一。

数字式传感器是把被测参量转换成数字量输出的传感器。它是测量技术、微电子技术和计算机技术的综合产物，是传感器技术的发展方向之一。数字式传感器一般是指那些适于直接把输入量转换成数字量输出的传感器，如光电编码器、光栅式传感器、磁栅式传感器、容栅式传感器、感应同步器、转速传感器等。从广义上说，所有模拟式传感器的输出都可经过数字化（A－D转换）而得到数字量输出，这种传感器也可称为数字式传感器。数字式传感器具有以下特点：

1）具有较高的测量准确度和分辨率，测量范围大。

2）抗干扰能力强，稳定性好。

3）信号易于处理、传送和自动控制。

4）便于动态及多路测量，读数直观。

5）安装方便，维护简单，工作稳定可靠。

单元1 光电编码器

编码器（Encoder）是把角位移或直线位移转换成电脉冲信号的一种装置。前者称为编码盘，后者称为编码尺。

光电编码器是一种通过光电转换将输出轴上的机械几何位移量转换成脉冲或数字量的传感器，是目前应用最多的传感器。光电编码器由光栅盘和光电检测装置组成。光栅盘是在一定直径的圆板上等分地开通若干个细长孔（或采用真空镀膜法在圆盘上光刻出均匀密集的线纹）。由于光电码盘与电动机同轴，电动机旋转时，光栅盘与电动机同速旋转，经发光二极管等电子元器件组成的检测装置检测输出若干脉冲信号，通过计算每秒光电编码器输出脉冲的个数就能反映当前电动机的转速。此外，为判断旋转方向，码盘还可提供相位相差90°的两路脉冲信号。

5.1.1 光电编码器的结构及类型

根据检测原理，编码器可分为接触式、光电式、电磁式和电容式等。根据其刻度方法及信号输出形式，可分为增量式、绝对式以及混合式三种。

1. 增量式光电编码器　增量式编码器主要由发光管（带聚光镜）、光栅板、光栅盘、光敏器件及信号处理电路板组成，如图5-1所示。

如图5-2所示，当光栅盘随工作轴一起转动时，每转过一个刻线（狭缝）就发生一次光线的明暗变化，经过光敏器件变成一次电信号的强弱变化，对它进行放大、整形处理后得到脉冲信号输出，脉冲数就等于转过的刻线数。将该脉冲信号送到计数器中计数，则计数值就反映了圆盘转过的角度。

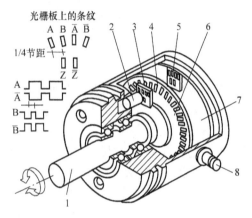

图5-1　增量式光电编码器的基本结构
1—转轴　2—发光管　3—光栅板　4—零标志刻线　5—光敏管　6—光栅盘　7—印制电路板 8—电源及信号插座

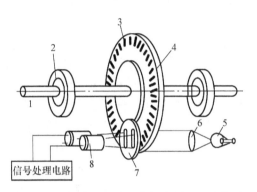

图5-2　增量式光电编码器的检测原理示意图
1—转轴　2—发光管　3—光栅板　4—零标志刻线
5—光源　6—透镜　7—光栅盘　8—光敏管

增量式光电编码器直接利用光电转换原理输出三组方波脉冲A、B和Z相，如图5-1所示。A、B两组脉冲相位差90°，从而可方便地判断出旋转方向，还可以进行脉冲倍频，以提高编码器的分辨率；而Z相为每转一个脉冲，用于基准点定位。它的优点是原理构造简单，机械平均寿命可在几万小时以上，抗干扰能力强，可靠性高，适合于长距离传输；其缺点是无法输出轴转动的绝对位置信息。

2. 绝对式光电编码器　绝对式光电编码器是直接输出数字量的传感器，它是通过读取编码盘上的二进制的编码信息来表示绝对位置信息的。在它的圆形码盘上沿径向有若干同心码道，每条道上由透光和不透光的扇形区相间组成，相邻码道的扇区数目是双倍关系，码盘上的码道数就是它的二进制数码的位数，在码盘的一侧是光源，另一侧对应每一码道有一光敏器件。当码盘处于不同位置时，各光敏器件根据受光照与否转换出相应的电平信号，形成二进制数。这种编码器的特点是不要计数器，在转轴的任意位置都可读出一个固定的与位置相对应的数字码。显然，码道越多，分辨率就越高，对于一个具有 N 位二进制分辨率的编码

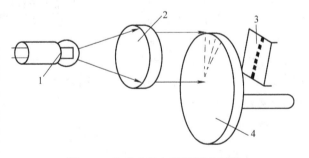

图5-3　绝对式光电编码器示意图
1—光源　2—透镜　3—光敏器件组　4—码盘

器，其码盘必须有 N 条码道，并且将码盘等分为 2^N 个扇区。

按照码盘上形成的码道配置相应的光电传感器，包括光源、透镜、码盘、光电二极管和驱动电子电路，如图5-3所示。其中光敏器件是一组，其排列与码道一一对应。当码盘转到一定的角度时，扇区中透光的码道对应的光电二极管导通，输出低电平"0"；遮光的码道对应的光电二极管不导通，输出高电平"1"，这样形成与编码方式一致的高、低电平输出，从而获得扇区的位置码。

图5-4是四位二进制的编码盘，图中空白部分是透光的，用"0"来表示；涂黑的部分是不透光的，用"1"来表示。每个码道表示二进制数的一位，其中最外侧的是最低位，最里侧的是最高位。如果编码盘有四个码道，则由里向外的码道分别表示为二进制的 2^3、2^2、2^1 和 2^0，4 位二进制可形成 16 个二进制数码，因此就将圆盘划分 16 个扇区，每个扇区对应一个 4 位二进制数，如 0000，0001，…，1111。

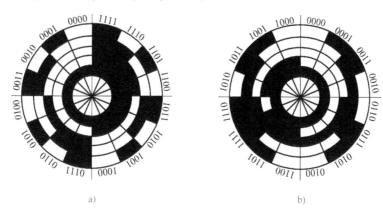

图 5-4　四位二进制编码盘

a）自然二进制码　b）格莱码

绝对式光电编码器是利用自然二进制（见图5-4a）或循环二进制（也叫格莱码，见图5-4b）方式进行光电转换的。绝对式光电编码器与增量式光电编码器的不同之处在于圆盘上透光、不透光的线条图形，绝对式光电编码器可有若干编码，根据读出码盘上的编码，检测绝对位置。编码的设计可采用二进制码、循环码、二进制补码等。它的特点是：

1）可以直接读出角度坐标的绝对值。

2）没有累积误差。

3）电源切除后位置信息不会丢失。但是分辨率是由二进制的位数来决定的，也就是说准确度取决于位数，目前有 10 位、14 位等多种。

3. 混合式编码器　混合式编码器的输出有两组信息：一组信息用于检测磁极位置，带有绝对信息功能；另一组则完全与增量式光电编码器的输出信息相同。它具备绝对式光电编码器的旋转角度编码的唯一性与增量式光电编码器的应用灵活性，因此应用较为广泛。

5.1.2　光电编码器的鉴向倍频

顾名思义，鉴向倍频有两大功能，一是鉴别方向，即根据增量式光电编码器输出的两路脉冲信号 A 和 B 的相位关系确定出轴的旋转方向；二是将 A 和 B 两路信号进行脉冲倍频，例如，将一个周期内的一个脉冲信号变为四个脉冲，这四个脉冲两两相距1/4周期。因一个周期内的一个脉冲表示轴的旋转角度，这一个周期内的四个脉冲中的每一个则表示轴旋转角度的1/4，这样就提高了光电编码器的分辨率。

以 EPC-755A 光电编码器为例，该编码器具备良好的使用性能，在进行角度测量、位移测量时抗干扰能力很强，并具有稳定可靠的输出脉冲信号，且该脉冲信号经计数后可得到被测量的数字信号。因此，在研制汽车驾驶模拟器时，对方向盘旋转角度的测量选用 EPC-755A 光电编码器，其输出电路选用集电极开路型，输出分辨率选用 360 个脉冲/圈，考虑到汽车方向盘转动是双向的，既可顺时针旋转，也可逆时针旋转，需要对编码器的输出信号鉴向后才能计数。图 5-5 给出了光电编码器实际使用的鉴向与双向计数电路，鉴向电路由 1 个 D 触发器和 2 个与非门组成，计数电路由 3 片 74LS193 组成。

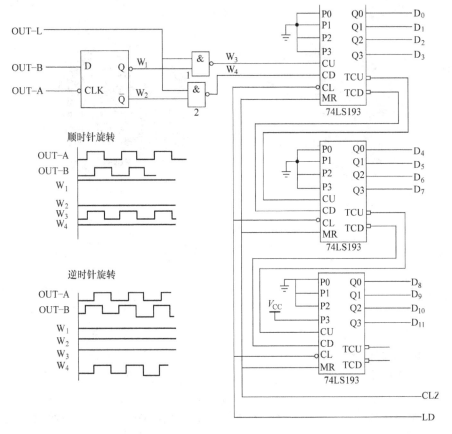

图 5-5　光电编码器鉴向计数电路

当光电编码器顺时针旋转时，通道 A 输出波形超前通道 B 输出波形90°，D 触发器输出 Q（波形 W_1）为高电平，$\overline{Q}$（波形 W_2）为低电平，与非门 1 打开，计数脉冲（波形 W_3）通过，送至双向计数器 74LS193 的加脉冲输入端 CU，进行加法计数；此时，与非门 2 关闭，其输出为高电平（波形 W_4）。当光电编码器逆时针旋转时，通道 A 输出波形比通道 B 输出波形延迟90°，D 触发器输出 Q（波形 W_1）为低电平，$\overline{Q}$（波形 W_2）为高电平，与非门 1 关闭，其输出为高电平（波形 W_3）；此时，与非门 2 打开，计数脉冲（波形 W_4）通过，送至双向计数器74LS193的减脉冲输入端CD，进行减法计数。

汽车方向盘顺时针和逆时针旋转时，其最大旋转角度均为两圈半，选用分辨率为360个脉冲/圈的编码器，其最大输出脉冲数为900个。实际使用的计数电路由3片74LS193组成，在系统上电初始化时，先对其进行复位（CLR信号），再将其初值设为800H，即2048（LD信号）。如此，当方向盘顺时针旋转时，计数电路的输出范围为2048～2948；当方向盘逆时针旋转时，计数电路的输出范围为2048～1148。计数电路的数据输出D0～D11送至数据处理电路。

实际使用时，方向盘频繁地进行顺时针和逆时针转动，由于存在量化误差，工作较长一段时间后，方向盘回中时计数电路输出可能不是2048，而是有几个字的偏差。为解决这一问题，可增加一个方向盘回中检测电路，系统工作后，数据处理电路在模拟器处于非操作状态时，系统检测回中检测电路，若方向盘处于回中状态，而计数电路的数据输出不是2048，可对计数电路进行复位，并重新设置初值。

5.1.3 光电编码器在机床进给速度控制中的应用

光电编码器是一种角度（角速度）检测装置，它将输入轴的角度量，利用光电转换原理转换成相应的电脉冲或数字量，具有体积小、准确度高、工作可靠、接口数字化等优点，广泛应用于数控机床、回转台、伺服传动、机器人、雷达、军事目标测定等需要检测角度的装置和设备中。

图5-6所示为机床纵向进给速度控制示意图。将光电编码器安装在机床的主轴上，用来检测主轴的转速。当主轴旋转时，光电编码器随主轴一起旋转，输出脉冲经脉冲分配器和数控逻辑运算输出进给速度指令控制丝杠进给电动机，达到控制机床的纵向进给速度的目的。

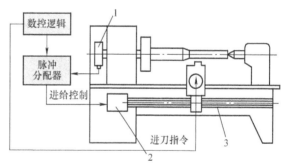

图5-6 机床纵向进给速度控制示意图
1—光电编码器 2—丝杠进给电动机 3—纵向进给丝杠

1. 光电编码器的安装 编码器属于精密仪器，对使用环境及安装的机械和电气要求比较高。使用时要注意周围有无振源及干扰源，不是防漏结构的编码器不要溅上水、油等，必要时要加上防护罩，注意环境温度、湿度是否在仪器使用要求范围之内。

机械方面：编码器轴与用户端输出轴之间需要采用弹性软连接，以避免因用户轴的转动或跳动造成编码器轴系和码盘的损坏。安装时注意允许的轴负载，以及编码器轴与用户输出轴的同轴度必须控制在允许范围之内，并且严禁敲击和摔打碰撞。长期使用时，定期检查固定编码器的螺钉是否松动。

电气方面：接地线应尽量粗，一般应大于1.5mm²；编码器的信号线彼此不要搭接，也不要接到直流电源上或交流电源上，以免损坏输出电路；与编码器相连的电动机等设备，应接地良好，不要有静电；配线时应采用屏蔽电缆；开机前，应仔细检查产品说明书与编码器型号是否相符，接线是否正确；长距离传输时，应考虑信号衰减因素，选用输出阻抗低、抗干扰能力强的型号，避免在强电磁波环境中使用。

2. 高速旋转测速　高速旋转测速一般采用在给定的时间间隔 T 内对编码器的输出脉冲进行计数，这种方法测量的是平均速度，又称为 M 法测速。它的原理框图如图 5-7a 所示，输出脉冲示意图如图 5-7b 所示。

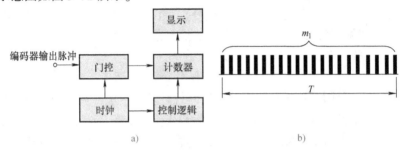

图 5-7　高速旋转测速（M 法测速）

a）原理框图　b）输出脉冲示意图

若编码器每转产生 N 个脉冲，在给定时间间隔 T 内有 m_1 个脉冲产生，则转速 n（r/min）为

$$n = \frac{60m_1}{NT} \tag{5-1}$$

例如：有一增量式光电编码器，其参数为 1024p/r，在 5s 时间内测得 65536 个脉冲，则转速 n（r/min）为

$$n = \frac{60m_1}{NT} = \frac{60 \times 65536}{1024 \times 5} \text{r/min} = 768 \text{r/min}$$

这种测量方法的分辨率随被测速度而变，被测转速越快，分辨率越高；测量准确度取决于计数时间间隔，T 越大，准确度越高。

3. 低转速测速　低转速测速一般采用脉冲周期作为计数器的门控信号，时钟脉冲作为计数脉冲，时钟脉冲周期远小于输出脉冲周期。这种方法测量的是瞬时转速，又称为 T 法测速。它的原理框图如图 5-8a 所示，输出脉冲示意图如图 5-8b 所示。

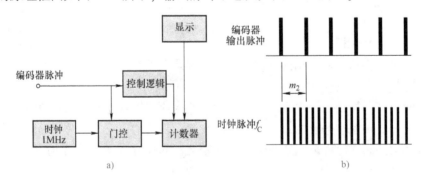

图 5-8　低转速测速（T 法测速）

a）原理框图　b）输出脉冲示意图

若编码器每转产生 N 个脉冲，用已知频率 f_C 作为时钟，填充到编码器输出的两个相邻脉冲之间的脉冲数为 m_2，则转速 n（r/min）为

$$n = \frac{60f_C}{Nm_2} \tag{5-2}$$

例如：有一增量式光电编码器，其参数为1024p/r，测得编码器的两个相邻脉冲之间的时钟脉冲数为3000，时钟频率f_C为1MHz，则转速n（r/min）为

$$n = \frac{60f_C}{Nm_2} = \frac{60 \times 10^6}{1024 \times 3000}\text{r/min} = 19.53\text{r/min}$$

这种测量方法通过提高时钟信号的频率可提高分辨率。

光电编码器以其高准确度、高分辨率、高频响以及体积小、重量轻、结构简单、可实现数字量输出等综合技术优势，在现代精密测量与控制设备中得到了广泛应用，是工业控制中比较理想的位移、角度传感器。随着光电科学的发展，采用新原理、应用新技术的各类新型光电轴角编码器将会不断出现，并向着小型化、智能化和集成化的方向发展，以满足各领域多种应用场合的需要。

单元 2　光栅式传感器

光栅是一种非常常见的测量装置，它利用光学原理进行工作，具有准确度高、响应速度快等优点，是一种非接触式数字传感器。

5.2.1　光栅的结构和类型

光栅是由很多等栅距的透光缝隙和不透光的刻线均匀相间排列构成的光电器件。按照工作原理，光栅可分为物理光栅和计量光栅。物理光栅基于光栅的衍射现象，常用于光谱分析和光波长等的测量；计量光栅是利用光栅的莫尔条纹现象进行测量的器件，常用于位移的精密测量。

按用途和结构形式不同，计量光栅又可分为测量线位移的长光栅和测量角位移的圆光栅。实际应用时，计量光栅又有透射光栅和反射光栅之分，透射光栅是在透明光学玻璃上均匀刻制出平行等间距的条纹形成的，而反射光栅则是在不透光的金属载体上刻制出等间距的条纹所形成。本节主要讨论透射式计量光栅。

透射光栅的结构如图5-9所示，a为刻线（不透光）宽度，b为缝隙（透光）宽度，$W = a + b$称为光栅的栅距，一般$a = b$，也可做成$a:b = 1.1:0.9$。常用的透射光栅的刻线密度一般为每毫米10、25、50、100、250条线，刻线的密度由测量准确度决定。

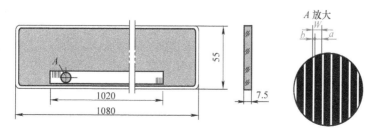

图5-9　透射光栅的结构

5.2.2　光栅的工作原理

光栅数字传感器通常由光源、透镜、计量光栅、光敏器件及测量电路等部分组成，如图5-10所示。计量光栅由标尺光栅（主光栅）和指示光栅组成，因此计量光栅又称光栅副，它决定了整个系统的测量准确度。一般主光栅和指示光栅的刻线密度相同，但主光栅要比指示光栅长得多。测量时主光栅与被测对象连在一起，并随其运动，指示光栅固定不动，因此主光栅的有效长度决定了传感器的测量范围。

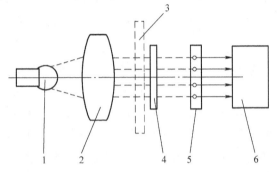

图5-10　光栅数字传感器示意图

1—光源　2—准直镜　3—标尺光栅　4—指示光栅
5—光敏器件　6—驱动电路

1. 莫尔条纹　将标尺光栅与指示光栅重叠放置，两者之间保持很小的间隙，并使两块光栅的刻线之间有一个微小的夹角 θ，如图5-11所示。当有光源照射时，由于挡光效应（对刻线密度 ≤ 50 条/mm 的光栅）或光的衍射作用（对刻线密度 ≥ 100 条/mm 的光栅），与光栅刻线大致垂直的方向上形成明暗相间的条纹。在两光栅的刻线重合处，光从缝隙透过，形成亮带；在两光栅刻线的错开的地方，形成暗带；这些明暗相间的条纹称为莫尔条纹。莫尔条纹与光栅线纹几乎成垂直方向排列。严格地说，是与两片光栅线纹夹角的平分线相垂直。

莫尔条纹具有以下特征：

1）当用平行光束照射光栅时，透过莫尔条纹的发光强度分布近似于余弦函数。

2）放大作用。如图5-11所示，在两光栅栅线夹角 θ 较小的情况下，莫尔条纹宽度 W 和光栅栅距 d、栅线夹角 θ 之间有下列关系：

$$W = \frac{d}{\sin\theta} \qquad (5\text{-}3)$$

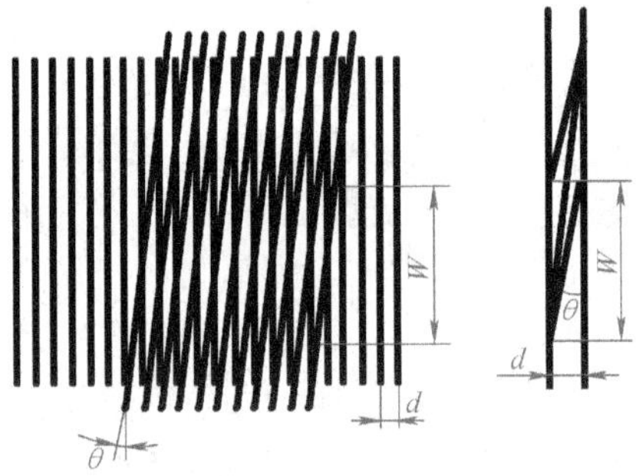

式中　θ——栅线夹角（rad）。

图5-11　莫尔条纹

当 θ 很小时，取 $\sin\theta \approx \theta$，上式可近似写成

$$W = \frac{d}{\theta} \qquad (5\text{-}4)$$

若取 $d = 0.01\mathrm{mm}$，$\theta = 0.01\mathrm{rad}$，则由上式可得 $W = 1\mathrm{mm}$，即把光栅距转换成放大100倍的莫尔条纹宽度。

3）均化误差作用。莫尔条纹是由若干光栅条纹共用形成的，例如，100线/mm的光栅、10mm宽的莫尔条纹由1000条线纹组成，这样栅距之间的相邻误差就被平均化了，消除了由于栅距不均匀、断裂等造成的误差，可以达到比光栅本身刻线准确度更高的测量准确度。因此，计量光栅特别适合于小位移、高准确度位移测量。

4）莫尔条纹的变化规律。两光栅相对移过一个栅距 d，莫尔条纹移过一个条纹宽度 W，其方向与两光栅尺相对移动的方向垂直，且当两光栅尺相对移动的方向改变时，莫尔条纹移

动的方向也随之改变。通过光电器件测出莫尔条纹的数目，就可知道光栅移动了多少个栅距，工作台移动的距离就可以计算出来。

2. 光电转换　主光栅和指示光栅的相对位移产生了莫尔条纹，为了测量莫尔条纹的位移，必须通过光电器件（如硅光电池等）将光信号转换成电信号。

在光栅的适当位置放置光电器件，当两光栅作相对移动时，光电器件上的光强随莫尔条纹移动，光强变化为正弦曲线，如图 5-12 所示。在 a 位置，两个光栅刻线重叠，透过的光强最大，光电器件输出的电信号也最大；在 c 位置由于光被遮去一半，光强减小；在 d 位置，光被完全遮去而成全黑，光强最小；若光栅继续移动，透射到光电器件上的光强又逐渐增大。光电器件上的光强变化近似于正弦曲线，光栅移动一个栅距 W，光强变化一个周期。光电器件的输出电压可表示为

$$U = U_o + U_m \sin\left(2\pi + \frac{2\pi x}{W}\right) \tag{5-5}$$

式中　U_o——输出信号中的直流分量；

　　　　U_m——输出信号中的交流分量幅值；

　　　　x——两光栅的相对位移。

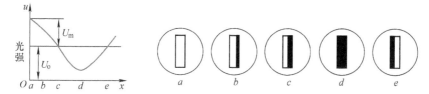

图 5-12　光栅位移与光强输出信号的关系

通过整形电路将正弦信号转变成方波脉冲信号，则每经过一个周期输出一个方波脉冲，这样脉冲总数 N 就与光栅移动的栅距数相对应，因此光栅的位移为

$$x = Nd = NW\theta \tag{5-6}$$

3. 鉴向与细分电路

（1）鉴向电路　无论测量直线位移还是角位移，都必须能够根据传感器的输出信号判别移动方向，即判断是正向移动还是反向移动，是顺时针旋转还是逆时针旋转。但是，仅有一个光电器件的输出无法判别光栅的移动方向，因为在一点观察时，不论主光栅向哪个方向运动，莫尔条纹均作明暗交替变化。为了辨别方向，通常采用在相隔 1/4 莫尔条纹间距的位置上安放两个光电器件，获得相位差为 90°的两个信号，然后送到图 5-13 所示的鉴向电路进行处理。

为了辨别方向，正向运动时，用与或门 YH1 得到 $A'B + AD' + C'D + B'C$ 的 4 个输出脉冲；反向运动时，用与或门 YH2 得到 $AB' + BC' + CD' + A'D$ 的 4 个输出脉冲，其波形如图 5-14 所示。主光栅每移动一个栅距，鉴向电路只输出一个脉冲。计数器所计的脉冲个数即代表光栅的位移。

（2）细分电路　光栅数字传感器的测量分辨率等于一个栅距。但是，在精密检测中常常需要测量比栅距更小的位移量，为了提高分辨率，可以采用两种方法实现：一是增加刻线密度来减小栅距，但是这种方法受光栅刻线工艺的限制；二是采用细分技术，使光栅每移动一个栅距时输出均匀分布的 n 个脉冲，从而得到比栅距更小的分度值，使分辨率提高

到 W/n。细分的方法有多种，如直接细分、电桥细分、锁相细分、调制信号细分、软件细分等，这里简要介绍常用的直接细分法。

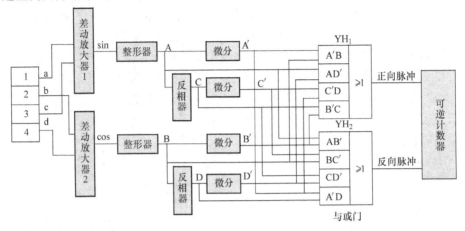

图 5-13　四倍频鉴向计数电路

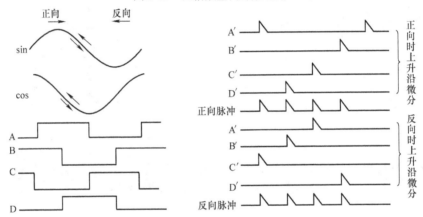

图 5-14　四倍频鉴向电路波形

直接细分又称位置细分，常用细分数为 4，因此也称为四倍频细分。图 5-13 和图 5-14 中给出了一种四倍频细分电路及其波形。在上述鉴向电路的基础上，将获得的两个相位相差 90°的正弦信号分别整形和反相，就可得到 4 个相位依次为 0°（A）、90°（B）、180°（C）、270°（D）的方波信号，经 RC 微分电路后就可在光栅移动一个栅距时，得到均匀分布的 4 个计数脉冲，再送到可逆计数器进行加法或减法计数，这样可将分辨率提高 4 倍。

四倍频细分的优点是电路简单，对莫尔条纹信号的波形无严格要求，其缺点是细分数不高。为提高细分数，还有十倍频、二十倍频等电路，在此不再一一具体介绍。另外，采用电桥细分、调制信号细分、锁相细分等也可有效提高细分数，有关细分电路请参阅其他资料。

5.2.3　光栅式传感器在数控机床位置检测中的应用

光栅式传感器具有测量准确度高、分辨率高、测量范围大、动态特性好、抗干扰能力强等优点，适合于非接触式动态测量，易于实现自动控制，广泛用于数控机床和精密测量设备中。但是光栅在工业现场使用时，对工作环境要求较高，不能承受大的冲击和振动，要求密封，以防止尘埃、油污和铁屑等的污染，成本较高。

图 5-15 所示为光栅式传感器用于数控机床的位置检测和位置闭环控制系统框图。由数控装置发出的位置指令 P_c 控制工作台移动。在工作台移动过程中，光栅不断检测工作台的实际位置 P_f，并进行反馈（与位置指令 P_c 比较），形成位置偏差 P_s（$P_s = P_f - P_c$）。当 $P_f = P_c$ 时，则 $P_s = 0$，表示工作台已到达指令位置，伺服电动机停转，工作台准确地停在指令位置上。

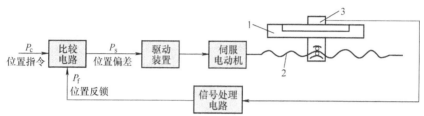

图 5-15 数控机床位置检测和位置闭环控制系统框图

1—工作台 2—丝杠 3—光栅读数头

单元 3 磁栅式传感器

与光栅式传感器类似，磁栅式传感器也属于高准确度数字式传感器。它由磁栅（又名磁性标尺，简称磁尺）、拾磁磁头和测量电路三部分组成，是一种比较新型的传感元件。

磁栅上录有等间距的磁信号，它是利用磁带录音的原理将等节距周期变化的电信号（正弦波或矩形波）用录磁的方法记录在磁性尺子或圆盘上而制成的。装有磁栅式传感器的仪器或装置工作时，磁头相对于磁栅有一定的相对位置，在这个过程中，磁头把磁栅上的磁信号读出来，这样就把被测位置或位移转换成了电信号。

与其他类型的传感器相比，磁栅式传感器具有制作工艺简单、复制方便、易于安装调整、测量范围广（$1\mu m \sim 10m$）、不需要接长等一系列优点，因而在大型机床的数字检测和数控机床自动控制等方面得到广泛的应用；其缺点是需要屏蔽和防尘，但对环境清洁度的要求没有光栅式传感器高。

5.3.1 磁栅的结构和类型

1. 磁栅的结构　磁栅的结构如图 5-16 所示。它是在非磁性体（如玻璃、铜、铝或其他合金材料，称为磁栅的基体）的平整表面均匀镀上一层 $0.01 \sim 0.02mm$ 厚的磁性薄膜（即磁粉，如 NiCo、Ni-Co-P 或 Co-Fe 合金等）。磁性薄膜上有用录磁方法录制的波长为 λ 的磁波。对于长磁性标尺，其磁性薄膜上的磁波波长（节距）一般取 $0.005mm$、$0.01mm$、$0.2mm$、$1mm$ 等几种；对于圆磁性标尺，为了等分圆周，录制的磁波波长不一定是整数值。实际应用中，为防止磁头对磁性薄膜的磨损，一般在磁性薄膜上均匀涂上一层 $1 \sim 2\mu m$ 的耐磨塑料保护层，以提高磁性标尺的寿命。

录磁时，要使磁尺固定，磁头根据来自激光波长的基准信号，以一定的速度在其长度方向上运行的同时流过一定频率的相等电流，这样，就在磁尺上录上了等节距的磁化信息而形成磁栅。磁栅录制后的磁化结构相当于一个小磁铁按 NS→SN、NS 的状态排列起来，如图 5-16 所示。因此在磁栅上的磁场强度呈周期性地变化，并在 N-N 或 S-S相接处为最大。

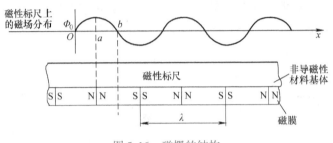

图 5-16 磁栅的结构

2. 磁栅的类型 磁栅按其结构特点可分为测量直线位移的长磁栅和测量角位移的圆磁栅。长磁栅又可分为带状磁栅、杆状磁栅，如图 5-17 所示。杆状磁栅比较小巧，用于结构紧凑的场合或小型测量装置中。当量程较大或安装面不好安排时，可采用带状磁栅。

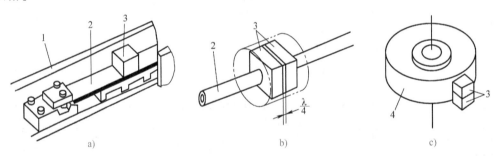

图 5-17 常用磁栅

a）带状磁栅 b）杆状磁栅 c）圆磁栅

1—框架 2—磁尺 3—磁头 4—磁盘

5.3.2 磁栅的工作原理

磁栅式传感器的结构原理如图 5-18 所示。磁尺是检测位移的基准尺，磁头是一种磁电检测元件，用来读取磁尺上的磁信号并转换成电信号。按显示读数的输出信号方式的不同，磁头可分为动态磁头和静态磁头。动态磁头上只有一个输出绕组，只有当磁头和磁尺相对运动时才有信号输出，因此又称动态磁头为速度响应式磁头。静态磁头上有两个绕组，一个是励磁绕组，另一个是输出绕组，这时，即使磁头与磁尺之间处于相对静止状态，也会因为有交变激励信号使磁头仍有噪声信号输出。只有

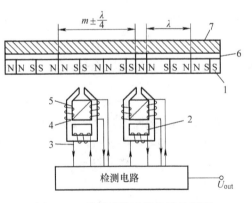

图 5-18 磁栅式传感器的结构原理

1—磁膜 2—磁头 3—励磁绕组 4—铁心

5—输出绕组 6—抗磁镀层 7—非导磁材料基体

当静态磁头和动态磁头之间有相对运行时，立刻会有一个新的变量输出，它可以提高测量准确度。检测电路主要用来供给激励电压和把磁头检测到的信号转换为脉冲信号输出。

当磁尺与磁头之间的相对位置发生变化时，磁头的铁心使磁尺的磁通有效地通过输出绕组，由于电磁感应在输出绕组中将产生电压，该电压将随磁尺磁场强度周期的变化而变化，将位移量转换成电信号输出。图5-19是磁头读取信号原理。磁头输出信号经检测电路及数显装置转换成电脉冲信号并以数字形式显示出来。

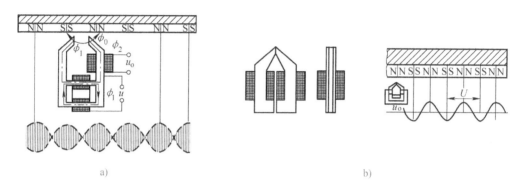

图 5-19　磁头读取信号原理

a）静态磁头读取原理　b）动态磁头的结构与读取原理

5.3.3　磁栅的数显装置

磁栅数显装置是在磁栅及其测量电路的基础上增加数字显示仪表，实现对磁栅所检测位移信号的精确数字显示。图5-20所示为应用较为成熟的鉴相式磁栅数显装置。其中400kHz晶体振荡器是磁头励磁及系统逻辑判断的信号源。由振荡器输出400kHz的方波信号，经十分频和八分频电路后，变为5kHz的方波信号，送入励磁电路。在励磁电路中，由励磁功率放大器进行功率放大，功率放大器中设有一电位器，对输出的励磁电压进行调整。输出的励磁电压对两个磁头进行励磁。

两只磁头的输出信号分别送到各自的低通滤波器和前置放大器进行整理。因为磁头铁心存在剩磁，所以设置偏磁调整电路，对磁头的输出加上一微小的直流电流（称之为偏磁电流），通过调整偏磁电位器以使两磁头的剩磁情况对称，可以获得两路较对称的输出电信号。前置放大器的作用是保证两路信号的最大幅值相等。

其中一路输出送入90°移相电路，获得余弦信号。

经过上述处理后，将两路信号送入求和放大电路，使输出的合成信号的相位与磁头和磁栅的相对位置对应。再将此信号送入一个带通滤波器，滤去高频、基波、干扰等无用的信号波，取出二次谐波（10kHz的正弦波），此正弦波的相位角是随磁头与磁栅的相对位置变化而变化的。当磁头相对磁栅的位移为一个节距时，其相位角就变化了一个360°，检测此正弦波的相位变化，就能得到磁头和磁栅的相对位移量的变化。

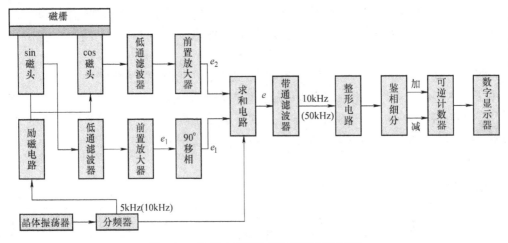

图 5-20　鉴相式磁栅数显装置的原理框图

为了检测更小的位移量，需要在一个节距 w 内进行电气细分。即将输出的正弦波送到限幅整形电路，使其成为方波，经相位微调电路进入鉴相内插细分电路，每当相位变化 9°时，鉴相内插细分电路输出一个计数脉冲，此脉冲表示磁头相对磁栅位移了 Δx。

$$\Delta\phi = \frac{2\pi}{w}\Delta x$$

当 $w = 0.20$mm 时，可得

$$\Delta x = 0.20\text{mm} \times 9°/360° = 5\mu m$$

磁头相对磁栅的位移方向是由其相位超前或滞后一个预先设定好的基准相位来判断的。例如，磁头相对磁栅朝右方移动时，相位是超前的，则鉴相内插电路输出正向脉冲；反之，鉴相内插电路输出负向脉冲。正负脉冲经方向判别电路送到可逆计数器记录下来，再经译码显示电路指示出磁头与磁栅的相对位移量。

如果位移量小于 $5\mu m$，则鉴相内插电路关闭，无计数脉冲输出，此时其位移量由表头指示出来。此外系统还设置了置数、复零和预置正负符号。为了保证末位数字显示清晰，仪器还设置了相位微调电路等。

5.3.4　磁栅式传感器在电梯控制中的应用

静磁栅位移传感器在电梯控制系统中的作用主要是对电梯平层控制的调整。电控系统是电梯的"中枢神经"，其质量好坏直接影响着电梯质量。电梯要讲究乘坐舒适，而舒适感与运行时间有关。要想乘坐舒适，就要延长加减速时间，但这会使电梯运行时间随之延长，降低电梯运行效率。为提高电梯运行效率和乘坐舒适度，加减速度应该有一个合适的限度，而且变化要平稳。

根据电梯运行的特点及要求，电梯的运行速度应当符合图 5-21 所示的曲线。图中 v_m 为电梯运行额定速度，v_e 为平行爬层慢车速度。

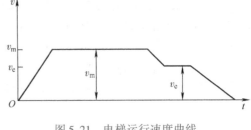

图 5-21　电梯运行速度曲线

静磁栅位移传感器由静磁栅源和静磁栅尺两部分结合而成。静磁栅源使用铝合金压封无源钕铁硼磁栅组成磁栅编码阵列，静磁栅尺用内嵌微处理器系统的特制高强度铝合金管材封装，使用开关型霍尔传感元件组成霍尔编码阵列，铝合金管材外部使用防氧化镀塑处理。静磁栅源沿静磁栅尺轴线做无接触（相对间隙达 50mm）相对运动时，由静磁栅尺解析出数字化位移信息，直接产生高于毫米数量级的位移量数字信号。充分发掘嵌入式微处理器的处理能力，将数据更新速度提高到毫秒数量级，以便能适应 5m/s 以下运动速度的位移响应。

要使电梯在到达平层区域后能自动平层，必须有一套自动控制系统，即电梯的自动控制装置。该装置的检测部分是静磁栅位移传感器。以图 5-22 所示 30 层电梯为例，静磁栅源和静磁栅尺安装位置如图 5-23 所示。其中，轿厢处于地下层上面的第一层，静磁栅源安装于电梯井道和室外层平行，每层一个，静磁栅尺安装在轿厢上，长度为 1.2m，地下层安装两个静磁栅源，用于检测轿厢是否到底位和运动方向。

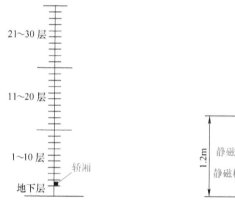

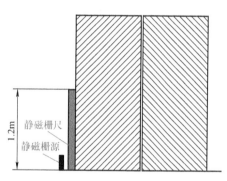

图 5-22　30 层电梯示意图　　　　图 5-23　静磁栅源和静磁栅尺安装位置

由于电梯的运行是根据楼层和轿厢的呼叫信号、行程信号进行控制的，而楼层和轿厢的呼叫是随机的，因此系统控制采用随机逻辑控制，即在以顺序逻辑控制实现电梯基本控制要求的基础上，根据随机输入信号，以及电梯的相应状态适时控制电梯的运行。另外，轿厢的位置控制由静磁栅位移传感器确定后送入 PLC 计数器来实现。同时，每层楼设置一个静磁栅源用于检测系统的楼层信号。

当电梯向上运行时，栅尺检测到磁栅源，打开抱闸，电梯上行。当轿厢碰到上强迫换速开关时，PLC 输入继电器检测到该信号，启动定时器 T10 和 T11 开始定时，其定时的时间长短可视端站层距和梯速设定。上强迫换速开关动作后，电梯由快车运行转为慢车运行，正常情况下，上行平层时电梯应停车。如果轿厢未停而继续上行，当 T10 设定值减为零时，其常闭触点断开，慢车接触器和上行接触器失电，电梯停止运行。在轿厢碰到上强迫换速开关后，由于某些原因电梯未能转为慢车运行或快车运行接触器未能释放，当 T11 设定值减为零时，其常闭触点断开，快车运行接触器和上行接触器均失电，电梯停止运行。因此，不管是慢车运行还是快车运行，只要上强迫换速开关发出信号，不论端站其他保护开关是否动作，借助 T10 和 T11 均能使电梯停止运行，从而使电梯端站保护更加可靠。

当电梯需要下行时，只要有了选梯指令，下行方向继电器得电，其常开触点闭合，PLC的 T10 和 T11 均失电，其常闭触点恢复闭合，为电梯正常下行做好准备。下端站的保护原理与上端站保护类似，不再重复。

综上所述，利用静磁栅位移传感器与 PLC 实现电梯平层控制，可实现电梯控制的智能化，电梯运行舒适感好，起动、减速、平层的舒适感不因轿厢负载的变化而变化，取得了令人满意的效果。

单元4 容栅式传感器

容栅式传感器是在变面积型电容传感器的基础上发展起来的一种数字位移式传感器。将电容传感器中的电容极板刻成一定形状和尺寸的栅片，再配以相应的测量电路就构成了容栅测量系统。正是特定的栅状电容极板和独特的测量电路使其超越了传统的电容传感器，适宜进行大位移测量。它在具有电容式传感器优点的同时，又具有多极电容带来的平均效应，而且采用闭环反馈式等测量电路减小了寄生电容的影响，提高了抗干扰能力，提高了测量准确度（可达 $1\mu m$），极大地扩展了量程（可达 $1m$），是一种很有发展前途的传感器。

容栅式传感器与其他数字式位移传感器（如光栅、磁栅等）相比，具有体积小、结构简单、分辨率和准确度高、测量速度快、功耗小、成本低、对使用环境要求不高等突出优点，因此在电子测量技术中占有十分重要的地位，现已应用于电子数显卡尺、千分尺、高度仪及坐标仪等数显量具。随着测量技术向精密化、高速化、自动化、集成化、智能化、经济化、非接触化和多功能化方向的发展，容栅式传感器的应用越来越广泛。

5.4.1 容栅的结构及工作原理

容栅的电容极板如同栅状，由动极板（又称动尺）和定极板（又称定尺）组成。

根据容栅栅片的结构形式，容栅可分为直线容栅、圆盘容栅和圆筒容栅三种类型。直线容栅和圆筒容栅用于直线式位移测量，圆盘容栅主要用于角位移测量。直线容栅传感器的结构示意图如图 5-24 所示。

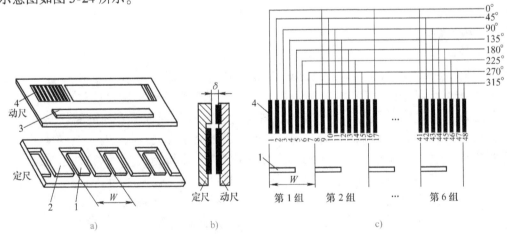

图 5-24 直线容栅传感器的结构示意图

a) 定尺、动尺上的电极　b) 定尺、动尺的位置关系　c) 发射电极与反射电极的相互关系

1—反射电极　2—屏蔽电极（接地）　3—接收电极　4—发射电极

　　动尺和定尺之间保持很小的间隙 δ，如图5-24b所示。动尺上有多个发射电极和一个长条形接收电极；定尺上有多个相互绝缘的反射电极和一个屏蔽电极（接地）。一组发射电极的长度为一个节距 W，一个反射电极对应于一组发射电极。如图5-24c所示，若发射电极有48个，分成6组，则每组有8个发射电极。每8个发射电极接在一起，组成一个励磁绕组，在每组相同序号的发射电极上加一个幅值、频率和相位相同的励磁信号，相邻序号电极上励磁信号的相位差是45°。设第一组序号为1的发射电极上加一个相位为0°的励磁信号，序号为2的发射电极上的励磁信号相位则为45°，依此类推，则序号为8的发射电极上的励磁信号相位为315°；而第二组序号为9的发射电极上的励磁信号相位与第一组序号为1的相位相同，也为0°，依此类推，直到第六组序号为8的发射电极上的励磁信号相位为315°。发射电极与反射电极、发射电极与接收电极之间存在电场。当动尺和定尺之间施加1MHz左右的高频励磁信号后，它们之间就产生高频电场。由于电容耦合和电荷传递的作用，使得动尺上的接收电极输出信号随动尺和定尺的位置变化而变化。

　　当动尺向右移动距离 x 时，发射电极与反射电极间的相对面积发生变化，反射电极上的电荷量发生变化，并将电荷感应到接收电极上，则在接收电极上累积的电荷 Q 为

$$Q = C\sin(\omega t + \theta_x) \tag{5-7}$$

式中　　C——电荷系数；

　　　　ω——励磁信号频率；

　　　　θ_x——位移 x 引起的相位角。

　　相位角 θ_x 为

$$\theta_x = \arctan\frac{2x}{W} \tag{5-8}$$

式中　　W——发射电极节距。

　　由式(5-7)可见，接收电极上的电荷量幅值为常数，其相位角 θ_x 呈周期变化，周期为 W；由式(5-8)可知，相位角 θ_x 与位移量 x 之间存在一定的非线性误差。一般用于数显卡尺的容栅节距 $W = 0.635\text{mm}$，最小分辨率为 0.01mm，非线性误差小于 0.01mm，150mm 的总测量误差为 0.02~0.03mm。

5.4.2　容栅的测量电路

　　容栅式传感器的测量转换电路有多种形式，图5-25所示为其中一种测量转换电路框图。由励磁信号编码器产生的八路相移驱动信号送到容栅式传感器的发射电极上。容栅式传感器的接收电极输出位移调相信号经解调、放大和整形，再送入鉴相器，以检出相位变化。相位变化反映了位移量的变化。经运算器处理，然后进行公/英制转换和BCD码转换，再经译码、驱动，送液晶显示单元。

　　容栅测量系统是一种无差调节的闭环控制系统，它的基本测量部分是一个差动电容器，它的作用是利用电容的电荷耦合方式将机械位移量转变成为电信号的相应变化量，将该电信号送入电子电路后，再经过一系列变换和运算后显示出机械位移量的大小。

5.4.3　容栅的特点

　　容栅测量系统的原理及其结构设计的先进性，使其具有许多突出优点：

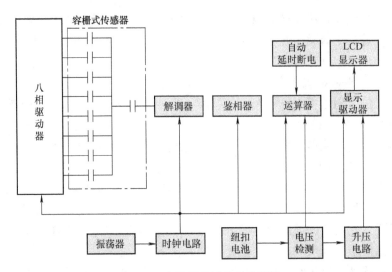

图 5-25　容栅测量转换电路框图

1）由于传感器采用等节距的栅型结构，使测量的准确度不直接与长度有关，故非常适宜于大位移测量。

2）测量速度快。分辨率为 0.001mm 时，测量速度可达 0.35m/s；分辨率为 0.01mm 时，测量速度可达 1.5m/s。分辨率为 0.001mm 的光栅和感应同步器数显测量装置，测量速度一般在 0.2m/s 左右。其他可测大位移的传感器在测量速度上也很少能达到容栅类传感器的水平。

3）传感器的结构简单，易于与集成电路制成一体，易进行机械设计。传感器机械部分主要由两组极板组成，结构小巧，使得测量系统的结构简单，成本低廉。这一优点也是其他类型的位移测量系统所不能比拟的。

4）对使用环境要求不高。能抗电、磁场的干扰；采用适当的防护措施后，能防油污、防尘，对空气湿度不敏感，适合于在车间生产现场使用。这也是容栅测量系统的一个很突出的优势。

5）能耗少。这是由于传感器本身的介质损耗和静电引力都很小的缘故。电路采用大规模的 CMOS 集成电路，使电路能在低功耗下工作。一颗纽扣式氧化银电池就可使其连续工作一年时间。这一优点使得在通用精密量具上实现数显，并使之成为具有很大发展前途的产品。

6）功能多，运用方便。容栅测量系统的电子电路几经改进，系统逐渐完善，现在的电路具有任意点置零、公/英制转换、值保持、最大值最小值寻找、测量速度过快及电压过低报警等功能，使测量系统的运用方便，确保测量数据的正确性。

7）串行码数据输出，可供计算机进行相应要求的处理以及打印机进行数据记录。这为产品质量控制提供了便利条件。

5.4.4　容栅式传感器在数显尺中的应用

容栅测量系统的许多优点，为开发、研制、生产电子数显量具、量仪提供了有利条件。技术人员通过对容栅测量系统的研究和开发，生产出了系列化品种的电子数显百分表、电子数显千分表、数显测微仪、数显倾角仪、高准确度数显卡尺、数显千分卡尺等产品和与之相配套的多坐标的容栅数显表以及与计算机通信的适配器，并且利用容栅数显测量技术开发了专用或综合测量仪器及装置。

普通测量工具（如游标卡尺、千分尺等）在读数时存在视差。随着容栅式传感器性价比的不断提高，在生产中，数显卡尺、千分尺越来越多地替代了传统卡尺。数显卡尺示意图如图5-26所示。容栅定尺安装在尺身上，动尺与单片测量转换电路（专用IC）安装在游标上，分辨率为0.01mm，重复准确度为0.02mm。当若干分钟不移动动尺时，系统自动断电，因此1.5V氧化银纽扣电池可使用一年以上。通过复位按钮可在任意位置置零，消除累积误差；通过公/英制转换按钮实现公/英制转换；通过串行接口可与计算机或打印机相连，经软件处理，可对测量数据进行统计分析。

由容栅测量系统构成的测量器具和仪器，已在世界范围内被广大使用者所接受，其发展势头有增无减。国外著名的量仪厂商，如瑞士的TESA、日本的三丰、德国的Mahr公司和国内知名量具生产厂家，均利用该技术研制各种数显量具量仪。除研制了电子卡尺、电子千分表、电子千分尺等量具产品外，还研制了诸多曲轴测量、数控刀具测量以及箱体类零件测量等

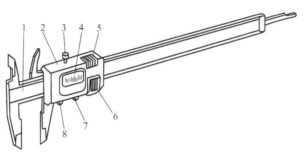

图5-26 数显卡尺示意图

1—尺身 2—游标 3—游标紧固螺钉 4—液晶显示器
5—串行接口 6—电池盒 7—复位按钮 8—公/英制转换按钮

各种坐标测量仪器。随着电子技术的发展和生产水平的提高，容栅测量系统将会有更大的发展。

综上所述，容栅测量系统应用于量具量仪产品上，其成本较低，使用方便，使用环境要求较低。较之采用其他传感器构成的数显测量系统其优势是极为明显的，因此积极应用该技术研制各类数显量具量仪，具有广阔的市场应用前景。

单元5 感应同步器

5.5.1 感应同步器的结构和类型

感应同步器是一种电磁式位移检测元件，按其结构特点一般分为直线式和旋转式两种。直线式感应同步器由定尺和滑尺组成，用于直线位移测量；旋转式感应同步器由转子和定子组成，用于角位移测量。它们的工作原理和旋转变压器相似。

旋转式感应同步器由定子和转子组成，如图5-27所示，其制作过程是先用0.1mm厚的敷铜板刻制或用化学腐蚀方法制成绕组，再将它固定到10mm厚的圆盘形金属或玻璃钢基板上，然后涂敷一层防静电屏蔽膜。定、转子间间隙为0.2~0.3mm，转子绕组为单相连续扇形分布，每根导片相当于电机的一个极，相邻导片间距为一个极距；定子绕组为扇形分段排布，极距与转子的相同。直线式感应同步器与圆盘式结构相似，不同的是它由定尺与滑尺组成，绕组为等距排列。

直线式感应同步器由定尺、滑尺组成，如图 5-28 所示。定尺和滑尺绕组的节距相等，均为 2τ，这是衡量感应同步器准确度的主要参数，工艺上要保证其节距的准确度。一块标准型感应同步器定尺长度为 250mm，节距为 2mm，其绝对准确度可达 2.5μm，分辨率可达 0.25μm。从图 5-28 可以看出，如果把定尺绕组和滑尺绕组 A 对准，那么滑尺绕组 B 正好和定尺绕组相差 1/4 节距。也就是说，A 绕组与 B 绕组在空间上相差 1/4 节距。在安装时，必须保证定尺和滑尺的平行度，若这两个平面不平行，将引起定尺、滑尺之间的间隙变化，从而影响检测灵敏度和检测准确度。

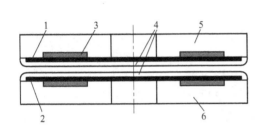

图 5-27 旋转式感应同步器结构示意图

1—定子绕组板 2—转子绕组板 3—胶粘剂
4—静电屏蔽层 5—定子基板 6—转子基板

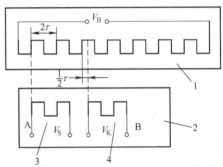

图 5-28 直线式感应同步器结构示意图

1—定尺 2—滑尺 3—sin 绕组 4—cos 绕组

5.5.2 感应同步器的工作原理

下面以直线式感应同步器为例介绍其工作原理。从图 5-28 可以看出，滑尺的两个绕组中的任一绕组通以交变励磁电压时，由于电磁感应，在定尺绕组中会产生感应电动势。该感应电动势的频率与励磁信号频率相同，大小与定尺、滑尺的相对位置有关。当滑尺绕组与定尺绕组完全重合时，定尺绕组感应电动势为正向最大，如图 5-29 所示；如果滑尺相对定尺从重合处逐渐向右（或左）平行移动，感应电动势就随之逐渐减小；在两绕组刚好处于 1/4 节距的 B 位置时感应电动势为零；滑尺向右移动到 1/2 节距 C 位置时，感应电动势为负向最大；当到达 3/4 节距 D 位置

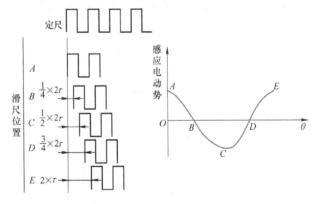

图 5-29 直线式感应同步器的工作原理

时，感应电动势又一次变为 0，这时，滑尺移动了一个节距 2τ，感应电动势变化了一个周期（2π），感应电动势又为正向最大。这样，滑尺在移动一个节距的过程中，感应同步器定尺绕组的感应电动势近似于余弦函数变化了一个周期。

若用数学公式描述，设加在滑尺上任一绕组的激励交变电压 V_S 为

$$V_S = V_m \sin\omega t$$

由电磁学原理，定尺绕组上的感应电动势为

$$V_B = KV_S\cos\theta = KV_m\cos\theta\sin\omega t \tag{5-9}$$

式中　K——耦合系数；

　　V_m——V_S 的幅值；

　　θ——相位角，反映的是定尺和滑尺的相对移动距离 x。

设滑尺移动距离为 x，则感应电动势将以余弦函数变化相位角 θ。由比例关系

$$\frac{\theta}{2\pi} = \frac{x}{2\tau}$$

可得

$$x = \frac{\theta\tau}{\pi} \tag{5-10}$$

从式(5-9) 可知，只要测出 V_B 的值，就可以测出 θ，从而根据式(5-10) 测出滑尺相对于定尺移动的距离 x。

根据滑尺上两相绕组通入的励磁信号不同，感应同步器有鉴相式和鉴幅式两种工作方式。采用不同的励磁方式，可对感应输出信号采取不同的处理方式。

1. 鉴相方式　在鉴相工作方式下，给滑尺的正弦绕组和余弦绕组分别通以幅值相等、频率相同、相位差90°的交流电压，即

$$V_S = V_m\sin\omega t$$
$$V_K = -V_m\cos\omega t$$

据电磁感应及叠加原理，励磁信号产生移动磁场，该励磁切割定尺导片感应电压 V_B 为

$$\begin{aligned}V_B &= KV_m\cos\omega t\cos\theta + KV_m\sin\omega t\sin\theta\\ &= KV_m\cos(\omega t - \theta)\end{aligned} \tag{5-11}$$

由此可见，通过鉴别定尺输出感应电压的相位角 θ，再由式(5-10)，即可测得滑尺相对于定尺的位移 x。

2. 鉴幅方式　在鉴幅工作方式下，给滑尺的正弦绕组和余弦绕组分别通以相位相等、频率相同，但幅值不同的交流电压，即

$$V_S = V_m\sin\alpha_电\sin\omega t$$
$$V_K = -V_m\cos\alpha_电\sin\omega t$$

同理，定尺绕组感应电压 V_B 为

$$\begin{aligned}V_B &= KV_m\sin\alpha_电\cos\omega t\cos\theta - KV_m\cos\alpha_电\cos\omega t\sin\theta\\ &= KV_m\cos\omega t(\sin\alpha_电\cos\theta - \cos\alpha_电\sin\theta)\\ &= KV_m\sin(\alpha_电 - \theta)\cos\omega t\\ &= KV_m\sin\left(\alpha_电 - \frac{\pi}{\tau}x\right)\cos\omega t\end{aligned} \tag{5-12}$$

式中　$\alpha_电$——励磁电压的给定相位角。

由此可见，在 $\alpha_电$ 已知时，只要测出 V_B 的幅值 $KV_m\sin(\alpha_电 - \theta)$，便可得到 θ，进而求得线位移 x。

5.5.3　感应同步器在数控机床位置检测中的应用

感应同步器具有检测准确度高、抗干扰能力强、使用寿命长、维护方便、成本低、工艺

性好等优点，初期主要应用于高准确度伺服转台、雷达天线、火炮和无线电望远镜的定位跟踪。在机械制造领域，感应同步器常用于数字控制机床、加工中心等的定位反馈系统中和坐标测量机、镗床等的测量数字显示系统中。它对环境条件要求较低，能在有少量粉尘、油污的环境下正常工作。

图5-30所示为鉴幅型感应同步器数显表的组成框图。数显表是一种高准确度位移测量仪，应用在机床上可进行点位控制、轮廓控制以及精密随动加工系统控制。

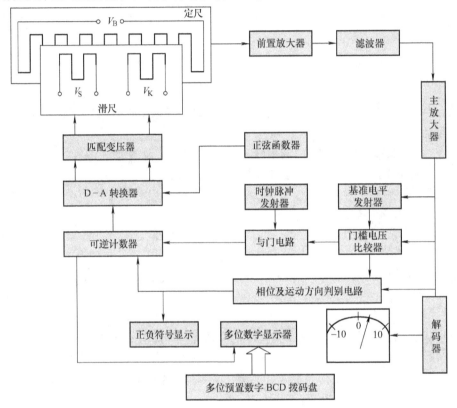

图5-30　鉴幅型感应同步器数显表的组成框图

初始时，定尺和滑尺处于平衡位置，即 $\varphi=\theta$，感应电动势为零。当滑尺相对定尺移动时，相位发生变化，将产生输出信号，此信号经放大、滤波后与门槛电压比较器的基准电平相比较。当滑尺的移动超过一个脉冲当量的位移时，门槛电路发出计数脉冲，此脉冲一方面经可逆计数器、译码器后作数字显示，另一方面又送入D-A转换器并控制函数变压器，使励磁电压的相位 $\varphi=\theta$，感应电动势重新为0，系统又进入平衡状态，即可逆计数器的计数值与滑尺位移相对应。当滑尺继续移动，系统就从平衡到不平衡，再到平衡，从而达到跟踪、显示位移的目的。

本学习领域小结

数字式传感器是测量技术、微电子技术与计算机技术相结合的产物，是传感器技术发展的重要方向之一。本学习领域主要介绍了生产实际中几种常见的数字式传感器的结构、工作原理和典型应用。它们具有测量准确度高、读数直观准确，测量范围大、分辨率高、易于实现测量的自动化和数字化、抗干扰能力强等优点，在数控机床位置检测、转速检测及控制以及各种数字化的量具量仪中得到了广泛应用。并且随着 CAD 技术、MEMS 技术、信息理论及数据分析算法的发展，数字式传感器系统也必将变得更加微型化、智能化、综合化和网络化。在各种新兴科学技术呈辐射状广泛渗透的当今社会，作为现代科学"耳目"的传感器系统，作为人们快速获取、分析和利用有效信息的基础，必将进一步得到社会各界的普遍关注。

思考题与习题

1. 单选题

（1）某数控机床的数控装置位置检测接口的倍频数为 4，机床滚珠丝杠的螺距为 6mm，设定坐标轴的分辨率为 0.001mm，则采用_____线的脉冲编码器来检测位置。

A. 2500　　　　　　B. 3000　　　　　　C. 1500

（2）增量式光电码盘测量系统中，使光栏板的两个夹缝距离比码盘两个夹缝之间的距离小 1/4 节距，使两个光电器件的输出信号相差 1/2 相位，目的是_____。

A. 测量被检工作轴的回转角度

B. 测量被检工作轴的转速

C. 测量被检工作轴的旋转方向

（3）一增量式脉冲发生器每转输出脉冲数为 5000，如果单次脉冲的脉冲宽度不能小于 6μs，则该脉冲发生器最高允许的转速为_____。

A. 1000r/min　　　B. 4000r/min　　　C. 5000r/min

（4）如果莫尔条纹节距 $W = 10$mm，而光栅距 $d = 0.01$mm，则放大倍数 $1/\theta$ 为_____。

A. 10　　　　　　B. 1000　　　　　　C. 1/1000

2. 增量式光电编码器输出的 A、B 两相相位差为 90°，其作用是什么？

3. 对一个 16 位的绝对式光电编码器而言，它能测出的最小角位移是多少？

4. 有一与伺服电动机同轴安装的光电编码器，指标为 1024 脉冲/转，该伺服电动机与螺距为 6mm 的滚珠丝杠通过联轴器直连，在位置控制伺服中断 4ms 内，光电编码器输出脉冲信号经 4 倍频处理后，共计脉冲数为 0.5K（1K = 1024）。问：

（1）工作台位移为多少？

（2）伺服电动机的转速为多少？

（3）伺服电动机的旋转方向是怎样判别的？

5. 莫尔条纹是如何产生的？其明亮光带的变化与主光栅的位移变化有何关系？

6. 已知某长光栅的栅线密度是 200 条/mm，则在没有细分之前，其分辨率为多少？如果进行 4 倍频细分后，其分辨率能提高到多少？

7. 动态磁头和静态磁头有何区别？

8. 容栅传感器有哪些优点？

9. 简述直线式感应同步器的基本原理。

06

其他传感器

单元1 红外传感器

红外技术发展到现在，已经为大家所熟知，在现代科技、国防和工农业等领域获得了广泛的应用。红外传感器是利用物体产生红外辐射的特性实现自动检测的传感器。随着现代科学技术的发展，红外传感器的应用已经非常广泛。下面结合实例简单介绍红外传感器的应用。

6.1.1 红外传感器基础及分类

1. 红外线的特点 在物理学中，我们已经知道可见光、不可见光、红外线及无线电等都是电磁波，它们之间的差别只是波长（或频率）不同而已。图 6-1 是各种不同的电磁波按照波长（或频率）排成的波谱图，称为电磁波谱。

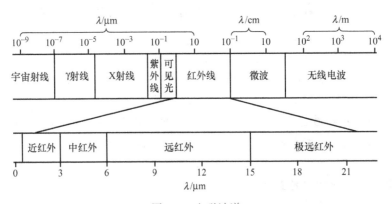

图 6-1 电磁波谱

从图 6-1 可以看出，红外线属于不可见光波的范畴，其波长一般为 0.76 ~ 1000μm（称为红外区）。

红外线具有如下特性：

1）红外线的最大特点就是具有光热效应，辐射热量，它是光谱中最大的光热效应区。红外线是一种不可见光，在真空中的传播速度为 $3 \times 10^8 \mathrm{m/s}$。

2）红外线在介质中传播会产生衰减，在金属中传播衰减很大，但红外辐射能够透过大部分半导体和一些塑料，大部分液体对红外辐射吸收非常大。不同的气体对其吸收程度各不相同，大气层对不同波长的红外线存在不同的吸收带。研究分析表明，波长为 1 ~ 5μm、8 ~ 14μm 区域的红外线具有比较大的"透明度"，即这些波长的红外线能较好地穿透大气层。

3）自然界中任何物体，只要其温度在绝对零度之上，都能产生红外辐射。红外线的光热效应对不同的物体是各不相同的，热能强度也不一样。

4）红外线和所有电磁波一样，具有反射、折射、散射、干涉、吸收等性质。

上述这些特性就是把红外辐射技术用于卫星遥感遥测、红外跟踪等军事和科学研究项目的重要理论依据。

2. 红外传感器的组成与分类　红外传感器一般由光学系统、探测器、信号调理电路及显示单元等组成。红外探测器是红外传感器的核心。红外探测器是利用红外辐射与物质相互作用所呈现的物理效应来探测红外辐射的。红外探测器的种类很多，按探测机理不同分为光子探测器和热探测器两大类。

（1）光子探测器　根据光子效应制成的红外探测器称为光子探测器。通过光子探测器测量材料电子性质的变化，可以确定红外辐射的强弱。光子探测器常用的光子效应有外光电效应、内光电效应、光生伏特效应和光电磁效应。光子探测器的工作机理是：利用入射光辐射的光子流与探测器材料中的电子互相作用，从而改变电子的能量状态，引起光子效应。

（2）热探测器　热探测器的工作机理是：利用红外辐射的热效应，探测器的敏感元件吸收辐射能后引起温度升高，进而使某些有关物理参数发生相应变化。通过测量物理参数的变化来确定探测器所吸收的红外辐射。

热探测器的主要优点是响应波段宽，响应范围可扩展到整个红外区域，可以在常温下工作，使用方便，应用相当广泛。但与光子探测器相比，热探测器的探测率比光子探测器的峰值探测率低，响应时间长。

热探测器主要有四类：热释电型、热敏电阻型、热电阻型和气体型。其中，热释电型探测器在热探测器中探测率最高，频率响应最宽，所以这种探测器备受重视，发展很快。本书主要介绍热释电型探测器组成的热释电红外传感器。

6.1.2　热释电红外传感器

1. 热释电效应　当一些晶体受热时，在晶体两端会产生数量相等而符号相反的电荷，这种由于热变化产生的电极化现象，被称为热释电效应。通常，晶体自发极化所产生的束缚电荷被来自空气中附着在晶体表面的自由电子所中和，其自发极化电矩不能表现出来。当温度变化时，晶体结构中的正负电荷重心相对移位，自发极化发生变化，晶体表面就会出现电荷耗尽。电荷耗尽的状况正比于极化程度。图 6-2 表示了热释电效应形成的原理。

能产生热释电效应的晶体称为热释电体或热释电元件，其常用的材料有单晶（$LiTaO_3$ 等）、压电陶瓷（PZT 等）及高分子薄膜（PVFZ 等）。

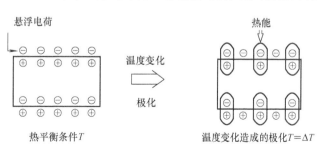

图 6-2　热释电效应形成的原理

2. 热释电红外传感器的原理特性　人体都有恒定的体温，设人体体温为 $36 \sim 37℃$，从人体中可以辐射出波长为 $9 \sim 10\mu m$ 的红外线，热释电红外传感器利用的正是热释电效应，是一种温度敏感传感器。热释电红外传感器的外观及分体结构如图6-3所示。图6-4中，滤光片设置在窗口处，组成红外线通过的窗口。滤光片为多层膜干涉滤光片，对太阳光和荧光灯光的短波长可很好滤除，只对人体的红外辐射敏感。

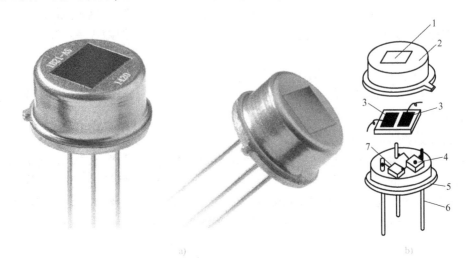

图6-3　热释电红外传感器的外观及分体结构

a) 外观　b) 分体结构

1—滤光片　2—管帽　3—敏感元件　4—放大器　5—管座　6—引脚　7—高阻值电阻

　　报警电路中通常采用双探测元热释电红外传感器，其结构示意图如图6-4所示。该传感器将两个特性相同的热释电晶体逆向串联，用来防止其他红外光引起传感器误动作。另外，当环境温度改变时，两个晶体的参数会同时发生变化，这样可以相互抵消，避免出现检测误差。由于热释电晶体输出的是电荷信号，不能直接使用，需要用电阻将其转换为电压形式，该电阻阻抗高达 $10^4 M\Omega$，故引入 N 沟道结型场效应晶体管接成共漏极形式（即源极跟随器）来完成阻抗变换。该传感器使用时，D 端接电源正极，GND 端接电源负极，S 端为信号输出。

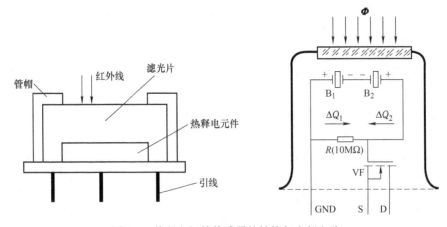

图6-4　热释电红外传感器的结构与内部电路

热释电红外传感器用于防盗时，其表面必须罩一块由一组平行的棱柱形透镜组成的菲涅尔透镜，如图 6-5 所示。菲涅尔透镜是根据法国物理学家 Fresnel 发现的原理，采用 PE（聚乙烯）材料压制而成的。菲涅尔透镜是多焦距的，因而其各方向与不同距离对光线的灵敏度能保持一致。透镜与热释电红外探测器配合，可以提高传感器的探测范围。实验证明，如果不安装菲涅尔透镜，传感器探测距离为 2m 左右，而安装透镜后有效探测距离可达 10～15m，甚至更远。这

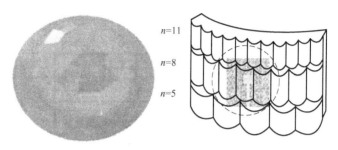

图 6-5 菲涅尔透镜

是因为移动的人体或物体发射的红外线进入透镜后，会产生交替出现的红外辐射"盲区"和"高敏感区"，从而形成一系列光脉冲进入传感器，该光脉冲会不断地改变热释电晶体的温度，使其输出一串脉冲信号。假如人体静止站立在透镜前，传感器无输出信号。所以这种传感器能检测人体或者动物的活动，也叫人体运动传感器。图 6-6 为菲涅尔透镜检测示意图。

3. 热释电红外传感器的优缺点   热释电红外传感器也叫被动红外传感器，因为传感器本身不发出任何类型的辐射，隐蔽性好，器件功耗很小，价格低廉。但是，热释电红外传感器也有缺点，如：

1）信号幅度小，容易受各种热源、光源干扰。

2）穿透力差，人体的红外辐射容易被遮挡，不易被探头接收。

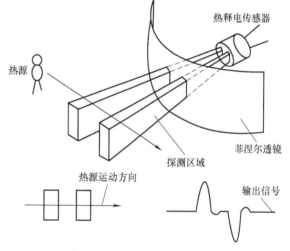

图 6-6 菲涅尔透镜检测示意图

3）易受射频辐射的干扰。

4）环境温度和人体温度接近时，探测和灵敏度明显下降，有时造成短时失灵。

5）被动红外探测器主要检测的运动方向为横向运动方向，对径向方向运动的物体检测能力比较差。

6.1.3 红外传感器的应用

1. 被动式热释电红外报警器   被动式热释电红外报警器的组成如图 6-7a 所示。物体射出的红外线先通过菲涅尔透镜，然后到达热释电红外报警器。这时，热释电红外报警器将输出脉冲信号，脉冲信号经放大和滤波后，由电压比较器将其与基准值进行比较，当输出信号达到一定值时，报警电路发出警报。某热释电红外报警器外观如图 6-7b 所示。

热释电红外报警器的监控报警电路具有结构简单、成本低廉等优点。系统工作稳定，其误报率与安装的位置和方式有很大的关系。正确安装应满足下列条件：

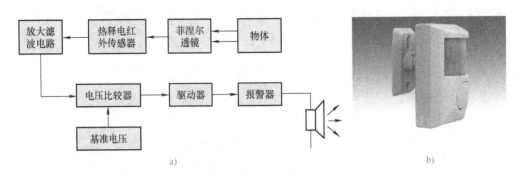

图 6-7 被动式热释电红外报警器的组成及外观

a) 热释电红外报警器的组成   b) 某热释电红外报警器外观

1) 报警器应离地面 2.0 ~ 2.2m。

2) 报警器应远离空调、冰箱、火炉等空气、温度变化比较敏感的地方。

3) 报警器探测范围内不得有隔屏、家具、大型盆景或其他隔离物。

4) 报警器不要直对窗口，否则窗外的热气流扰动和人员走动会引起误报，有条件的话最好把窗帘拉上。另外，报警器也不可安装在有强气流活动的地方。

2. 红外辐射温度计   红外辐射温度计既可用于高温测量，又可用于冰点以下的温度测量，是辐射温度计的发展方向。市售的红外辐射温度计的温度范围为 −30 ~ 3000℃，分成若干个不同的规格，可根据需要选择合适的型号，如图 6-8 所示。

3. 红外气体分析仪   红外气体分析仪结构如图 6-9 所示。红外气体分析仪是根据气体对红外线具有选择性的吸收的特性来对气体成分进行分析的。不同气体吸收波段（吸收带）不同，CO 气体对波长为 4.65μm 附近的红外线具有很强的吸收能力，CO_2 气体则在 2.78μm 和 4.26μm 附近以及波长大于 13μm 的范围对红外线有较强的吸收能力。

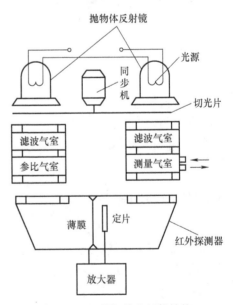

图 6-8   红外辐射温度计

图 6-9   红外气体分析仪结构

光源通电加热发出 $3 \sim 10\mu m$ 的红外线，切光片将连续的红外线调制成脉冲状的红外线，以便于红外探测器信号的检测。测量气室中通入被分析气体，参比气室中封入不吸收红外线的气体（如 N_2 等）。红外探测器是薄膜电容型，它有两个吸收气室，充以被测气体，当它吸收了红外辐射能量后，气体温度升高，导致室内压力增大。

测量时（如分析 CO 气体的含量），两束红外线经反射、切光后射入测量气室和参比气室，由于测量气室中含有一定量的 CO 气体，该气体对 $4.65\mu m$ 的红外线有较强的吸收能力，而参比气室中气体不吸收红外线，这样射入红外探测器的两个吸收气室的红外线就存在能量差异，使两吸收室压力不同，测量侧的压力减小，于是薄膜偏向定片方向，改变了薄膜电容两电极间的距离，也就改变了电容 C。被测气体的浓度越大，两束光强的差值也越大，则电容的变化量也越大，因此电容变化量反映了被分析气体中被测气体的浓度。

要注意消除干扰气体对测量结果的影响。所谓干扰气体，是指与被测气体吸收红外线波段有部分重叠的气体，如 CO 气体和 CO_2 在 $4 \sim 5\mu m$ 波段内红外吸收光谱有部分重叠，则 CO_2 的存在对分析 CO 气体带来影响，这种影响称为干扰。为此在测量边和参比边各设置了一个封有干扰气体的滤波气室，它能将与 CO_2 气体对应的红外线吸收波段的能量全部吸收，因此左右两边吸收气室的红外能量之差只与被测气体（如 CO）的浓度有关。

单元 2　光纤传感器

光纤传感器与传统的各类传感器相比有一系列优点，如不受电磁干扰、体积小、重量轻、可挠曲、灵敏度高、耐腐蚀、电绝缘和防爆性好、易与计算机连接及便于遥测等。它能用于温度、压力、应变、位移、速度、加速度、磁、电、声和 pH 等各种物理量的测量，具有极为广泛的应用前景。

6.2.1　光纤的结构和传输原理

1. 光纤的结构　光导纤维简称为光纤，其结构如图 6-10 所示。中心的圆柱体叫纤芯，围绕着纤芯的圆形外层叫作包层，纤芯和包层主要由不同掺杂的石英玻璃制成。纤芯的折射率 n_1 略大于包层的折射率 n_2，在包层外面还常有一层保护套，多为尼龙材料。光纤的导光能力取决于纤芯和包层的性质，而光纤的机械强度取决于保护套。图中 n_0 为空气的折射率。

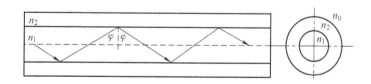

图 6-10　光纤的结构

2. 光纤的传输原理　众所周知，光在空间是直线传播的，在光纤中，光的传输被限制在光纤中传送到很远的距离，光纤的传输是基于光的全内反射。当光纤的直径比光的波长大

很多时，可以用几何光学的方法来说明光在光
纤内的传播。设有一段圆柱形光纤，如图 6-11
所示，它的两个端面均为光滑的平面。当光线
射入一个端面并与圆柱的轴线成 θ_i 角时，根据
斯涅尔光的折射定律，在光纤内折射成 θ_0，然
后以 θ_0 角入射至纤芯与包层的界面。若要在界

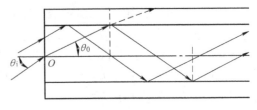

图 6-11 光纤的传光原理

面上发生全反射，则入射到纤芯端面的光线入射角 θ_i 应小于临界角 θ_c，即

$$\theta \leqslant \theta_c \quad (\theta_c = \arcsin \ (n_1^2 - n_2^2)^{1/2}) \tag{6-1}$$

式中　n_1——纤芯的折射率；

　　　n_2——包层的折射率。

全反射光在光纤内部以同样的角度反复逐次反射，直至传播到另一个端面。

实际工作时需要光纤弯曲，但只要满足全反射条件，光线仍能继续前进。可见这里的光
线"转弯"实际上是由光的全反射所形成的。

3. 电光与光电转换器件　光纤两端必须与光发射器和光接收器匹配，如图 6-12 所示。
光发射器实现从电信号到光信号的转换，通常使用的器件是发光二极管（LED）或激光二极
管（IED）。多模光纤多使用成本较低的近红外（或红色）LED 作为光发射器，LED 产生的
光并不是单色光，例如，红色 LED 发出的红光是包含 $\lambda = \lambda_0 \pm 20nm$ 的混合光谱，在传导过
程中的发散损耗较大，测量准确度较低；单模光纤不能使用 LED，只能采用寿命较短、但
能发射单一光谱的 IED 作为发射器，IED 与光纤耦合时，两者的轴心必须严格对准并固定，
可使用专用的连接头及光纤插座来完成。

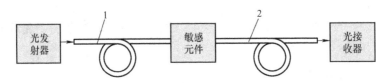

图 6-12　光纤与光发射器和光接收器的配合
1—发射光纤　2—接收光纤

实现从光信号到电信号转换的器件是发光二极管或发光晶体管。在接收到光脉冲时，光
电晶体管能给出对应的电脉冲。光电晶体管的响应通常较慢，只用于慢速测量；高速光电二
极管的响应时间较快，有的可达 1ns 左右。

单模光纤传感器的终端设备及信号处理电路比较复杂，也较昂贵，但检测效果较好。

6.2.2　光纤传感器的分类

光纤传感器可以分为两大类：一类是功能型（传感型）传感器；另一类是非功能型
（传光型）传感器。功能型传感器是利用光纤本身的特性把光纤作为敏感元件，被测量对光
纤内传输的光进行调制，使传输的光的强度、相位、频率或偏振方向等特性发生变化，再通
过对被调制过的信号进行解调，从而得出被测信号。非功能型传感器是利用其他敏感元件感
受被测量的变化，由光纤将信息传送到二次仪表去。在这种传感器系统中，传统的传感器和
光纤结合起来，大大提高了传输过程中的抗电磁干扰能力，可实现遥测和远距离传输。但光
纤在传感器测量系统中仅起信号传输作用，本节重点介绍功能型传感器。

1. 强度调制型光纤传感器　强度调制型光纤传感器是应用较多的光纤传感器，它结构比较简单，可靠性高，但灵敏度稍低。图6-13 给出了强度调制型光纤传感器的几种形式。

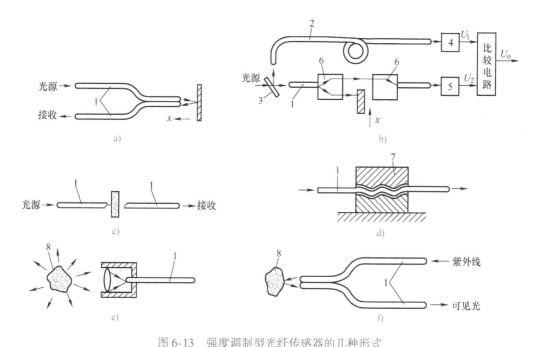

图 6-13　强度调制型光纤传感器的几种形式

a）反射式　b）遮光式　c）吸收式　d）微弯式　e）接收光辐射式　f）荧光激励式

1—传感臂光纤　2—参考臂光纤　3—半反半透镜（分束镜）　4—光电探测器 A

5—光电探测器 B　6—透镜　7—变形器　8—荧光体

（1）反射式　反射式的基本结构如图6-13a 所示。当被测表面前后移动时，反射光强发生变化，利用该原理可进行位移、振动、压力等参数的测量。

（2）遮光式　遮光式的基本结构如图6-13b 所示。不透光的被测物部分遮挡在两根传感臂光纤的聚焦透镜之间，当被测物上下移动时，引起另一根传感臂光纤接收到的光强发生变化。利用该原理也可进行位移、振动、压力等参数的测量。

（3）吸收式　吸收式的基本结构如图6-13c 所示。透光的吸收体遮挡在两根光纤之间，当被测物理量引起吸收体对光的吸收量改变时，引起光纤接收到的光强发生变化。利用该原理可进行温度等参数的测量。

（4）微弯式　微弯式的基本结构如图6-13d 所示。将光纤放在两块齿型变形器之间，当变形器受力时，将引起光纤发生弯曲变形，使光纤损耗增大，光电检测器接收到的光强变小。利用该原理可进行压力、力、重量、振动等参数的测量。

（5）接收光辐射式　接收光辐射式的基本结构如图6-13e 所示。在这种结构形式中，被测体本身为光源，传感器本身不设置光源。根据光纤接收到的光辐射强度来检测与辐射有关的被测量。这种结构的典型应用是利用黑体受热发出红外辐射来检测温度，还可用于检测放射线等。

（6）荧光激励式　荧光激励式的基本结构如图6-13f 所示。在这种形式中，传感器的光源为紫外线。紫外线照射到某些荧光物质上时，就会激励出荧光。荧光的强度与材料自身的各种参数有关。利用这种原理可进行温度、化学成分等参数的测量。

大部分强度调制式光纤传感器都属于传光型，对光纤的要求不高，但希望耦合进入光纤的光强尽量大些，所以一般选用较粗芯径的多模光纤，甚至可以使用塑料光纤。强度调制式光纤传感器的信号检测电路比较简单。

2. 相位调制型光纤传感器　某些被测量作用于光纤时，将引起光纤中光的相位发生变化。由于光的相位变化难以用光电元件直接检测出来，因此通常要利用光的干涉效应，将光相位的变化量转换成光干涉条纹的变化来检测，所以相位调制型光纤传感器有时又称为干涉型光纤传感器。

相位调制型光纤传感器的灵敏度极高，动态范围大。一个好的光纤干涉系统可以检测出 10^{-4} rad 的微小相位变化。例如，在相位调制型光纤温度传感器中，温度每变化 1℃，就可使长 1m 的光纤中光的相位变化 100rad，所以该系统理论上可以达到 10^{-6} ℃ 的分辨率，这样的分辨率是其他传感器所难以达到的。当然，环境参数的变化也必然对这样灵敏的系统造成干扰，因此系统必须考虑适当的补偿措施，例如，采用差动结构或参比通道等。相位调制型光纤传感器的结构比较复杂，且需要使用激光及单模光纤。图 6-14 为双路光纤干涉仪的结构示意图。

将光纤测量臂输出的光与不受被测量影响的另一根光纤（也称作参考臂）的参考光做比较，根据比较结果可以计算出被测量。

双路光纤干涉仪必须设置两条光路：一束光通过敏感头，受被测量影响；另一路通过参考光纤，它的光程是固定的。在两束光的汇合投影处，测量臂传输的光与参考臂传输的光将因相位不同而产生明暗相间的干涉条纹。当外界因素使传感光纤中的光产生光程差 Δl 时，干涉条纹将发生移动，如图 6-14 中的 y 方向所示，移动的数目 $m = \Delta l / \lambda$（λ 为光的波长）。所谓的外界因素，可以是被测的压力、温度、磁致伸缩、应变等物理量。根据干涉条纹的变化量，就可以检测出被测量的变化，常见的检测方法有条纹计数法等。

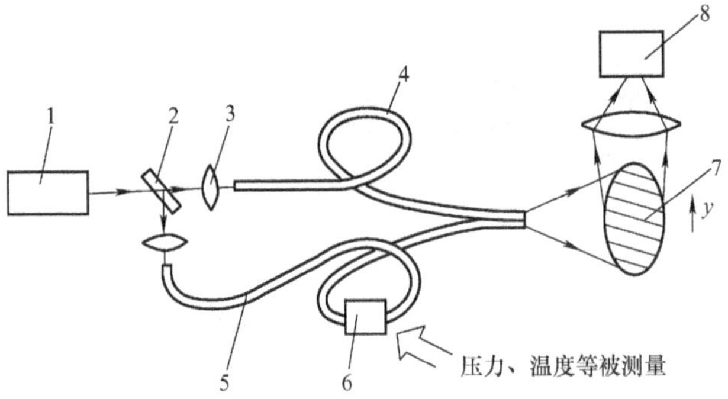

图 6-14　双路光纤干涉仪的结构示意图

1—ILD　2—分束镜　3—透镜　4—参考光纤（参考臂）
5—传感光纤（测量臂）　6—敏感头
7—干涉条纹　8—光电读出器

6.2.3　光纤传感器的应用

1. 光纤液位传感器　光纤液位传感器是利用强度调制型光纤反射式原理制成的，其工作原理如图 6-15 所示。

LED 发出的红光被聚焦射入到入射光纤中，经在

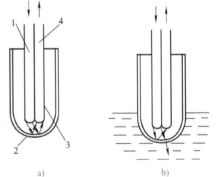

图 6-15　光纤液位测量

a) 不接触液体的工况　b) 浸在液体中的工况

1—入射光纤　2—球形端面
3—包层　4—出射光纤

光纤中长距离全反射，达到球形端部。有一部分光线透出端面，另一部分经端面反射回出射光纤，被另一根接收光纤末端的光电二极管接收。

当球形端面与液体接触时，因为液体的折射率比空气大，通过球形端面的光透射量增加而反射量减少，由后续电路判断反光量是否少于阈值，就可判断传感器是否与液体接触。该液位传感器的缺点是，液体在透明球形端面的黏附现象会造成误判；另外，不同液体的折射率不同，对反射光的衰减量也不同，例如，水将引起 $-6\mathrm{dB}$ 左右的衰减，而油可达 $-30\mathrm{dB}$ 左右的衰减，因此，必须根据不同的被测液体调整相应的阈值。

2. 光纤温度传感器　光纤温度传感器是利用强度调制型光纤荧光激励式原理制成的，如图6-16所示。

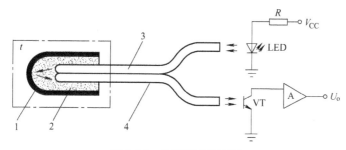

图6-16　光纤温度传感器
1—感温黑色壳体　2—液晶　3—入射光纤　4—出射光纤

LED 将 $0.64\mu\mathrm{m}$ 的可见光耦合投射到入射光纤中，感温元件左端的空腔中充满彩色液晶，入射光经液晶散射后耦合到出射光纤中。当被测温度 t 升高时，液晶的颜色变暗，出射光纤得到的光强变弱，经光电晶体管及放大器后，得到的输出电压 U_o 与被测温度 t 成某一函数关系。光纤温度传感器特别适合于远距离防爆场所的环境温度检测。

3. 光纤压力传感器　图6-17所示为一种按发光强度调制原理制成的光纤压力传感器结构。被测力作用于膜片，膜片感受到被测力而向内弯曲，使光纤与膜片间的气隙减小，使棱镜与光吸收层之间的气隙发生改变，从而引起棱镜界面上全内反射的局部破坏，造成一部分光离开棱镜的上界面，进入吸收层并被吸收，致使反射回接收光纤的光强减小。接收光纤内反射光纤强度的改变可由桥式光接收器检测出来。桥式光接收器输出信号的大小只与光纤和膜片间的距离和膜片的形状有关。

光纤压力传感器的响应频率相当高，如直径为2mm、厚宽为0.65mm的不锈钢膜片，其固有频率可达128kHz。因此在动态压力测量中也是比较理想的传感器。

光纤压力传感器在工业中具有广泛的应用。它与其他类型的压力传感器相比，除具备抗电磁干扰、响应速度快、尺寸小、质量轻及耐热性好等优点外，还特别适合于有防爆要求的场合使用。

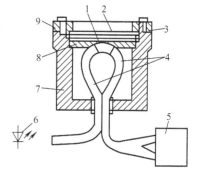

图6-17　光纤压力传感器结构
1—膜片　2—光吸收层　3—垫圈
4—光纤　5—桥式光接收线路
6—发光二极管　7—壳体
8—棱镜　9—上盖

单元 3 激光式传感器

激光技术是近年来科学技术发展的重要成果之一，目前已被成功应用于精密计量、军事、宇航、医学、生物及气象等各领域。

激光式传感器虽然有很多类型，但都是将外来的能量（电能、热能和光能等）转化为一定波长的光，并以光的形式发射出来。激光式传感器由激光发生器、激光接收器及其相应的电路组成。

6.3.1 激光式传感器的工作原理

1. 激光的本质 原子正常分布状态下，多处于稳定的低能级 E_1 状态。如果没有外界的作用，原子可以长期保持这个状态。原子在得到外界能量后，由低能级向高能级跃迁的过程，叫作原子的激发。原子激发的时间非常短，处于激发状态的原子能够很快地跃迁到低能级上去，同时辐射出光子。这种处于激发状态的原子自发地从高能级跃迁到低能级上去而发光的现象称为原子的自发辐射，如图 6-18 所示。

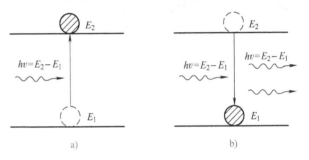

图 6-18 激发与受激辐射过程
a) 光吸收 b) 光放大

处于高能级的原子在外界作用影响下，发射光子而跃迁到低能级上去，这种发光叫作原子的受激辐射。设原子有能量为 E_1 和 E_2 的两个能级，而且 $E_2 > E_1$。当原子处于 E_2 能级上时，在能量为 $hv = E_2 - E_1$ 的入射光子影响下（h 为普朗克常量，$h = 6.6256 \times 10^{-34} \mathrm{J \cdot s}$；$v$ 为光的频率），这个原子可发生受激辐射而跃迁到 E_1 能级上去，并发射出一个能量为 $hv = E_2 - E_1$ 的光子。

在受激辐射过程中，发射光不仅在能量（或频率）上与入射光子相同，而且在相位、振动方向和发射方向上也完全一样。如果这些光子不断地再引起其他原子发生受激辐射，这些原子所发射的光子在相位、发射方向、振动方向和频率上也都与最初引起受激辐射的入射光子相同。这样，一个入射光就会引起大量原子的受激辐射，它们所发射的光子在相位、发射方向、振动方向和频率上都完全一样，这一过程也称为光放大，所以在受激发射时，原子的发光过程不再是互不相关的，而是相互联系的。

另一方面，能量为 $hv = E_2 - E_1$ 的光子在媒质中传播时，也可以被处于 E_1 能级上的粒子所吸收，而使该粒子跃迁到 E_2 能级上去。在此情况下，入射光子被吸收而减少，这个过程叫作光的吸收。

光的放大和吸收过程往往是同步进行的，总的结果可以是加强或减弱，这取决于这一对矛盾中哪一方处于支配地位。

2. 激光的特点

（1）高方向性 高方向性就是高平行度，即光束的发散角小。激光束的发散角已达到几分甚至更小，所以通常称激光是平行光。

（2）高亮度　激光在单位面积上集中的能量很高。一台较高水平的红宝石脉冲激光器亮度达 10^{19} cd/m^2，比太阳的发光亮度高出很多倍。这种高亮度的激光束会聚后能产生几百万摄氏度的高温。在这种温度下，最难熔的金属，在一瞬间也会熔化。

（3）高单色性　单色光是指谱线宽度很窄的一段光波。用 λ 表示波长，$\Delta\lambda$ 表示谱线宽度，$\Delta\lambda$ 越小，则单色性越好。在普通光源中，最好的单色光源是氪 ［Kr^{86}］灯。它的 $\lambda = 605.7$nm，$\Delta\lambda = 0.00047$nm。而普通的氦氖激光器所产生的激光，其 $\lambda = 632.8$nm，$\Delta\lambda < 10^{-8}$nm。

（4）高相干性　相干性就是指相干波在叠加区得到稳定的干涉条纹所表现的性质。普通光源是非相干光源，而激光是极好的相干光源。

相干性有时间相干性和空间相干性。时间相干性是指光源在不同时刻发生的光束间的相干性，它与单色性密切相关，单色性好，相干性好；空间相干性是指光源处于不同空间位置发出的光波间的相干性，一个设计很好的激光器有无限的空间相干性。

由于激光具有上述特点，因此利用激光可以导向，做成激光干涉仪测量物体表面的平整度、长度、速度、转角，切割硬质材料等。随着科学技术的发展，激光的应用会更加普遍。

6.3.2　激光器的种类

激光器的种类很多。按其工作物质不同，可以分为气体、液体、固体和半导体激光器。

1. 气体激光器　气体激光器的工作物质是气体，其中有各种惰性气体原子、金属蒸气、各种双原子、多原子气体和气体离子等。

气体激光器通常是利用激光器中的气体放电过程来进行激励的。光学共振腔一般由一个平面镜和一个球面镜构成，球面镜的半径要比共振腔长大一些，如图 6-19 所示。图中虚线表示球面镜的半径。常用的气体激光器有氦氖激光器和二氧化碳激光器。氦氖激光器的转换效率低，输出功率一般为毫瓦级。二氧化碳（CO_2）激光器是典型的气体激光器，它的输出功率大，可达几十瓦甚至上万瓦，可用于打孔、焊接和通信等。

2. 固体激光器　固体激光器的工作物质主要是掺杂晶体和掺杂玻璃，最常用的是红宝石（掺铬）、钕玻璃（掺钕）和钇铝石榴石（掺钇）。

固体激光器的常用激励方式是光激励（简称光泵），也就是用强光去照射工作物质（一般为棒状，安装在光学共振腔中，其轴线与两

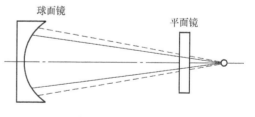

图 6-19　光学共振腔

个反光镜相垂直），使之激发起来，从而发出激光。为了有效地利用泵灯（用脉冲氙灯、氪弧灯、汞弧灯和碘钨灯等作为光泵源的简称）的光能，常采用各种聚光腔。如将工作物质和泵灯一起放在共振腔内，则腔内壁应镀上高光谱反射比的金属薄层，使泵灯发出的光能集中照射在工作物质上。

红宝石激光器是世界上第一台成功运转的激光器，这种激光器在常温下，只能做脉冲运转，且效率较低；钕玻璃激光器的效率比红宝石激光器要高，能发出 1.06μm 的红外激光；

钕玻璃激光器是目前脉冲输出功率最高的器件之一，通常也能做脉冲运转；钇铝石榴石激光器是目前性能最好的是固体激光器之一，能连续运转，其连续输出功率可超过1000W，它发出的激光是波长为1.60μm的红外光。

3. 半导体激光器　半导体激光器最明显的特点是体积小、重量轻、结构紧凑。它可以做成小型激光通信机，或做成安装在飞机上的激光测距仪，或安装在人造卫星和宇宙飞船上作为精密跟踪和导航用的激光雷达。

半导体激光器的工作物质是某些性能合适的半导体材料，如砷化镓、砷磷化镓和磷化铟等。其中砷化镓应用最广，将它做成二极管形式，其主要部分是一个PN结，在PN结中存在导带和价带，如果把能量加在"价带"中的电子上，且注入的能量很大（通常以电流激励来获得），就可以在导带与价带之间形成电子-空穴数的反转分布，于是在注入的大电流作用下，电子与空穴重新重合，这时能量就以光子的形式放出，最后通过谐振腔的作用输出一定频率的激光。

半导体激光器的效率较高，可达60%～70%，甚至更高。但其缺点是激光的方向性比较差、输出功率比较小和受温度影响比较大等。

6.3.3　激光式传感器的应用

激光具有高亮度、高方向性、高单色性和高相干性的特点，应用于测量和加工等方面，可以实现无触点远距离的测量，而且速度高、准确度高、测量范围广、抗光电干扰能力强。目前激光得到了广泛的应用。

1. 长度检测　一般应用的干涉测长仪是迈克尔逊干涉仪，其结构如图6-20所示。从氦氖（He-Ne）激光器发出的光，通过准直透镜 L_1 变成平行光束后，被半透半反分光镜 M_B 分成两路：一路反射到反射镜 M_1，另一路透射到反射镜 M_2。被 M_1 和 M_2 反射的两路光又经 M_B 重叠，被聚光透镜 L_2 聚集，穿过针孔 P_2 到达光电倍增管 PM。设 M_B 到 M_1 和 M_2 的距离分别为 l_1 和 l_2，则被分后再聚集的两束光的光程差 s 为

$$s = 2(l_1 - l_2) = 2\Delta l \tag{6-2}$$

如果反射镜 M_2 沿光轴方向从 $l_1 = l_2$ 的点平行移动 Δl 的距离，那么光程差 $s = 2\Delta l$。当 $\Delta l = n\lambda/4$（n 为干涉条纹数，λ 为波长）时出现明暗干涉条纹。因此，在 M_2 移动过程中，对光电倍增管 PM 端计数得到干涉条纹数 n，从而得到 M_2 移动的距离 Δl，实现长度检测。

2. 测量车速　车速测量仪采用小型半导体砷化镓（GaAs）激光器，其发散角为15°～20°，发光波长为0.9μm。为了适应较远距离的激光发射和接收，发射透镜采用 ϕ37mm、焦距为115mm的发射透镜及 ϕ37mm、焦距65mm的接收透镜。

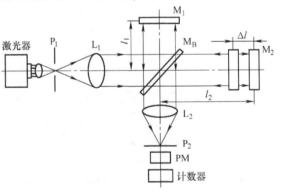

图 6-20　迈克尔逊干涉仪

砷化镓激光器及光电器件3DU33分别置于透镜的焦点上，砷化镓激光经发射透镜成平行光射出，再经接收透镜会聚于3DU33。为了保证测量准确度，在发射透镜前放一个宽为2mm

的狭缝光闸。激光测车速的电路框图如图6-21所示。

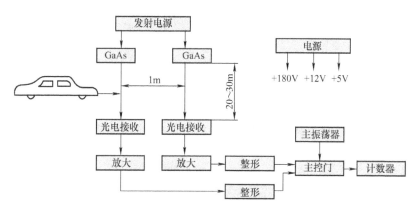

图6-21　激光测车速的电路框图

测速的基本原理如下：当汽车行驶的速度为v时，测出其行驶时切割相距1m的两束激光的时间间隔t，即可算出车速。采用计数显示，在主振荡器频率$f=100$Hz的情况下，计数器的计数值为N时，车速v的表达式可写成

$$v = \frac{f}{N} \times \frac{3600}{1 \times 10^3} = \frac{360}{N} \tag{6-3}$$

单元4　图像传感器

图像传感器的种类很多，根据图像分解的方式，可分成三种类型，即电子束扫描图像传感器、光-机扫描图像传感器、固态自扫描图像传感器。

在过去的几十年里，人们一直采用电子束扫描摄像管来进行电视摄像。20世纪40年代，德国率先开始研究用于战争的光-机扫描热成像技术，1964年美军研制成功在 -196℃下工作的热成像仪，进而又研制出了使用电池、能在常温下工作的热成像仪，并将它安装在轻武器上做夜间瞄准用。现在世界各国都在研制成本较低、民用的夜视探测器，被允许用于电力、化工检测、墙面保温、消防医疗、救灾、搜索与救援、车辆追踪、飞行安全、海上及地面监视、火灾调查及犯罪现场勘察等方面。

用于可见光、体积更小的图像传感器是CCD。1969年，贝尔试验室研制成功CCD图像传感器，它属于全固态自扫描图像传感器。数码相机多数是用CCD来摄取彩色图像的。随着半导体技术的发展，图像传感器的性能必将越来越好，它的使用也必将更普及。

6.4.1　热成像技术

热成像技术是在红外检测的基础上发展起来的图像传感器技术。热电成像传感器主要由热电元件和扫描机构等组成。热电成像传感器可以检测到常规光电传感器无法响应的中、远红外信号，并得到发热物体的图像（热像）。热成像技术广泛应用于军事、医学、输变电、化工等许多领域。

1. 红外热成像的基本知识　在可见光照射下，通过透镜，物体可以在照相机的底片上留下影像。在完全黑暗的环境里，普通照相机就无能为力了。但是，像人体那样发热的物体，由于能主动发出红外线，经过透镜系统，也可以在特殊的屏幕上看到影像，这种成像称为热像。

红外线的波长在 $0.76 \sim 100\mu m$ 之间。按波长的范围可分为近红外、中红外、远红外、极红外四类，它在电磁波连续光谱中处于无线电波和可见光之间。任何物体只要温度高于绝对零度，内部原子就会做无规则的热运动，并以电磁波的形式，不断地辐射出热红外能量，原子的运动越剧烈，辐射的能量越大，辐射的波长越短。红外探测器可将物体辐射的红外功率信号转换成电信号，并在计算机成像系统的显示屏上获得与物体表面热分布相对应的热像图。

2. 热成像元件　热成像元件有热释电元件探测器及红外光子探测器。

(1) 热释电元件探测器　当某些电介质晶体的温度发生变化时，其表面将产生电荷的变化。如果在这种具有热释电效应的晶体上下两个端面镀覆一对电极，就构成热释电元件。在热释电元件的前面增加光学系统透镜，就构成热释电元件红外探测器。当发热物体发出的红外线被聚焦在热释电元件上时，在它的两个电极之间将产生与温度变化相对应的电压变化。常用的热释电元件有铁电陶瓷和压电陶瓷等。

(2) 红外光子探测器　红外光子探测器是利用红外光子与探测器物质中的电子相互作用的原理制成的，特定波段的红外光子探测器所使用的材料各不相同。如在近红外 ($0.7 \sim 1.1\mu m$) 波段采用硅光电二极管；在中红外 ($3 \sim 5\mu m$) 波段采用锑化铟、硫化铅探测器等等。

3. 热成像传感器的分类　根据图像信号的分解方式，可将热成像传感器分成热释电摄像管及红外焦平面热像仪两大类。

(1) 热释电摄像管　热释电摄像管类似于电视摄像管，主要由机械斩光器、物镜、靶面和电子枪四部分组成。被测物体通过物镜，成像在摄像管的靶面上，以热电位分布的方式将目标物体的热像保留在靶面上。电子束在摄像管偏转线圈的作用下，进行行扫描及帧扫描，以完成对整个热像的分解，将热像转变成视频信号。热释电元件还须在靶面的前面设置一个由微型电动机带动的机械斩光器（又称调制盘）产生受调制的热图像信号。由于热释电摄像管属于真空管器件，工作电压高，光-机扫描机构较复杂，不耐振动，现在已逐渐被固态红外器件所取代。

(2) 红外焦平面热像仪　红外焦平面热像仪又称凝视型热像仪，在如邮票大小的芯片上，集成了数十万个乃至数百万个探测器及其信号放大处理电路。芯片置于光学系统的焦平面上，从而取得目标的全景热像，所以称为焦平面器件。在电子扫描电路的驱动下，逐行读出热像信号，无需光-机扫描系统，大大缩小了体积、功耗，提高了热分辨率。使用时，如同手持摄像机一样，单手即可方便地操作。

4. 热成像传感器的应用　热成像传感器广泛应用于军事领域。大多数军事目标，如飞机、坦克、导弹、军舰、战斗人员等都是发热体，即使采用了伪装手段，也很难使目标与背景温度及发射率完全相同，热成像仪就是依靠接收目标自身发射的红外线成像的，它不依赖月光、星光的照射，可以用于探测、搜索、监视军事目标或其他保安目标，且能得到较为清晰的目标图像。

热成像仪能透过烟尘、云雾、小雨及树丛等许多自然或人为的伪装来看清目标。目前，最先进的红外热成像仪的温度分辨率可达 0.05℃，手持式及安装于轻武器上的热成像仪可以让使用者看清 800m 或更远的人体大小的目标。

红外热像仪在汽车工业方面可用于诊断气缸和冷却系统的故障；在电气设备中可用于诊断集成电路、电气接头的过热；在食品加工、保存方面，可用于检查加热或储存温度是否均匀；在发电行业，可以对锅炉保温部分、蒸汽管道、热风管道、发动机、变压器等进行温度监控。

在医学方面，医用红外热像诊断仪可以通过吸收人体表面散发出的红外线，由计算机整理、量化后，在屏幕上形成彩色温度图像，表示人体各部位的不同温度，测量温度差，并结合临床经验，可判断疾病的性质和程度，可用于诊断乳腺癌、皮肤癌、血管瘤等。

6.4.2　电荷耦合器件

电荷耦合器件（CCD）是一种金属氧化物半导体（MOS）集成电路器件。它具有光电转换、信息贮存和传输功能，具有集成度高、功耗低、分辨率高、动态范围大等优点，广泛应用于生活、天文、医疗、传真、通信、自动检测和自动控制等领域。

1. CCD 的基本工作原理　构成 CCD 的基本单元是 MOS 电容器，与其他电容器一样，MOS 电容器能够贮存电荷。如果 MOS 电容器中的半导体是 P 型硅，当在金属电极上施加一个正电压时，在其电极下形成所谓耗尽层，由于电子在此势能较低，形成电子势阱，成为蓄积电荷的场所。CCD 的最基本结构是一系列彼此非常靠近的 MOS 电容器，这些电容器用同一半导体衬底制成，衬底上面覆盖一层氧化层，并在其上制作许多金属电极，各电极按三相（也有二相和四相）配线方式连接，图 6-22 给出了三相 CCD 时钟电压与电荷转移的关系。当电压从 φ_1 相移到 φ_2 相时，φ_1 相电极下势阱消失，φ_2 相电极下形成势阱。这样，储存于 φ_1 相电极下势阱中的电荷移到邻近的 φ_2 相电极下势阱中，实现电荷的耦合与转移。

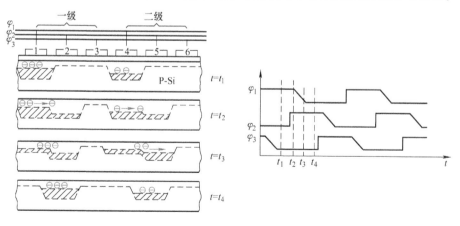

a)　　　　　　　　　　　　　　　　b)

图 6-22　三相 CCD 时钟电压与电荷转移的关系

a）势阱耦合与电荷转移　b）控制时钟波形

CCD 的信号是电荷，那么信号电荷是怎样产生的呢？CCD 的信号电荷产生有两种方式：光信号注入和电信号注入。CCD 用作固态图像传感器时，接收的是光信号，即光信号注入法。当光信号照射到 CCD 硅片表面时，在栅极附近的半导体内产生电子-空穴对，其多数载流子（空穴）被排斥进入衬底，而少数载流子（电子）则被收集在势阱中，形成信号电荷，并贮存起来。贮存电荷的多少正比于照射的光强。所谓电信号注入，就是 CCD 通过输入结构对信号电压或电流进行采样，将信号电压或电流转换为信号电荷。

CCD 输出端有浮置扩散输出端和浮置栅极输出端两种形式，如图 6-23 所示。

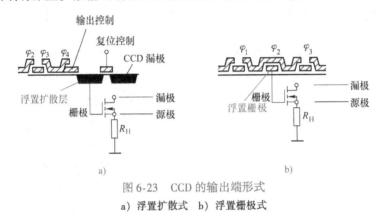

图 6-23　CCD 的输出端形式

a）浮置扩散式　b）浮置栅极式

浮置扩散输出端是信号电荷注入末级浮置扩散的 PN 结之后，所引起的电位改变作用于 MOSFET 的栅极。这一作用结果必然调制其源-漏极间电流，这个被调制的电流即可作为输出信号。当信号电荷在浮置栅极下方通过时，浮置栅极输出端电位必然改变，检测出此改变值即为输出信号。

通过上述的 CCD 工作原理可看出，CCD 器件具有贮存、转移电荷和逐一读出信号电荷的功能。因此 CCD 器件是固体自扫描半导体摄像器件，可有效地应用于图像传感器。

2. CCD 图像传感器的结构　CCD 图像传感器由感光部分和移位寄存器组成。感光部分是指在同一半导体衬底上布设的若干光敏单元组成的阵列元件，光敏单元简称"像素"。固态图像传感器利用光敏单元的光电转换功能，将投射到光敏单元上的光学图像转换成电信号"图像"，即将光强的空间分布转换为与光强成比例的、大小不等的电荷空间分布，然后利用移位寄存器的移位功能将电信号"图像"转送，经输出放大器输出。

CCD 图像传感器有线阵和面阵之分。所谓线阵，是指在一块硅芯片上制造了紧密排列的许多光敏元件，它们排列成一条直线，感受一维方向的光强变化；所谓面阵，是指将光敏元件排列成二维平面矩阵，感受二维图形的光强变化，可用于数码照相机。线阵的光敏元件数目为 256 ~ 4096 个或更多；而在面阵中，光敏元件的数目可以是 600×500 个（30 万个），甚至 4096×4096 个以上。CCD 图像传感器还有单色和彩色之分，彩色 CCD 可拍摄色彩逼真的图像，下面简单介绍几种不同的图像传感器。

（1）线型 CCD 图像传感器　光敏元件作为光敏像素位于传感器中央，两侧设置 CCD 移位寄存器，在它们之间设有转移控制栅。在每个光敏元件上都有一个梳状公共电极，在光积分周期里，光敏电极电压为高电平，光电荷与光照强度和光积分时间成正比，光电荷贮存于光敏像素单元的势阱中。当转移脉冲到来时，光敏单元按其所处位置的奇偶性，分别把信号电荷向两侧移位寄存器转送。同时，在 CCD 移位寄存器上加上时钟脉冲，将信号电荷从 CCD 中转移，由输出端一行行地输出。线型 CCD 图像传感器可以直接接收一维光信息，不能直接将二维图像转变为视频信号输出，为了得到整个二维图像的视频信号，就必须用扫描的方法来实现。

线型CCD图像传感器主要用于测试、传真和光学文字识别技术等方面。

（2）面型CCD图像传感器　按一定的方式将一维线型光敏单元及移位寄存器排列成二维阵列，即可以构成面型CCD图像传感器。面型CCD图像传感器有三种基本类型：线转移、帧转移和隔列转移。其中隔列转移是用得最多的一种结构形式。这种结构的感光单元面积小、图像清晰，但单元设计复杂。面型CCD图像传感器主要用于摄像机及测试技术。

（3）彩色CCD图像传感器　单色CCD只能得到具有灰度信号的图像，为了得到彩色图像信号，可将三个像素一组，排列组成等边三角形或其他方式。每一个像素表面分别制作红、绿、蓝三种滤色器，形如三色跳棋盘。每个像素点只能记录一种颜色的信息，即红色、绿色或蓝色。在图像还原时，必须通过插值运算处理来生成全色图像。

后来研制出三层结构的彩色CCD，在硅片上嵌入三层光电感应层，这些处于不同层面位置的光电感应层分别用于吸收不同颜色的光：第一层用于吸收蓝色光信号，第二层用于吸收绿色光信号，第三层用于吸收红色光信号。这就意味着在图像传感器中的每一个像素点可分别输出三色光电信号，由此构成了一个全色的图像传感器。这种三层结构彩色CCD的分辨率较高，而所占面积较小。

3. CCD图像传感器的应用　线阵CCD可用于一维尺寸的测量，通过增加机械扫描系统，也可以用于大面积物体（如钢板、地面等）尺寸的测量和图像扫描，例如，彩色图片扫描仪、卫星用的地形地貌测量等。彩色线阵CCD还用于彩色印刷中的套色工艺的监控等。面阵CCD除了可以用于拍照外，还可以用于复杂形状物体的面积测量、图像识别（如指纹识别）等。

（1）线阵CCD在钢板宽度测量中的应用　使用线阵CCD可以测量带材的边缘位置和宽度，它具有准确度高、漂移小等数字式测量的特点。如图6-24所示，光源置于钢板上方，被照亮的钢板经物镜成像在CCD_1和CCD_2上。用计算机计算两片线阵CCD的亮区宽度，再考虑到安装距离、物镜焦距等因素，就可计算出钢板的宽度L及钢板的左右位置偏移量。将以上设备略微改动，还可以用于测量工件或线材的直径。若光源和CCD在钢板上方平移，还可以用于测量钢板的面积和形状。

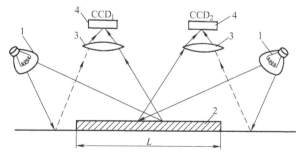

图6-24　线阵CCD测量钢板宽度的示意图
1—泛光源　2—被测带材　3—成像物镜　4—线阵CCD

（2）线阵 CCD 在扫描仪中的应用 经成为重要的计算机输入设备。扫描仪的工作原理如图 6-25 所示。使用扫描仪时，先将欲扫描的原稿正面朝下铺在扫描仪的玻璃板上，启动扫描仪驱动程序，安装在扫描仪内部的可移动光源（冷阴极辉光放电管）与装着光学系统和线阵 CCD 的扫描头一起，在步进电动机的驱动下，沿 y 方向扫过整个原稿。照射到原稿上的光线径反射后穿过一个很窄的缝隙，形成沿 x 方向的光带，再经过一组反光镜，由光学透镜聚焦，照到彩色线阵 CCD 上，CCD 将光带转换为 RGB 串行模拟信号，此信号又被 A－D 转换器转变为数字信号。扫描仪每扫描一行就得到原稿 x 方向的一行图像信息。随着 y 方向的移动，在计算机内部逐步形成原稿的全图。

自 1984 年第一台平板式扫描仪问世至今，扫描仪已

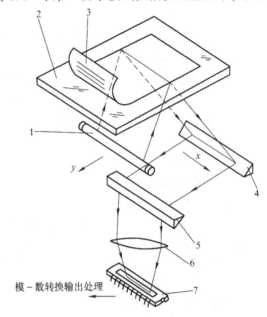

模－数转换输出处理

图 6-25　扫描仪的工作原理
1—辉光放电管光源　2—平板玻璃　3—原稿
4、5—反光镜　6—透镜　7—CCD

本学习领域小结

　　随着科学技术的发展，新型传感器不断涌现，本学习领域简要介绍红外传感器、光纤传感器、激光式传感器和图像传感器。

　　红外传感器是利用物体产生红外辐射的特性，实现自动检测的传感器，红外传感器一般由光学系统、探测器、信号调理电路及显示单元等组成。本节介绍了热释电效应原理和应用。

　　光纤传感器是以光学量转换为基础，以光信号为变换和传输的载体，利用光导纤维输送光信号的一种传感器。光纤一般为圆柱形结构，由纤芯、包层和保护层组成。光纤传感器主要由光源、光导纤维（简称光纤）、光检测器和附加装置等组成，光纤传感器具有不受电磁干扰、体积小、重量轻、可挠曲、灵敏度高、耐腐蚀、电绝缘和防爆性好、易与微机连接及便于遥测等。它能用于温度、压力、应变、位移、速度、加速度、磁、电、声和 pH 等各种物理量的测量，具有极为广泛的应用前景。

　　激光具有高亮度、高方向性、高单色性和高相干性的特点，应用于测量和加工等方面，可以实现无触点远距离的测量，而且速度高、准确度高、测量范围广、抗光电干扰能力强。目前激光得到了广泛的应用。激光式传感器虽然有很多类型，但它们都是将外来的能量（电能、热能和光能等）转化为一定波长的光，并以光的形式发射出来。激光式传感器由激光发生器、激光接收器及其相应的电路组成。本节介绍了激光传感器的结构、原理和特性，列举了激光传感器的应用实例。

图像传感器能够像人眼一样判断物体的形状、颜色。热电成像传感器可以检测到常规光电传感器无法响应的中、远红外信号，并得到发热物体的图像（热像）。热成像技术广泛应用于军事、医学、输变电、化工等许多领域。电荷耦合器件（CCD）具有光电转换、信息存储和传输功能，具有集成度高、功耗低、分辨率高、动态范围大等优点，广泛应用于生活、天文、医疗、电视、传真、通信、自动检测和自动控制等。

思考题与习题

1. 填空题

任何物体只要温度高于（　　），内部原子就会做无规则的热运动，并以（　　）的形式，不断地辐射出热红外能量，原子的运动越剧烈，辐射的能量越（　　），辐射的波长越（　　）。

2. 光纤传感器的工作原理是什么？有哪些种类？

3. 激光有哪些特点？查阅资料说明除了书中列出的应用实例外，还有哪些实际应用？

4. 热像仪的工作原理是什么？查阅资料说明除了书中列出的应用实例外，热成像传感器还有哪些实际应用？

5. 简述CCD图像传感器在数码相机中的应用。

07

学习领域7

传感器的信号处理

由于传感器种类繁多，故传感器的输出形式也是各式各样的，有开关信号型、模拟信号型（电压型、电流型和阻抗型等）和数字信号型等。传感器输出信号的特点是：

1) 传感器的输出信号一般比较微弱，有的传感器输出电压仅有 $0.1\mu V$。

2) 传感器的输出阻抗都比较高，这样使传感器信号输入到测量转换电路时会产生较大的信号衰减。

3) 传感器的动态范围很宽。

4) 传感器的输出与输入之间的关系有时不是线性关系。

5) 传感器的输出量会受温度的影响。

在机电一体化产品中，对被测量的控制和信息处理多数采用计算机来实现，因此，传感器的检测信号一般需要被采集到计算机中做进一做处理，以便获得所需要的控制和显示信息。在用计算机对模拟信号进行测量和控制时，必须首先把模拟信号转换成数字信号，然后计算机按一定的处理要求对信号进行处理。实现模拟信号转换成数字信号的电路系统称为数据采集系统，数据采集系统中最重要的器件便是模-数转换器（A-D转换器，也称ADC）。

传感器信号处理系统常由包括放大器、滤波器等在内的信号调理电路、多路模拟开关、采样-保持电路、A-D转换器、接口电路以及控制逻辑电路组成，如图7-1所示。

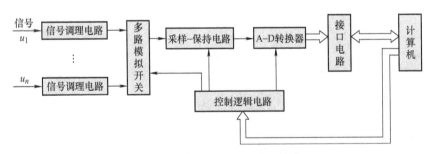

图 7-1　数据采集系统的典型构成

（1）信号调理电路　传感器输出的模拟信号往往因其幅值较小，可能含有不需要的高频分量或其阻抗不能与后续电路匹配等原因，不能直接送给 A-D 转换器转换成数字量，因此需要对这个信号进行必要的处理，这些处理电路就叫信号调理电路。信号调理电路是内容极为丰富的各种电路的综合称呼。对于一个具体的数据采集系统而言，所采用的信号调理技术及其电路由传感器输出信号的特性和后续采样-保持电路（或 A-D 转换器）的要求或确定的测量要求所决定。这种要求，可能是指要把信号调整到符合 A－D 转换器工作所需的数值（如放大、衰减和偏移等），也可能是指要滤除信号中不需要的成分，如低通滤波、带通滤波、高通滤波和带阻滤波等，还可能是指要把信号调整到进一步处理的需要，如线性修正电路、用于改善信噪比的"相加平均"电路等。

（2）多路模拟开关　如果有许多独立的模拟信号源，都需要转换成数字量，在可能的条件下，为了简化电路结构、降低成本且提高可靠性等，常常采用多路模拟开关，让这些信号共享采样-保持电路和 A－D 转换器等器件。多路模拟开关在控制信号作用下，按指定的次序把各路模拟信号分时地送至 A－D 转换器转换成数字信号。

（3）采样-保持电路（S/H 电路）　由于 A－D 转换器的转换需要一定的时间，如在转换过程中输入的信号有所改变，则转换结果与转换之初的模拟信号便有较大的误差，甚至是面目全非。为了保证转换的精度，需要在模拟信号源与 A－D 转换器之间接入采样-保持电路。在 A－D 转换前，首先应使采样-保持电路处于采样模式，采样后使采样-保持电路处于保持模式，即输出电压保持不变，接下来才对输出信号进行 A－D 转换。显然，为了提高系统的测量速度，采样时间越短越好；为了有良好的转换精度，保持时间越长越好。

（4）A－D 转换器　A－D 转换器是数据采集系统的核心器件，它把模拟信号输入转换成数字信号的输出。其实现的技术手段很多，相应地派生出许多不同类型的 A－D 转换器，这些 A－D 转换器各有其特点。目前，传感器系统中最常用的 A－D 转换器是逐次逼近型和双斜积分型。

（5）接口电路及控制逻辑电路　由于 A－D 转换器所给出的数字信号无论在逻辑电平还是时序要求、驱动能力等方面与计算机的总线信号可能会有差别，因此，把 A－D 转换器的输出直接送至计算机的总线上往往是不行的，必须在两者之间加入接口电路以实行电路参数匹配。当然，对于为某类计算机特殊设计的 A－D 转换器来说，这种接口电路已经与 A－D 芯片集成为一体，无需增加额外的接口电路。

综上所述，一个数据采集系统必须按照规定的动作次序进行工作。一般首先让多路模拟开关接通被测的某路模拟输入，其次让采样-保持电路进入采样模式，待输出跟踪输入到达某一指定误差带内之后再进入保持模式，然后才开始 A－D 转换（此时模拟开关可切换至另一路模拟输入），待 A－D 转换结束后，才允许计算机读取数据。这样必须有一些电路受控于计算机来产生一定时序要求的控制逻辑信号，控制逻辑电路便是完成这一功能的电路系统。

下面分析信号调理电路中的抗干扰技术和信号的非线性校正。

单元1　检测系统的抗干扰技术

测量过程中常会遇到各种各样的干扰，不仅能造成逻辑关系混乱，使系统测量和控制失灵，导致产品质量降低，甚至会造成设备损坏和事故。尤其是随着电子装置的小型化、集成化、数字化和智能化，有效地排除和抑制各种干扰，已成为检测中的关键。而提高检测系统的抗干扰能力，首先应分析干扰产生的原因、干扰的引入方式及途径，才能有针对性地解决系统抗干扰问题。

7.1.1　干扰的分类

干扰来自干扰源。在工业现场和环境中，干扰源是各种各样的。按干扰来源的不同，可以将干扰分为外部干扰和内部干扰。

1. 外部干扰　电气设备、电子设备、通信设施等高密度的使用，使得空间电磁波污染越来越严重。由于自然环境的日趋恶化，自然干扰也随之增大。外部干扰就是指那些与系统结构无关，由使用条件和外界环境因素所决定的干扰。它主要来自于自然界的干扰以及周围电气设备的干扰。

2. 内部干扰　内部干扰是指系统内部的元器件、信道、负载、电源等引起的各种干扰。下面简要介绍计算机检测系统中常见的信号通道干扰、电源电路干扰和数字电路干扰。

(1) 信号通道干扰　计算机检测系统的信号采集、数据处理与执行机构的控制等，都离不开信号通道的构建与优化。在进行实际系统的信道设计时，必须注意干扰问题。信号通道形成的干扰主要有：

1) 共模干扰：共模干扰对检测系统的放大电路的干扰较大。是指以公共地电位为基准点，在系统的两个输入端上同时出现的干扰，即两个输入端和地之间存在电压。

2) 静电耦合干扰：静电耦合干扰的形成，是由于电路之间的寄生电容使系统内某一电路信号变化，从而影响其他电路。只要电路中有尖峰信号和脉冲信号等高频谱的信号存在，就可能存在静电耦合干扰。因此，检测系统中的计算机部分和高频模拟电路部分都是产生静电耦合干扰的直接根源。

3) 传导耦合干扰：计算机检测系统中的脉冲信号在传输过程中，容易出现延时、变形，并可能接收干扰信号，这些因素均会形成传导耦合干扰。

(2) 电源电路干扰　对于电子、电气设备来说，电源电路干扰是较为普遍的问题。在计算机检测系统的实际应用中，大多数是由工业用电网供电。工业系统中的某些大设备的起动、停机等，都可能引起电源的过电压、欠电压、浪涌、下陷及尖峰等，这些也是要加以重视的干扰因素。同时，这些电压噪声均通过电源的内阻耦合到系统内部电路，从而对系统造成极大的危害。

(3) 数字电路干扰　从量值上看，数字集成电路逻辑门引出的直流电流一般只有毫安级。由于一般的较低频率信号处理电路中对此问题考虑不多，所以容易使人忽略数字电路引起的干扰因素。但是，对于高速采样及信道切换等场合，即当电路处于高速开关状态时，就会形成较大的干扰。

例如，TTL门电路在导通状态下，从直流电源引出 5mA 左右的电流，截止状态下则为 1mA，在 5ns 的时间内其电流变化为 4mA，如果在配电线上具有 $0.5\mu H$ 的电感，当这个门电路改变状态时，配电线上产生的噪声电压为

$$U = L\frac{\mathrm{d}i}{\mathrm{d}t} = 0.5 \times 10^{-6} \times \frac{4 \times 10^{-3}}{5 \times 10^{-9}}\mathrm{V} = 0.4\mathrm{V}$$

如果把这个数值乘上典型系统的大量门电路的个数，可以看到，虽然这种门电路的供电电压仅为 5V，但引起的干扰噪声将是非常显著的。

在实际的脉冲数字电路中，对脉冲中包含的频谱应有一个粗略概念。如果脉冲上升时间 t 为已知量，则可用近似公式求出其等效的最高频率为

$$f_{\max} = \frac{1}{2\pi t} \tag{7-1}$$

由式(7-1) 可知，5ns 的开关时间相当于最高频率31.8MHz。真正的脉冲频谱取决于脉冲形状。对于非周期脉冲，其频率从 0 ~ f_{max} 都会出现；对于周期性脉冲，则从对应的重复频率起到 f_{max} 的所有频率都可能出现。

7.1.2 干扰的引入

干扰是一种破坏因素，但它必须通过一定的传播途径才能影响到测量系统。所以有必要对干扰的引入或传播进行必要的分析，切断或抑制耦合通道，降低接收电路对干扰的敏感程度或使用滤波等手段有效地消除干扰。

干扰的引入和传播主要有以下几种：

1）静电耦合：又称静电感应，即干扰经杂散电容耦合到电路中去。

2）电磁耦合：又称电磁感应，即干扰经互感耦合到电路中去。

3）公共阻抗耦合：即电流经两个以上电路之间的公共阻抗耦合到电路中去。

4）辐射电磁干扰和漏电流耦合：即在电能频繁交换的地方和高频换能装置周围存在的强烈电磁辐射对系统产生的干扰和由于绝缘不良由流经绝缘电阻的电流耦合到电路中去的干扰。

在检测系统中，根据干扰引入电路方式的不同，分为串模干扰和共模干扰。

1. 串模干扰　串模干扰等效电路如图 7-2 所示。U_S 为输入信号，U_n 为干扰信号。抗串模干扰能力用串模抑制比来表示：

$$SMR = 20\lg \frac{U_{cm}}{U_n} \tag{7-2}$$

式中　U_{cm}——串模干扰源的电压峰值；

　　　U_n——串模干扰引起的误差电压。

2. 共模干扰　前面已经介绍信号通道间可能存在共模干扰。此类干扰可以归纳为三类，下面对其进一步分析。

（1）由被测信号源产生的共模干扰　如图 7-3 所示，具有双端输出的差分放大器和不平衡电桥等，可能产生共模干扰。

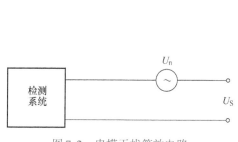

图 7-2　串模干扰等效电路

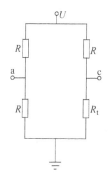

图 7-3　共模电压示意图

$$U_a = \frac{U}{2} \tag{7-3}$$

$$U_c = \frac{R_t}{R_t + R}U = U - \frac{R}{R_t + R}U = \frac{U}{2} + \frac{U}{2} - \frac{R}{R_t + R}U \qquad (7\text{-}4)$$

$$差模电压 = \frac{R}{R_t + R}U - \frac{U}{2} \qquad (7\text{-}5)$$

$$共模电压 = \frac{U}{2} \qquad (7\text{-}6)$$

(2) 电磁场干扰引起的共模干扰 当高压设备产生的电场同时通过分布电容耦合到无屏蔽的双输入线，而使之具有对地电位时，或者交流大电流导体的电磁场通过双输入线的互感在双输入线中感应出相同大小的电动势时，都有可能产生共模电压施加在两个输入端。

如图7-4a所示，若 U_H 很高，通过局部电容 C_{C1}、C_{C2}、C_{C3}、C_{C4} 耦合到无屏蔽双输入线上的对地电压是 U_H 在相应电容上的分压值 U_1 及 U_2 为

$$U_1 = \frac{\dfrac{1}{C_{C3}}}{\dfrac{1}{C_{C1}} + \dfrac{1}{C_{C3}}}U_H = \frac{C_{C1}}{C_{C1} + C_{C3}}U_H \qquad (7\text{-}7)$$

$$U_2 = \frac{C_{C2}}{C_{C2} + C_{C4}}U_H \qquad (7\text{-}8)$$

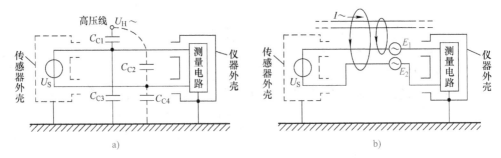

a)   b)

图 7-4 电磁场干扰引起共模电压

a) 高压设备产生的电场通过分布电容耦合所产生的共模电压

b) 交流大电流导体的电磁场通过双输入线的互感所产生的共模电压

当 $U_1 = U_2$ 时，它们即是共模干扰电压；当 $U_1 \neq U_2$ 时，则既有共模干扰电压，又有差模干扰电压。图7-4b表示大电流导体的电磁场在双输入线中感应产生的干扰电动势 E_1 及 E_2 也具有相似的性质。即当 $E_1 = E_2$ 时，产生共模干扰；当 $E_1 \neq E_2$ 时，既产生共模干扰又产生差模干扰电动势 $E_n = E_1 - E_2$。

(3) 由不同地电位引起的共模干扰 当被测信号源与检测装置相隔较远，不能实现共同的"大地点"上接地时，由于来自强电设备的大电流流经大地或接地系统导体，使得各点电位不同，并造成两个接地点的电位差 U_{ce}，即会产生共模干扰电压，如图7-5所示。图中 R_e 为两个接地点间的等效电阻。

7.1.3 干扰的抑制方法

目前在计算机检测系统中，主要从硬件和软件两个方面来考虑干扰抑制问题。其中，接地、屏蔽、去耦以及软件抗干扰等是抑制干扰的主要方法。

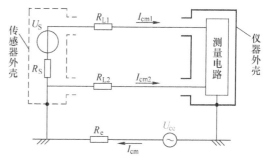

图 7-5 地电位差形成共模干扰电压

1. 计算机检测系统的接地 在电子装置与计算机系统中，接地又有了新的内涵，这里的"地"是指输入信号与输出信号的公共零电位，它本身可能是与大地相隔离的。而接地不仅可以保护人身和设备安全，也是抑制噪声干扰、保证系统工作稳定的关键技术。

通过正确的接地，可消除各电路电流流经公共地线阻抗时所产生的噪声电压，避免磁场和地电位差的影响，不使其形成地环路，避免噪声耦合的影响。实际工程应用中，常将大地电位作为基准电位，即零电位。此外，通过导体与大地相连时，即使有少许的接地电阻，只要没有电流导入大地，就可以认为导体的各部分以及与该导体连接的其他导体全都和大地一样为零电位。

2. 接地的类型 检测系统的接地主要有两种类型：保护接地和工作接地。保护接地是为了避免因设备的绝缘损坏或性能下降时系统操作人员遭受触电危险和保证系统安全而采取的安全措施。工作接地是为了保证系统稳定可靠运行、防止接地环路引起干扰而采取的防干扰措施。

（1）一点接地和多点接地 一般来说，系统内印制电路板接地的基本原则是高频电路应就近多点接地，低频电路应一点接地。因为在低频电路中，布线和元器件间的电感并不是大问题，而公共阻抗耦合干扰的影响较大，因此，常以一点为接地点。高频电路中各地线电路形成的环路会产生电感耦合，增加了地线阻抗，同时各地线之间也会产生电感耦合。在高频、甚高频时，尤其是当线长度等于 1/4 波长的奇数倍时，地线阻抗就会变得很高。这时的地线就变成了天线，可以向外辐射噪声信号。所以这时的地线长度应小于信号波长的 1/2，才能防止辐射干扰，并降低地线阻抗。实验证明，在超高频时，地线长度应小于 25mm，并要求地线镀银处理。

（2）交流地与信号地 在一段电源地线的两点间会有数毫伏，甚至几伏电压。对低电平的信号电路来说，这是一个非常严重的干扰，必须加以隔离和防止，因此，交流地和信号地不能共用。

（3）浮地与接地 多数的系统应接大地，某些特殊场合，如飞行器或船舰上使用的仪器仪表不可能接大地，则应采用浮地方式。系统的浮地就是将系统的各部分全部与大地浮置起来，即浮空，其目的是为了阻断干扰电流的通路。浮地后，检测电路的公共线与大地（或者机壳）之间的阻抗很大，所以，浮地同接地相比，能更强地抑制共模干扰电流。浮地方法简单，但全系统与地的绝缘电阻不能小于 50MΩ。这种方法有一定的抗干扰能力，但一旦绝缘下降便会带来干扰。此外，浮空容易产生静电，也会导致干扰。

还有一种方法，将系统的机壳接地，其余部分浮空。这种方法抗干扰能力强，而且安全可靠，但制造工艺较复杂。

（4）数字地 数字地又称逻辑地，主要是逻辑开关网络，如 TTL、CMOS 印制电路板等数字逻辑电路的零电位。印制电路板中的地线应呈网状，而且其他布线不要形成环路，特别是不要形成环绕整个电路板外周的环路，在噪声干扰上这是很重要的问题。印制电路板中的条状线不要长距离平行，不得已时，应加隔离电极和跨接线，或做屏蔽处理。

（5）模拟地　在进行数据采集时，利用 A－D 转换为常用方式，而模拟量的接地问题是必须重视的。当输入 A－D 转换器的模拟信号较弱（0～50mV）时，模拟地的接法显得尤为重要。

为了提高抗共模干扰的能力，可采用三线采样双层屏蔽浮地技术。所谓三线采样，就是将地线和信号线一起采样，这样的双层屏蔽技术是抗共模干扰最有效的办法，如图 7-6 所示。其中，图 7-6b 为图 7-6a 的等效电路。

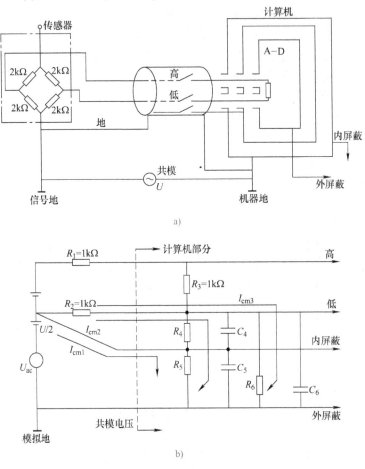

图 7-6　A－D 转换器的屏蔽

a）三线采样双层屏蔽浮地技术抗共模干扰示意图　b）等效电路

在等效电路图中，R_3 为测量装置 A－D 转换器的等效输入电阻；R_4 为低端到内屏蔽的漏电阻，约为 $10^9\Omega$；C_4 为低端到内屏蔽的寄生电容，约为 2500pF；R_5 为内屏蔽到外屏蔽的漏电阻，约为 $10^9\Omega$；C_5 为内屏蔽到外屏蔽的寄生电容，约为 2500pF；R_6 为低端到外屏蔽的漏电阻，约为 $10^{11}\Omega$；C_6 为低端到外屏蔽的寄生电容，约为 2pF。

共模电压（$U/2 + U_{ac}$）所引起的共模电流 I_{cm1}、I_{cm2}、I_{cm3} 中，I_{cm1} 是主要部分，它通过

内屏蔽 R_5、C_5 入地，不通过 R_2，所以不会引起与信号源相串联的常态干扰；I_{cm2} 流过的阻抗比 I_{cm1} 流过的大一倍，其电流只有 I_{cm1} 的一半；I_{cm3} 在 R_2 上所产生的压降可以忽略不计。此时只有 I_{cm2} 在 R_2 上的压降导致常态干扰而引起误差，但其数值很小。如 DC 10V 的共模电压仅产生 $0.1\mu V$ 的 DC 常态型电压和 $20\mu V$ 的 AC 常态型电压。

在实际应用中，由于传感器和机壳之间容易引起共模干扰，所以 A－D 转换器的模拟地一般采用浮空隔离的方式，即 A－D 转换器不接地，它的电源自成回路。A－D 转换器和计算机的连接通过脉冲变压器或光耦合器来实现。

（6）信号地（传感器地）　检测系统中，传感器是重要的组成部分，但一般的传感器输出的信号都比较微弱，传输线较长，这是很容易受到干扰影响的。所以，传感器的信号传输线应当采取屏蔽措施，以减少电磁辐射影响和传导耦合干扰。传感器接地，一般以 5Ω 导体（接地电阻）一点入地，注意这种地是不浮空的。

（7）屏蔽地　屏蔽的目的是避免电场、磁场对系统的干扰。实用中屏蔽地的接法根据屏蔽对象的不同也各有不同。

1）电场屏蔽。电场屏蔽的目的是解决分布电容的问题，一般以接大地的方式解决。

2）电磁场屏蔽。主要是为了避免雷达、短波电台等高频电磁场的辐射干扰问题，屏蔽材料要利用低电阻金属材料，最好接大地。

3）磁路屏蔽。磁路屏蔽是为了防止磁铁、电动机、变压器、线圈等磁感应、磁耦合而采取的抗干扰方法，其屏蔽材料为高磁材料。磁路屏蔽以封闭式结构为妥，并且接大地。

4）放大电路的屏蔽。检测系统分机中的高增益放大电路最好用金属罩屏蔽起来。放大电路的寄生电容会使放大电路的输出端到输入端产生反馈通路，容易使放大电路产生振荡。解决的办法就是将屏蔽体接到放大电路的公共端，将寄生电容短路以防止反馈，达到避免放大电路振荡的目的。

若信号电路是一点接地，低频电缆的屏蔽层也应是一点接地。如果电缆的屏蔽层接地点有一个以上，就会产生噪声电流。对于扭绞电缆的芯线来说，屏蔽层中的电流会在芯线中耦合出不同的电压，形成干扰源。

若电路有一个不接地的信号源与一个接地的（即使不是接大地）放大电路相连，输入端的屏蔽应接至放大电路的公共端。相反，若接地的信号源与不接地的放大器连接，即使信号源接的不是大地，放大电路的输入端也应接到信号源的公共端。

（8）电缆和接插件的屏蔽　测量系统中，信号的传输距离可能较远，因而广泛采用带屏蔽体的电缆线传输的方式。在用电缆线连接时，常会发生无意中的地环路以及屏蔽不良现象，特别是当不同的电路在一起时更如此。所以，在布线时应注意减少这些现象的发生，并应做到以下几点：

1）高电平线和低电平线不要走同一条电缆。当不得已时，高电平线应组合在一起，并要单独加以屏蔽。同时要仔细选择低电平线的位置。

2）高电平线和低电平线不走同一接插件。不得已时，要将高电平端子和低电平端子分支两端，中间留备用端子，并在中间接高电平引线地线和低电平引线地线。

3）系统的出入电缆部分应保持屏蔽完整。电缆的屏蔽体也要经过接插件予以连接。当两条以上屏蔽电缆共用一个插件时，每条电缆的屏蔽层都要单独用一个接线端子，以免造成地环路使电流在各屏蔽层中间流动，产生新的干扰。

4) 低电平电缆的屏蔽层要实施一端接地，屏蔽层外面要有绝缘层，以防与其他地线接触。

（9）其他接地

1) 功率地。这种地线的电流较大，接地线的线径应较粗，且与小信号地线分开，连直流地。

2) 小信号前置放大电路与内存放大电路接地。这种放大电路输入信号微弱，一般以微伏、毫伏计，因此地线更要小心。放大电路本身采用一点接地，不能一个电路多点接地，否则地线中的电位差将对放大电路产生干扰。A－D前置放大电路一般浮空。内存放大电路的印制电路板上一点接地。这类放大器的地线一定要远离功率地和噪声地（即继电器、电动机等接地）。

3. 隔离与耦合　在抗干扰措施中，还采用各种隔离与耦合的方式来提高系统的抗干扰能力。使用这种方法可以让两个电路相互独立而不形成一个回路，例如，在系统中既有数字电路，又有模拟电路，当输入的模拟信号很小时，数字电路会对模拟电路产生较大的干扰，所以在实际的电路设计中应该避免数字电路和模拟电路之间有共同回路，即将两者加以隔离。此外，检测系统中单片机与数字电路、脉冲电路、开关电路的接口，一般也用光电耦合器进行隔离，以切断公共阻抗环路，避免长线感应和共模干扰。高增益的放大器（＞60dB），需要在输入级设级间耦合。在需要采用较长信号传输线的场合，可以采用屏蔽与光电耦合相结合的方法。

常用的隔离方法有光电耦合器件隔离、继电器隔离、隔离放大器隔离和隔离变压器隔离等。光电耦合器件响应速度比变压器、继电器要快得多，对周围电路无影响，并且体积小、重量轻、价格便宜、便于安装，线性光电耦合器用在模拟电

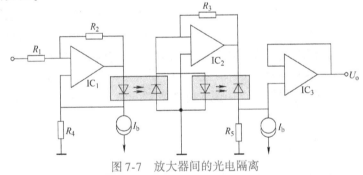

图 7-7　放大器间的光电隔离

路中的信号线性变换场合，也用在放大器的隔离中。图 7-7 所示为采用光电耦合器隔离前级放大电路和后级放大电路的方法。其中，I_b 为偏置电流，两个光电耦合器组成互补的形式，以改变放大电路的线性度，减少温度影响。虽然线性光电耦合器的线性度好，但其转换准确度较低，信号的动态范围也较小。所以现在大量使用的是用于数字量、开关量变换的光耦合器。图 7-8 所示为几种使用光电耦合器进行隔离的方式。

4. 布线抗干扰措施　在检测系统中，印制电路板上电力线、信号线等电路的布局、板上元器件空余引脚安排、测试设备与仪器仪表的信号传输线的连接等，都是实际应用中要考虑的问题。

（1）走线原则　长线传输中，为了防止窜扰，行之有效的办法是采用交叉走线法。长线传送时，应遵循功率线、载流线和信号线分开，电位线和脉冲线分开的原则。在传送 0～50mV 的小信号时，更应该如此。

电力电缆最好用屏蔽电缆，并且单独走线，与信号线不能平行，更不能将电力线与信号

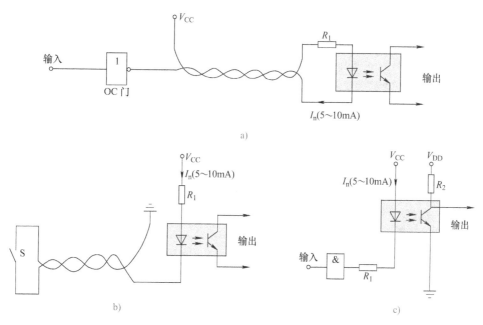

图 7-8 采用光电耦合器隔离的方式

a) OC 门和光电耦合器的连接 b) 接点和光电耦合器的连接 c) 与门和光电耦合器的连接

线装在同一电缆中。

（2）元器件空余输入端的处理 电路设计中常常会出现元器件引脚空余的现象，一般不能将这些引脚随意处置，特别是元器件空余输入端，处理不好往往可能造成较大的干扰输入，所以应采取一定的处理方法，以降低干扰。实践中常采取如下方法：

1）把空余的输入端与使用输入端并联。这种方法简单易行，但增加了前级电路的输出负担。

2）把空余的输入端通过一个电阻接高电平。这种方法适用于慢速、多干扰的场合。

3）把空余的输入端悬空，或用一反相器接地。这种方法适用于要求严格的场合，但多用了一个组件。

（3）数字电路的抗干扰措施 一块数字电路组件上，都有高频去耦电容，一般为 0.01 ~ 0.02μF。在布局上这些电容应充分靠近集成块，并且不应集中在印制电路板上某一端。每块印制电路板上的电源输入端也应加 10 ~ 100pF 的去耦电容。直流配电线的引出端也应尽可能地做成低阻抗传输线的形式。

5. 软件抗干扰措施 干扰不仅影响检测系统的硬件，而且对其软件系统也会形成破坏，如造成系统的程序弹飞、进入死循环或死机状态，使系统无法正常工作。因此，软件的抗干扰设计对计算机检测系统是至关重要的。在软件方法中已有不少有效的措施，如数字滤波、选频和相关处理等，这些软件处理程序可以方便地提取淹没在噪声中的有用信号。而实践中将硬件方法和软件方法结合起来，可以达到良好的抗干扰效果。实践证明：软件抗干扰不仅效果好，而且降低了产品成本。在系统运行速度和内存容量许可的条件下，应尽量采用软件抗干扰设计。

目前在计算机检测系统中普遍采用的软件抗干扰措施主要有以下几种：

1）数字滤波。检测系统的输入信号和外界的干扰有时是随机的，故其特性往往只能从统计的意义上来描述。此时，经典滤波方法就不可能把有用的信号从测量结果中分离出来。

而数字滤波具有较强的自适应性。所谓数字滤波，就是通过一定的计算程序对采样信号进行平滑处理，提高其有用信号，消除或减少各种干扰和噪声的影响，以保证系统的可靠性。

例如，对于 N 次等准确度数据采集，存在着系统误差和因干扰引起的粗大误差，使采集的数据偏离真实值。此时，可以采用算术平均值的方法，求出平均值作为测量示值。还可以在此基础之上，将剔除了粗大误差的测量数据的平均值作为测量结果示值。这样既剔除了粗大误差，又可以消除一定的系统误差。在综合考虑适当的 N 值后，可以在满足测量准确度要求的前提下，拥有足够的测量速度。该数字滤波方法的表达式为

$$\overline{X} = \frac{1}{N-m} \sum_{i=1}^{N-m} X_i \tag{7-9}$$

式中　X_i——第 i 次的测量值；

　　　m——粗大误差数据个数。

对于主要以去掉脉冲性质的干扰为目的的场合，可以采用中值滤波法。即对某一个被测量连续采样 N 次（一般取奇数），然后将这 N 次的采样值从小到大或从大到小排队，再取中间值作为本次采样示值。另外，这个数字滤波方法只要改变循环次数，则可以推广到对任意采样值进行中值滤波，而且 N 值越大，滤波效果就越好。但是在实际应用中不可能把 N 值取得太大，一般取 5 ~ 9 即可，以控制总的采样时间。

上面简要介绍的数字滤波方法主要适用于变化过程比较快的场合，基本上属于静态滤波，如压力、流量等参量。对于慢速随机变量，这些滤波方法的效果并不太好。所以，要采用动态滤波的方法，即一阶滞后滤波方法，该数字滤波法的表达式为

$$\overline{Y}(k) = (1-\alpha)X(k) + \alpha \overline{Y}(k-1) \tag{7-10}$$

式中　$X(k)$——第 k 次采样值；

　　$\overline{Y}(k)$——第 k 次采样后的滤波结果输出值；

$\overline{Y}(k-1)$——上次滤波结果输出值；

　　　α——滤波平滑系数，$\alpha = \tau/(\tau + T)$；

　　　τ——滤波环节的时间常数；

　　　T——采样周期。

通常采样周期要远小于滤波环节的时间常数，也就是输入信号的频率要高，而滤波环节时间常数相对要大，这是一般滤波器的要求，所以这种数字滤波器相当于硬件电路中的 RC 滤波器。对于 τ、T 的选取，可以根据具体情况而定。一般 τ 越大，滤波的截止频率就越低，相当于 RC 滤波电路中电容增大，而硬件电路中的电容增加是有限的，数字滤波器中的 τ 值则是可以任意取值的，这也是数字滤波器可以作为低通滤波器的原因。滤波平滑系数 α 的确定可以根据选用的 τ 和 T 计算得到，其值一般为小数，所以 $(1-\alpha)$ 也是小数。

每种数字滤波方法都有其各自的特点，在实际应用中要根据具体的测量参数来选用合适的方法。除了可以根据所测参量变化快慢情况来选取外，要注意滤波效果与所选择的采样次数 N 有关，N 越大，效果越好，只是花费时间越长。所以，在考虑实际滤波效果达到要求的前提下，应采用运行时间较短的程序。此外，在热工和化工过程 DDC 系统中，要结合实际情况决定是否一定用数字滤波方法。不适当的数字滤波方法有可能将要控制的波动滤掉，

从而降低控制效果甚至不能控制。

2）软件陷阱。前面提到干扰可能会使程序脱离正常的运行轨道，软件陷阱是通过指令强行将捕获的程序引向指定地址，并在此用专门的出错处理程序加以处理，让弹飞了的程序安定下来的软件抗干扰技术。

3）"Watchdog" 技术。"Watchdog" 俗称看门狗，即监控定时器，是计算机检测系统及智能仪器仪表系统中普遍采用的抗干扰和可靠性措施之一。

单元 2　信号的非线性校正

在自动检测系统中，利用传感器把被测量转换成电量时，大多数传感器的输出电量与被测量之间的关系并非线性关系。造成非线性的原因很多，主要有：①传感元件变换原理的非线性，如测温用铂电阻在 $0 \sim 650℃$ 内，其电阻非线性，$R_t = R_0 \ (1 + At + Bt^2)$；②测量转换电路的非线性，如不平衡电桥单臂工作桥是非线性的。此外，不少近似线性关系的转换电路均为相对于一定精度和范围而言，随着要求的提高，非线性问题也就不容忽视了。对于这些问题的解决有 3 种办法：①缩小测量范围，取近似值；②采用非线性指示刻度；③加非线性校正环节。目前，由于数字显示技术的广泛应用以及对测量范围和测量精度要求的不断提高，非线性校正就显得更为现实与迫切。

为了减少或消除非线性误差，必须采用一些非线性校正电路，这些非线性校正电路是利用许多折线段逼近所需补偿特性曲线，只要折线段足够多，就能以足够高的精度构造出目标形状的补偿特性。对于一些有规律的非线性关系，如开方、乘方、倒数、指数及对数特性，可以采用相应的运算电路进行线性化处理。因此，下面介绍的主要是指无法用一般数学表达式描述的非线性校正电路。

7.2.1　校正曲线的求取

当已知变换器的输出特征时，可以求出相应的校正特性。一个简单的处理办法，就是先把校正环节的电压增益看作 1，在已知的非线性特性的最大、最小值之间连一条直线；然后以此直线为对称轴，作非线性特性的镜像，则此镜像为所需的校正特性。

如图 7-9 所示，特性①是已知的变换器特性，求取 x_m 对应的 A_m 点后，作出直线②，再作特性①相对于直线②的镜像，则得所需的校正特性③。为了避免作图过程中特性③进入第二或第四象限，作特性①时应适当地选取 x、y 坐标的比例尺。校正环节的电压增益可以在求得校正曲线后考虑。

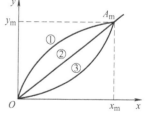

图 7-9　校正曲线的求取

7.2.2　模拟量的非线性校正

根据传感器的非线性特性，作出校正特性曲线后，将校正特性曲线 $y = f_1 (x)$ 用连续有限的折线来代替（如图 7-10 所示），然后根据各转折点 x_i 和各段折线的斜率来设计校正电路，设计校正电路需要有非线性元件或利用某元件的非线性区域，例如，磁性材料的饱和区，晶体管的截止、饱和特性等。常用的是利用二极管组成非线性电阻网络来产生转折点，并与运算放大器组成校正放大电路。下面介绍能够提升校正特性的校正电路及原理。

图7-11a 所示为一种斜率提升的校正电路，由反相放大器构成，当 VD_1、VD_2 均不导通时，闭环放大器是一个负反馈放大器，随着 u_1 增大，输出电压 u_0 反馈增大，VD_1 导通，电路将引入正反馈，使放大倍数提高。当 VD_2 导通时，正反馈作用加强，放大倍数进一步提高。因而输入-输出特性曲线是一条斜率提升曲线，在图7-11b 中，纵坐标表示输出电压绝对值大小。

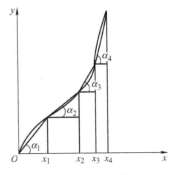

图7-10　校正特性折线逼近法

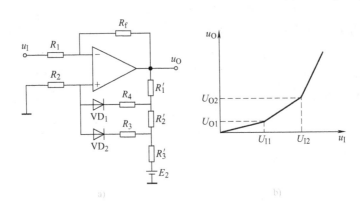

图7-11　提升校正特性的方法

a）二极管反馈提升校正电路　b）提升折线逼近特性

7.2.3　数字量非线性校正

非线性校正装置也可以放置在 A-D 转换之后，过去这些数字量的线性化都是采用硬件处理技术来实现的，硬件处理的一种方法是采用非线性 A-D 转换器，它利用 A-D 转换器的转换机理有意识地造成某种非线性，以补偿传感器的非线性。目前已有集成化产品，结构紧凑，转换精度高，使用方便。

随着计算机技术的广泛应用，尤其是微型计算机的迅速发展，人们想到了充分利用计算机处理数据的能力，用软件进行传感器特性的非线性补偿，使输出的数字量与被测物理量之间呈线性关系。这种方法有许多优点：首先它省去了复杂的补偿硬件电路，简化了装置；其次可以发挥计算机的智能作用，提高了检测的准确性和精度；再次适当改变软件内容就可对不同的传感器特性进行补偿，也可利用一台微机对多个通道、多个参数进行补偿。

用软件实现传感器特性线性化，一般需要进行两方面的工作：首先由于大部分仪表、传感器输出量是模拟量或频率量，需要将它们变成数字量，即使特性数字化；其次是将特性数据表格存于内存，通过微处理器执行程序，对采样信息进行数据处理，实现特性数据的线性化。

采用软件实现数据线性化，一般有3种方法：计算法、查表法和插值法。

1. 计算法　当传感器的输入量与输出量之间有确定的数学表达式时，就可以采用计算法进行非线性补偿。计算法就是在软件中编制一段完成数学表达式的计算程序，当被测量经过采样、滤波和变换后，直接进入计算程序进行计算，计算后的数值为经过线性化处理的输出。

在工程实际中，被测量和输出量常常是一组测定的数据，这时可应用数学上曲线拟合的方法，一般采用"误差二次方和为最小"的方法，求得被测量和输出量的近似表达式，随后利用计算法进行线性化处理。

2. 查表法　如果某些参数计算非常复杂，特别是计算公式涉及指数、对数、三角函数和微分、积分等运算时，编制程序相当麻烦，用计算法计算不仅程序冗长，而且费时，此时可以采用查表法。此外，当被测量与输出量没有确定的关系，或不能用某种函数表达式进行拟合时，也可采用查表法。这种方法就是把在测量范围内被测量的变化分成若干等分点，然后，由小到大顺序计算或测量出这些等分点相对应的输出数值，这些等分点和其对应的输出数据就组成一张表格，把这张数据表格存放在计算机的存储器中。软件处理方法就是在程序中编制一段查表程序，当被测量经采样、A－D 转换后，通过查表程序，直接从表中查出其对应的输出量数值。

工程上常采用插值法代替单纯查表法，以减少标定点，对标定点之间的数据采用各种插值计算，以减少误差，提高精度。

3. 插值法　插值法就是用一段简单的曲线，近似代替这段区间里的实际曲线，然后通过近似曲线公式，计算出输出量。使用不同的近似曲线，就形成不同的插值方法。在仪表及传感器线性化中常用的插值法有线性插值法（又称折线法）和二次插值法（又称抛物线法）。

用软件进行线性化处理，不论采用哪种方法，都要花费一定的程序运行时间，因此，这种方法并不是在任何情况下都是优越的。特别是在实时控制系统中，如果系统处理的问题很多，控制的实时性很强，这时采用硬件处理是合适的。但一般说来，如果时间足够时，应尽量采用软件方法，从而大大简化硬件电路。总之，对于传感器的非线性补偿方法，应根据系统的具体情况来决定，有时也可采用硬件和软件兼用的方法。

本学习领域小结

本学习领域介绍了传感器信号的处理方法。重点分析了检测系统的抗干扰技术和信号的非线性校正方法，这对研究传感器的实际工程应用具有重要的现实意义。抗干扰技术介绍了干扰的分类，通过分析干扰的引入，介绍了干扰的抑制方法。信号的非线性校正方法介绍了模拟量非线性校正方法和数字量非线性校正方法。

思考题与习题

1. 传感器信号处理系统一般由哪几个部分组成？
2. 对于检测系统，干扰引入电路的方式有哪些？
3. 干扰的抑制方法有哪些？
4. 信号的非线性校正方法有哪几种？

08

传感器在汽车控制系统中的应用

传感器在现代汽车控制系统中被广泛应用，它担负着发动机的燃油喷射、电子点火、怠速控制、进气控制、废气再循环、蒸汽回收及底盘部分的传动、行驶、转向、制动、电子悬架和车身部分的防盗、中央门锁、自动空调等汽车各电子控制系统的信息采集和传输功能，是电子控制系统中非常重要的元件。

单元1 汽车发动机控制系统传感器的应用

发动机控制系统用传感器是整个汽车传感器的核心，种类很多，包括温度传感器、压力传感器、位置和转速传感器、流量传感器、气体浓度传感器和爆震传感器等。这些传感器向发动机的电子控制单元（ECU）提供发动机的工作状况信息，供 ECU 对发动机工作状况进行精确控制，以提高发动机的动力性、降低油耗、减少废气排放和进行故障检测。

由于发动机工作在高温（发动机表面温度可达150℃、排气管可达650℃）、振动（加速度30g）、冲击（加速度50g）、潮湿（100% RH，$-40 \sim 120℃$）以及蒸汽、盐雾、腐蚀和油泥污染的恶劣环境中，因此发动机控制系统用传感器耐恶劣环境的技术指标要比一般工业用传感器高 1~2 个数量级。

8.1.1 温度传感器

温度传感器主要用于检测发动机温度、吸入气体温度、冷却水温度、燃油温度以及催化温度等。已实用化的产品有热敏电阻式温度传感器（通用型 $-50 \sim 130℃$，精度为 1.5%，响应时间为 10ms；高温型 $600 \sim 1000℃$，精度为 5%，响应时间为 10ms）、铁氧体式温度传感器（ON/OFF 型，$-40 \sim 120$T，精度为 2.0%）、金属或半导体膜空气温度传感器（$-40 \sim 150℃$，精度为 2.0%、5%，响应时间为 20ms）等。图 8-1 为某 NTC 热敏电阻式传感器外形及温度特性曲线。

以测量发动机冷却水温度传感器为例，它一般安装在发动机缸体的水套、缸盖的水套、水管接头等位置。其作用是检测发动机冷却水温度，向 ECU 输入温度信号，作为燃油喷射和点火时的修正信号等。

8.1.2 压力传感器

压力传感器主要用于检测汽缸负压、大气压、涡轮发动机的升压比、汽缸内压、油压

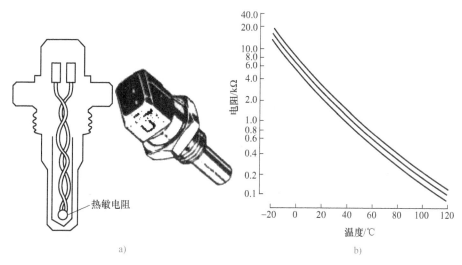

图 8-1　NTC 热敏电阻式传感器外形及温度特性曲线

a）外形　b）温度特性曲线

等。吸气负压式传感器主要用于吸气压、负压、油压检测，吸气压为 13～100kPa，精度为 1%，大气压为 65～100kPa，精度为 5%；膜片式压力传感器主要用于发动机电子喷射装置，工作范围为 20～800kPa，精度为 1.5%；电容式压力传感器主要用于检测液压、气压，测量范围为 20～100kPa；半导体压力传感器用来检测各种压力，应用量最大，工作范围为 20MPa，精度为 0.6%（非线性）；SAW（表面波式）压力传感器具有体积小、质量轻、功耗低、可靠性高、灵敏度高、数字量输出等特点，用于汽车吸气阀压力检测，能在高温下稳定地工作。

以进气管压力传感器为例，进气管绝对压力传感器用于 D 型汽油喷射系统。它根据发动机的负荷状态测出进气管内绝对压力（真空度）的变化，并转换成电压信号，与转速信号一起输送到电控单元（ECU），作为确定喷油器基本喷油量的依据。它安装的位置有：发动机机舱内（如皇冠 3.0 车）、进气管上（如 99 新秀）、发动机计算机内（如 AudiA6 车）等。

进气压力传感器安装位置示意图如图 8-2 所示，通过测量节气门之后的进气歧管的真空度来间接测量进气量。将进气管道中的气体绝对压力转换成电信号，并送 ECU，由 ECU 控制电动喷油器喷油的喷油量。

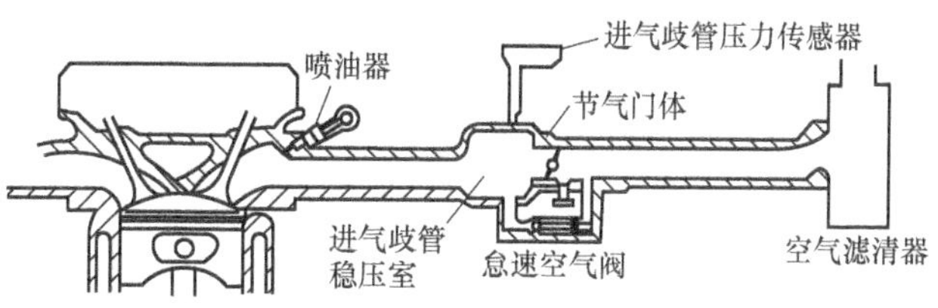

进气压力传感器是进气歧管

图 8-2　进气压力传感器安装位置示意图

绝对压力传感器的简称。绝对压力指相对于真空的压力。D 型 EFI 系统利用进气歧管绝对压力和发动机转速来计算吸入气缸的空气量，又称为速度-密度型 EFI 系统，其作用相当于 L 型 EFI 汽油喷射系统中的空气流量传感器，按其信号产生原理可分为电磁式（膜盒传动的差动变压器式）、压阻式、电容式和表面弹性波式等传感器。

压阻式传感器采用硅膜片与力敏电阻一体化的扩散型。压阻式歧管压力传感器的硅膜片一面通真空室，另一面导入进气歧管压力。在压差作用下，硅膜片就会产生机械应变而产生应力，应变电阻的阻值在膜片应力的作用下就会发生变化，电桥上电阻值的平衡就被打破，从而使电桥输出电压变化。由于该电压值很小，再经过混合集成电路的放大处理后，从ECU 的 PIM 端子提供给微机电路。

8.1.3　流量传感器

　　流量传感器主要用于发动机燃料流量和空气流量的测量。燃料流量传感器用于检测燃料流量，主要有水轮式和循环球式，其动态范围为 0 ~ 60kg/h，工作温度为 - 40 ~ 120℃，精度为 ±1%，响应时间小于 10ms。

　　车用空气流量传感器（或称空气流量计）用来直接或间接检测进入发动机气缸空气量大小，并将检测结果转变成电信号输入 ECU。电子控制汽油喷射发动机（见图 8-3）为了在各种运转工况下都能获得最佳浓度的混合气，必须正确地测定每一瞬间吸入发动机的空气量，以此作为 ECU 计算（控制）喷油量的主要依据。如果空气流量传感器或线路出现故障，ECU 得不到正确的进气量信号，就不能正常地进行喷油量的控制，将造成混合气过浓或过稀，使发动机运转不正常。电子控制汽油喷射系统的空气流量传感器有多种类型，目前常见的空气流量传感器按其结构类型可分为翼片（叶片）式、卡门涡流式、热膜式等几种。空气流量传感器的主要技术指标：工作范围为 0.11 ~ 103m³/min，工作温度为 - 40 ~ 120℃，精度 ≤1%。

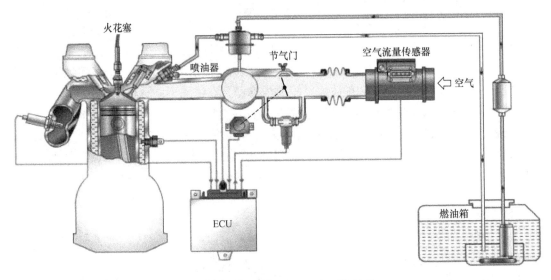

火花塞　喷油器　节气门　空气流量传感器　空气　ECU　燃油箱

图 8-3　汽油喷射发动机进气系统结构

　　翼片式空气流量传感器工作原理如图 8-4 所示，在主进气道内安装有一个可绕轴旋转的翼片。在发动机工作时，空气经空气滤清器过滤后进入空气流量传感器并推动翼片旋转，使其开启。翼片开启角度由进气量产生的推力大小和安装在翼片轴上复位弹簧弹力的平衡情况决定。当驾驶员操纵加速踏板来改变节气门开度时，进气量增大，进气气流对翼片的推力也增大，这时翼片开启的角度也增大。在翼片轴上安装有一个与翼片同轴旋转的电位计，这样在电位计上滑片的电阻变化转变成电压信号。

　　当空气量增大时，其端子 V_C 和 V_S 之间的电阻值减小，两端子之间输出的信号电压降低；当进气减小时，进气气流对翼片的推力减小，推力克服弹簧弹力使翼片偏转的角度也减小，端子 V_C 与 V_S 之间的电阻值增大，使两端子间输出的信号电压升高。

ECU 通过变化的信号电压控制发动机的喷油和点火时间。

8.1.4 位置和转速传感器

位置和转速传感器主要用于检测曲轴转角、发动机转速、节气门的开度、车速等。目前，汽车使用的位置和转速传感器主要有交流发电机式、磁阻式、霍尔效应式、簧片开关式、光学式、半导体磁性晶体管式等。角度测量范围为 $0° \sim 360°$，精度为 $\pm 0.5°$ 以下，测弯曲角达 $\pm 0.1°$。

车速传感器用于准确检测发动机曲轴的转速，并将检测的结果转变为电信号输入 ECU，以得到发动机转速的信号。车速传感器种类繁多，有敏感车轮旋转的，有敏感动力传动轴转动的，还有敏感从动轴转动的。当车速高于 100km/h 时，一般测量方法误

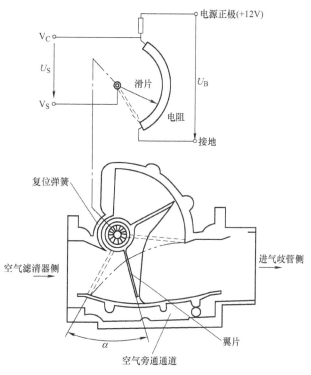

图 8-4 翼片式空气流量传感器工作原理

差较大，需采用非接触式光电速度传感器，测速范围为 $0.5 \sim 250km/h$，重复精度为 0.1%，距离测量误差优于 0.3%。桑塔纳和捷达轿车磁感应式曲轴位置传感器如图 8-5 所示。

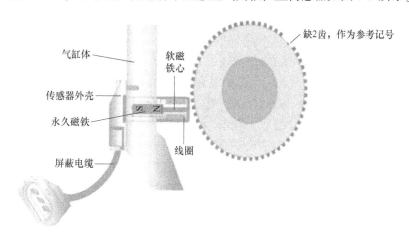

图 8-5 桑塔纳和捷达轿车磁感应式曲轴位置传感器

图 8-6a 为电磁式转速传感器的工作原理，它由永久磁铁、感应线圈、信号盘等组成。在信号盘上加工有齿形凸起，信号盘装在被测转轴上，与转轴一起旋转。当转轴旋转时，信号盘的凸凹齿形将引起信号盘与永久磁铁间气隙大小的变化，从而使永久磁铁组成的磁路中磁通量随之发生变化。磁路通过感应线圈，当磁通量发生突变时，感应线圈会感应出一定幅度的脉冲电动势，其频率为

$$f = zn \tag{8-1}$$

式中，z 为信号盘的齿数；n 为信号盘的转速（r/s）。由上式可知，转数越大，感应线圈感应的脉冲电动势的频率就越高，如图 8-6b 所示。如果将这些脉冲电压信号输入发动机 ECU，通过计算单位时间内脉冲电压的数目，即可确定发动机的转速。

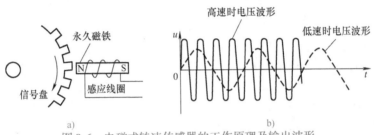

图 8-6　电磁式转速传感器的工作原理及输出波形

a）工作原理　b）输出波形

8.1.5　气体浓度传感器

气体浓度传感器主要用于检测车体内气体和废气排放情况。其中，最常用到的是氧传感器，实用化的有氧化锆传感器（使用温度为 -40 ~ 900℃，精度为 1%）、氧化锆浓差电池型气体传感器（使用温度为 300 ~ 800℃）、固体电解质式氧化锆气体传感器（使用温度为 0 ~ 400℃，精度为 0.5%），另外，还有二氧化钛氧传感器。与氧化锆传感器相比，二氧化钛氧传感器具有结构简单、轻巧、便宜且抗铅污染能力强的特点。氧传感器的安装位置如图 8-7 所示。

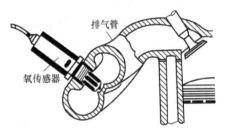

图 8-7　氧传感器的安装位置

8.1.6　爆震传感器

爆震传感器用于检测发动机的振动，通过调整点火提前角，控制和避免发动机发生爆震。可以通过检测汽缸压力、发动机机体振动和燃烧噪声等三种方法来检测爆震。爆震传感器有磁致伸缩式和压电式两种。磁致伸缩式爆震传感器的使用温度为 -40 ~ 125℃，频率范围为 5 ~ 10kHz；压电式爆震传感器中心频率在 5.417kHz 处，其灵敏度可达 200mV/g，振幅在 0.1 ~ 10g 范围内具有良好线性度。

以压电式爆震传感器为例，其主要由压电元件、配重块及导线等组成，一般安装在发动机缸体上、火花塞等位置。压电式爆震传感器的结构及外形如图 8-8 所示。

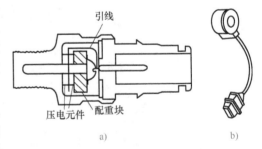

图 8-8　压电式爆震传感器的结构及外形

单元 2　汽车状态控制系统传感器的应用

汽车状态控制系统传感器的使用环境条件不大苛刻，许多在工业控制系统中使用的传感器可以直接或者稍加改进后使用在汽车状态控制系统中。不同的控制系统要求配置不同的传感器。例如：在防打滑的制动器中使用对地速度传感器、车轮速度传感器；在SPA（单点式传感气袋系统）中使用悬臂压电陶瓷式、圆板型压电陶瓷式、悬臂压电电阻式、4点支持压电电阻式、3层或5层结构静电电容器式等气袋用加速度传感器；在液压转向装置中使用车速传感器、油压传感器；在速度自动控制系统中使用车速传感器、加速踏板位置传感器；在亮度控制系统中使用光传感器；在电子驾驶系统中使用磁传感器、气流速度传感器；在自动空调系统中使用室内温度传感器、吸气温度传感器、风量传感器、日照传感器、湿度传感器；在导向行驶系统中使用方位传感器、车速传感器；在惯性行驶系统中使用转向传感器、行驶距离传感器；在测量燃油、冷却液、制动液、电解液、清洗液、发动机油位等液位时，使用热敏电阻式、压电谐振式、静电电容器式等液位传感器。

在ABS中各厂家正在致力于开发各种ABS传感器。何谓ABS？当汽车紧急制动时，使汽车减速的外力主要来自地面作用于车轮的摩擦力，即所谓的地面附着力。而地面附着力的最大值出现在车轮接近抱死而尚未抱死的状态。这就必须设置一个"防抱死制动系统"，又称为ABS。ABS由车轮速度传感器、ECU以及电-液控制阀等组成。ECU根据车轮速度传感器来的脉冲信号控制电液制动系统，使各车轮的制动力满足少量滑动但接近抱死的制动状态，以使车辆在紧急制动时不致失去方向性和稳定性。汽车防抱死解决方案如图8-9所示。

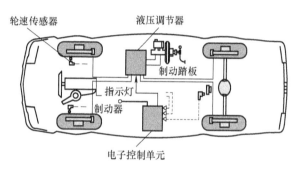

图8-9 汽车防抱死解决方案

由于汽车传感器在汽车电子控制系统中的重要作用和快速增长的市场需求，世界各国对其理论研究、新材料应用和新产品开发都非常重视。未来的汽车用传感器技术总的发展趋势是微型化、多功能化、集成化和智能化。

本学习领域小结

本学习领域介绍了汽车中传感器的典型应用，包括在汽车发动机控制系统和汽车状态控制系统中的应用。典型的传感器有温度传感器、压力传感器、流量传感器、位置和转速传感器、气体浓度传感器、爆震传感器等。

思考题与习题

1. 汽车温度传感器都用在哪些位置？
2. 汽车进气压力传感器的安装位置在哪？简述功能原理。
3. 汽车的燃烧系统是怎样构成的？简述流量传感器的工作原理。
4. 汽车的转速是怎样测量的？
5. 举出一种典型的汽车浓度传感器，简述其功能。

附　　录

附录 A　标准化热电偶分度表

表 A-1　铂铑₁₀-铂热电偶分度表

分度号：S

（自由端温度为0℃）

工作端温度/℃	0	10	20	30	40	50	60	70	80	90
	热电动势/mV									
0	0.000	0.055	0.113	0.173	0.235	0.299	0.365	0.433	0.502	0.573
100	0.646	0.720	0.795	0.872	0.950	1.029	1.110	1.191	1.273	1.357
200	1.441	1.526	1.612	1.698	1.786	1.874	1.962	2.052	2.141	2.232
300	2.323	2.414	2.507	2.599	2.692	2.786	2.880	2.974	3.069	3.164
400	3.259	3.355	3.451	3.548	3.645	3.742	3.840	3.938	4.036	4.134
500	4.233	4.332	4.432	4.532	4.632	4.732	4.833	4.934	5.035	5.137
600	5.239	5.341	5.443	5.546	5.649	5.758	5.857	5.961	6.065	6.170
700	6.275	6.381	6.486	6.593	6.699	6.806	6.913	7.020	7.128	7.236
800	7.345	7.454	7.563	7.673	7.783	7.892	8.003	8.114	8.226	8.337
900	8.449	8.562	8.674	8.787	8.900	9.014	9.128	9.242	9.357	9.472
1000	9.587	9.703	9.819	9.935	10.051	10.168	10.285	10.403	10.520	10.638
1100	10.757	10.875	10.994	11.113	11.232	11.351	11.471	11.590	11.710	11.830
1200	11.951	12.071	12.191	12.312	12.433	12.554	12.675	12.796	12.917	13.038
1300	13.159	13.280	13.402	13.523	13.644	13.766	13.887	14.009	14.130	14.251
1400	14.373	14.494	14.615	14.736	14.857	14.978	15.099	15.220	15.341	15.461
1500	15.582	15.702	15.822	15.942	16.062	16.182	16.301	16.420	16.539	16.658
1600	16.777	16.895	17.013	17.131	17.249	17.366	17.483	17.600	17.717	17.832
1700	17.947	18.061	18.174	18.285	18.395	18.503	18.609			

表 A-2　镍铬-镍硅（镍铝）热电偶分度表

分度号：K　　　　　　　　　　　　　　　　　　　　　　（自由端温度为0℃）

工作端温度/℃	0	10	20	30	40	50	60	70	80	90
	热电动势/mV									
−0	−0.000	−0.392	−0.778	−1.156	−1.527	−1.889	−2.243	−2.587	−2.920	−3.243
+0	0.000	0.397	0.798	1.203	1.612	2.023	2.436	2.851	3.267	3.682
100	4.096	4.509	4.920	5.328	5.735	6.138	6.540	6.941	7.340	7.739
200	8.138	8.539	8.940	9.343	9.747	10.153	10.561	10.971	11.382	11.795
300	12.209	12.624	13.040	13.457	13.874	14.293	14.713	15.133	15.554	15.975
400	16.397	16.820	17.243	17.667	18.091	18.516	18.941	19.366	19.792	20.218
500	20.644	21.071	21.497	21.924	22.350	22.776	23.203	23.629	24.055	24.480
600	24.905	25.330	25.755	26.179	26.602	27.025	27.447	27.869	28.289	28.710
700	29.129	29.548	29.965	30.382	30.798	31.213	31.628	32.041	32.453	32.865
800	33.275	33.685	34.093	34.501	34.908	35.313	35.718	36.121	36.524	36.925
900	37.325	37.724	38.124	38.522	38.918	39.314	39.708	40.101	40.494	40.885
1000	41.276	41.665	42.053	42.440	42.826	43.211	43.595	43.978	44.359	44.740
1100	45.119	45.497	45.873	46.249	46.623	46.995	47.367	47.737	48.105	48.473
1200	48.838	49.202	49.565	49.926	50.286	50.644	51.000	51.355	51.708	52.060
1300	52.410									

附录 B　标准化热电阻分度表

表 B-1　铂热电阻分度表

分度号：Pt$_{100}$　　　　　$R_0 = 100.00\Omega$　　　　　$\alpha = 0.003850$

工作端温度/℃	0	10	20	30	40	50	60	70	80	90
	电阻值/Ω									
−200	18.52	—	—	—	—	—	—	—	—	—
−100	60.25	56.19	52.11	48.00	43.88	39.72	35.54	31.34	27.10	22.83
−0	100.00	96.09	92.16	88.22	84.27	80.31	76.33	72.33	68.33	64.30
0	100.00	103.90	107.79	111.67	115.54	119.40	123.24	127.08	130.90	134.71
100	138.51	142.29	146.07	149.83	153.58	157.33	161.05	164.77	168.48	172.17
200	175.86	179.53	183.19	186.84	190.47	194.47	197.76	201.31	204.90	208.48
300	212.05	215.61	219.15	222.68	226.21	229.72	233.21	236.70	240.18	243.64
400	247.09	250.53	253.96	257.38	260.78	264.18	267.56	270.93	274.29	277.64
500	280.98	284.30	287.62	290.92	294.21	297.49	300.75	304.01	307.25	310.49
600	313.71	316.92	320.12	323.20	326.48	329.64	332.79	335.93	339.06	342.18
700	345.28	348.38	351.46	354.53	357.59	360.64	363.67	366.70	369.71	372.71
800	375.70	378.68	381.65	384.60	387.55	390.48				

参 考 文 献

[1]   谢志萍. 传感器与检测技术 [M]. 3 版. 北京：电子工业出版社，2013.
[2]   胡向东. 传感器与检测技术 [M]. 3 版. 北京：机械工业出版社，2018.
[3]   王煜东. 传感器及应用 [M]. 3 版. 北京：机械工业出版社，2017.
[4]   徐科军. 传感器与检测技术 [M]. 4 版. 北京：电子工业出版社，2016.
[5]   俞志根，于洪永. 传感器与检测技术 [M]. 4 版. 北京：科学出版社，2019.
[6]   吴建平. 传感器原理及应用 [M]. 3 版. 北京：机械工业出版社，2016.
[7]   陈杰，黄鸿. 传感器与检测技术 [M]. 2 版. 北京：高等教育出版社，2010.
[8]   邓海龙. 传感器与检测技术 [M]. 北京：中国纺织出版社，2008.
[9]   董春利. 传感器与检测技术 [M]. 2 版. 北京：机械工业出版社，2016.
[10]   梁森，王侃夫，黄杭美. 自动检测与转换技术 [M]. 4 版. 北京：机械工业出版社，2019.
[11]   吴旗，何成平，赵静. 传感器与自动检测技术 [M]. 3 版. 北京：高等教育出版社，2019.